"十一五"国家重点图书出版规划项目

现代化学基础丛书 *32*

胶 体 科 学

〔荷〕M. A. Cohen Stuart 著

阎 云 黄建滨 译

科 学 出 版 社

北 京

内 容 简 介

本书用通俗易懂的语言，引用大量的实例和图示，重点阐述胶体科学的基础知识和基本原理。全书分为如下5个部分：(一) 胶体科学基础，包括第1、2、3、4章，这一部分的主要内容为胶体及胶体科学简介、胶体粒子的特点及其质量和尺寸的表征方法、胶体研究中常见的大分子体系的特点；(二) 胶体体系的重要性质，包括第5、6、7章，分别阐述胶体粒子的双电层现象、流变性质以及电动性质；(三) 胶体的稳定性，包括第8、9两章，主要内容包括憎液胶体的抗聚结稳定性、大分子对胶体稳定性的影响；(四) 不同胶体体系的制备及性质，包括第10、11、12章，主要阐述憎液溶胶的制备及生长规律、泡沫及乳状液的稳定性、缔合胶体的形成及胶束形成热力学；(五) 习题及参考答案，包括各章思考题、第13章和第14章，其中第13章为附加习题，第14章为各章思考题/习题的参考答案。

本书适合作为胶体化学、高分子化学专业的本科生及研究生的参考教材，也适合用作物理化学、材料、食品、制药、生物等领域科技人员的参考书。

图书在版编目(CIP)数据

胶体科学／(荷)斯图尔特(Stuart, M. A. C.)著；阎云，黄建滨译. —北京：科学出版社，2012

(现代化学基础丛书 32／朱清时主编)

“十一五”国家重点图书出版规划项目

ISBN 978-7-03-035422-8

I.胶… II.①斯… ②阎… ③黄… III.胶体化学 IV.O648

中国版本图书馆CIP数据核字（2012）第203747号

责任编辑：张淑晓 丛洪杰／责任校对：宋玲玲
责任印制：吴兆东／封面设计：陈 敬

科学出版社出版
北京东黄城根北街16号
邮政编码：100717
http://www.sciencep.com

北京九州迅驰传媒文化有限公司 印刷

科学出版社发行 各地新华书店经销
*
2012年9月第 一 版 开本：B5(720×1000)
2022年3月第五次印刷 印张：15 1/2
字数：289 000

定价：86.00元

(如有印装质量问题，我社负责调换)

序

胶体与界面科学领域的学者大凡都了解，胶体科学的发展与荷兰科学家的贡献密不可分。如，van't Hoff, van der Waals, Debye, Overbeek 等, 无一不是这一领域如雷贯耳的科学大师。巨人虽逝，但他们对现代科学的贡献却永远留在了科学发展的史册上，并被不同的文字传承至今。在这一科学领域，当代的荷兰科学家无疑具有得天独厚的优势，他们比外人更容易理解自己先人的思想和文化，这也许正是胶体科学在荷兰一直兴旺并蓬勃发展的重要原因之一。

本书基于荷兰瓦格宁根大学胶体化学专业本科生的讲义，集中体现了作者 Martien A. Cohen Stuart 教授及其团队对胶体科学的深刻理解。全书从胶体科学的全局着眼，开篇就把胶体体系的特点、与之相关的概念及表征方法进行集中阐述，随后开始讨论胶体体系的共性，进而深入到对不同类别的具体胶体体系的认知。这种整体的认识及全局的构思，不仅提供了胶体科学的入门途径，也引导初学者逐步建立起分析问题及解决问题的知识框架。这与由不同作者分章节合写的著作有着本质的不同，本书最大程度地保证了知识体系的完整性。此外，本书不仅仅是现有相关基础理论的重排，更重要的是融入了作者对胶体科学领域全局性的认识和对初学者科学思路的引导，无疑，这对胶体科学及相关学科人才的培养是非常有益的。

我本人也曾有幸在荷兰瓦格宁根大学物理化学与胶体科学实验室学习过一段时间，对瓦格宁根大学深厚的胶体科学底蕴深有感触。北京大学阎云与黄建滨在繁重的教学科研工作之余，能够把这样一本书译成中文，以最大限度地惠及国内不同层次的读者，其热忱实属难得。希望本书的出版能够如译者所愿，为培养我国胶体科学人才发展作出贡献。也希望读者使用本书时，能够用心体会著者对知识脉络的梳理及独到的科学地分析问题的思路，从而把书本知识用活。若能在此书引导下进一步成长为胶体科学领域的未来之星，相信译者定然深感欣慰。

杨俊林

译 者 的 话

本书系荷兰 Wageningen(瓦格宁根) 大学物理化学与胶体科学实验室专门为胶体化学专业的本科生撰写的讲义，主要介绍胶体科学的基础知识。

从表面上看，本书所安排的都是大家熟知的经典内容，但仔细读来，你会发现这些看似熟知的内容经作者深入浅出地演绎后，顿时变得无比鲜活生动。在整部书中，作者从大处着眼，着重阐述知识之间的逻辑，而不是枯燥地陈述理论与公式，这在光散射 (3.6.3 节)、大分子 (第 4 章)、双电层 (第 5 章)、流变学 (第 6 章)、电动学 (第 7 章)、憎液胶体的抗聚结稳定性 (第 8 章)、高分子对胶体稳定性的影响 (第 9 章)、憎液溶胶的制备 (第 10 章)、泡沫和乳状液的稳定性 (第 11 章) 及缔合胶体 (第 12 章) 等内容中体现得尤为突出。可以说，每一章节都是一个娓娓道来的故事；而每一条公式都是流动的故事中精彩的情节。

本书的一个重要特色是章节的标题大量使用语句，而不是常规的短语，使读者在看完标题或目录后即对本书的知识有了大致的了解，有助于读者从全局把握本书内容。另一个重要特色是理论与实际的紧密结合。胶体科学是在生活中产生的学问，其在生活中的应用无所不在。因此，本书在相关章节中大量穿插了实际范例，大大拉近了书本知识与实际生活的距离。此外，本书安排了大量插图，对很多抽象的现象给出了清晰的数学及物理图像，并附有练习题，有助于读者深入理解相关知识。

本书译者之一阎云博士有幸师从本书作者、荷兰皇家艺术与科学院院士 M.A. Cohen Stuart 教授从事欧盟玛丽　居里博士后研究，期间耳濡目染了导师是如何用生动形象的语言来解释基础研究中一个个深奥的原理，于是萌生了将导师理解问题的方式介绍给国内读者的想法，这就是出版这部译著的初衷。在此，感谢 M. A. Cohen Stuart 教授及 Wageningen 大学的同事们在本书翻译过程中给予的大力支持，也非常感谢科学出版社为本书的出版做出的努力!

本书原稿是 M. A. Cohen Stuart 教授为该校的《胶体科学》课程准备的课堂讲义，尚未正式出版，所以原文中有些段落非常简单。在不影响理解的情况下，译者在翻译过程中没有进行过多修饰。当然，对希望深入学习胶体科学不同分支的读者来说，本书介绍的基础内容稍显简单。因此，我们建议这些读者也参考一下国内外相关著作；在本书的最后，原著也给出了国外一些经典著作的清单。总之，希望广大读者理解，本书的出版是希望给大家介绍一种不同的阐述胶体科学基础问题的方式，以期帮助初学者更好地理解有关胶体科学的深奥原理。

本书在翻译过程中得到了很多前辈及同行的帮助。中国科学院化学研究所的江龙院士、北京大学的朱珧瑶教授、东北师范大学的褚莹教授、华东理工大学的李莉副教授均对本书全部或部分译稿提出了宝贵的意见和建议。北京大学的马玉荣副教授认真地将译文与原文进行了校对，对本书的定稿作出了巨大的贡献；北京大学胶体化学专业的博士研究生徐丽敏和赵莉翻译了第 1~12 章的习题答案。此外，北京大学的马季铭教授、华东理工大学的安学勤教授对本书的编译方式提出了宝贵的建议 …… 在此，我们对所有为本书的出版作出贡献的人表示衷心的感谢!

由于时间仓促，加之译者水平有限，不当之处在所难免，恳请读者批评指正。

译　者

2012 年 6 月

于北京大学

前　言

在瓦格宁根大学，基础科学、生命科学及技术等专业的学生经常会遇到多相体系，即亚微米尺度上的有序材料。所有的生命体系、许多非生命物质及重要的技术材料都在这个范畴之内，而这些都是胶体科学的核心内容。这是瓦格宁根大学自1935 年以来一直设立胶体科学教研室的原因。瓦格宁根大学胶体科学教研室的第一任主任是 H. C. Tendeloo 教授, 前任是 J. Lyklema 教授。

近年来，胶体科学发展迅猛。新的测量方法不断建立，新的概念不断涌现。继 J. Lyklema 教授之后由我来担任胶体科学教研室主任。我意识到更新教学内容是非常必要的。本教材基于 G. J. Fleer 和 J. N. de Wit 编写的教材 (1975~1998 年在瓦格宁根大学使用)，曾于 1999 年修订并通过了广泛的检验。其间，我收到了来自学生和同行的许多宝贵意见，最后使本修订版得以面世。

没有一本教材是一成不变的；好的教材总是与时俱进的。所以，我诚挚地欢迎读者对本书的修改、提高和扩展提出宝贵的意见和建议。

M. A. Cohen Stuart

于瓦格宁根，2010 年春

目　　录

第1章　引　　言

1.1　什么是胶体科学？

在天然和工业产品中，粒子的大小通常远大于单个分子。这样的例子不胜枚举，如织物、纸张、胶片，油漆、墨水、沥青、水泥、陶瓷，农药、润滑油、胶水，肥皂、洗涤剂及泡沫、塑料等。大的粒子也存在于许多食品中，如牛奶、黄油、果酱和冰淇淋等。在农业领域内也是如此。水及空气中的许多污染物也都含有大的粒子。土壤是由黏土和沙的聚集粒子组成。农业中广泛用来保护庄稼的杀虫喷雾剂通常是颗粒较大的液滴。而所有的生物材料都是由非常大的分子或它们的聚集体构成的。

虽然这些体系各具特色，但有一个共同点，即它们的性质与组成体系的粒子的大小及粒子之间的相互作用密切相关。这些大的粒子被称为胶体。胶体体系有别于其他简单均相物质 (如液体、晶体及溶液) 之处是它们在微观尺度上是多相的，即具有非常小的可辨别的区域。这些与胶体尺寸相应的可以辨别的畴区大小在几纳米到几微米数量级，我们把这一尺寸范围称为胶体范畴。图 1.1 是按照粒子尺寸大小排出的序列，并指出了胶体区域涵盖的范围。可以看出，这个范畴是在小分子与微观粒子 (如细菌和真核细胞) 之间。对胶体体系，特别是对粒子之间相互作用的研究就是胶体科学。

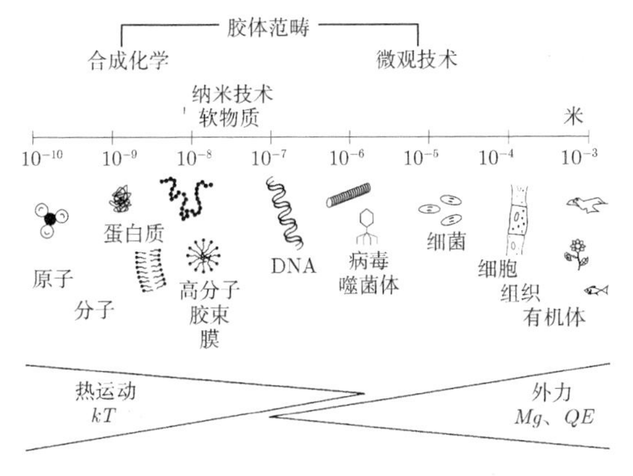

图 1.1　胶体范畴：尺寸及不同种类的粒子

胶体科学的主要任务是发现大量不同体系的通用法则，以及用物理和化学的原理来描述所观察到的现象，并运用这些原理来准确证明对一个胶体体系处理方式的正确性。一个粒子从环境中所受到的作用力随其尺寸的增大而迅速增加。例如，重力与物质的质量成正比；静电相互作用力与粒子荷电量成正比，而大的粒子的荷电量一般较多。因此，对于非常小的粒子，这些作用力通常很小，于是热运动的影响就非常显著*。化学反应、溶解、蒸发及扩散等都是分子所特有的。然而，这些热运动的能量在给定温度下是一定的，与粒子的大小无关。这就是为什么对于大粒子来说，热运动相对而言并不是那么重要，甚至可以忽略的原因。而在胶体范畴之内，外力和热运动同等重要。图 1.1 给出了一些示意性的信息。

在胶体体系里，体系的行为由粒子之间的作用力与热运动之间的精巧平衡所决定。因此，准确测定这些作用力非常重要。大约在 1940 年，人们发现特定胶体粒子的抗聚集稳定性与粒子所带的电荷密切相关。由于静电斥力的存在，粒子的聚集被有效抑制。当时，在实验观察的基础上，人们建立了一个关于粒子稳定性的理论，这一理论至今在胶体领域仍然非常重要，即 DLVO 理论。

为了获得一个非常有用的理论，我们往往从一个非常简单的模型体系出发，这样才能保证测量结果的准确性。然后以这些测量结果为基础，提出一个假说或理论(最初经常是靠直觉)。接下来，再对这一理论进行实验验证。实际上，这一方法并非仅适用于胶体科学，而是通用于自然科学。这意味着模型体系、通用规则及基础理论是研究胶体科学的重要工具。胶体科学中经常使用的力和能量属于物理范畴，所以胶体科学是化学与物理的交叉领域，属于物理化学学科。正因如此，这一领域有时也被称为胶体化学或胶体化学工程。

1.2　胶体体系的重要特征

1.2.1　尺寸

如图 1.1 所示，胶体粒子最重要的特点是它们的尺寸。与低相对分子质量化合物溶液的测量方法不同，采用特殊的技术可以测得胶体粒子的大小。例如：

(1) 小分子在溶液中是看不见的，而大的粒子可以借助显微镜直接观察。因此，胶体粒子可以通过超显微镜 (3.7 节) 或电子显微镜观察 (3.2 节)。

(2) 小分子在溶液中并不沉降，而大的粒子在重力作用下形成沉积物，这使得测量大粒子的尺寸成为可能。由于胶体粒子通常介于上述两种情况之间，人们发明了超离心的方法来沉降胶体粒子，进而测量其尺寸。

* 热能 kT 对于粒子尺寸小于 1μm 的体系非常重要，而在粒子尺寸很大的体系中，重力变得越来越重要。

(3) 胶体粒子的大小可以通过光散射的方法进行测量。

人们也发展了一些适用于胶体科学其他分支的特殊测量方法。

胶体粒子的直径一般在几纳米到几百纳米之间，但这个范围并不严格。例如，乳液液滴虽然可达几微米，但通常也被视为胶体。现在，胶体范畴也被称为 “介观范畴”，主要是为了区别于微观 (小于 1nm) 和宏观 (大于 1μm) 区域。“介观物理” 一词也常常使用。

1.2.2　界面

胶体体系中经常遇到一个相均匀分散在另一个相中的情况，因此胶体体系的第二个特点是两相间存在巨大的界面。该界面的性质对胶体体系非常重要。所以，胶体科学与界面化学或界面物理之间有非常紧密的联系。

1.2.3　相互作用

如前所述，胶体科学的第三个重要特点是粒子间的相互作用，因为它在很大程度上决定着胶体体系的性质。粒子的性质与体系的性质之间的关系是胶体科学的核心主题。

1.2.4　时间尺度

最后要说明的是，胶体体系中发生的所有过程在时间尺度上不同于分子体系中的过程。由于自身尺寸的缘故，胶体粒子与环境之间存在更大的摩擦力，因此它们的运动比小分子慢得多。

1.3　胶体科学历史简要回顾

胶体科学最初是在 19 世纪中叶以胶体化学的形式出现的。Selmi(1845 年) 和 Graham(1860 年) 发现一些溶液并不具备稀溶液的典型特征 (如测不到凝固点降低和渗透压*)。这种反常现象只能用 “假设溶解的粒子非常大，以至于这些量小得无法测量” 来解释。这种假设在当时是非常具有革命性的想法。Graham 将这些粒子称为胶体。这一领域后来被 Ostwald(粒子的歧化和老化)、Tyndall(发现粒子散射光的现象) 和 Einstein(在光散射、黏度、布朗运动等方面作出了贡献) 等在 19 世纪末进一步发展。20 世纪初，许多新方法相继出现，人们开始从理论上解释胶体的特点，代表性人物如下：Langmuir(研究界面及单层膜)，Freundlich(标志性著作为《毛细化学》)，Kruyt(研究胶体稳定性)，Tiselius(在电泳方面贡献卓著) 和 Svedberg(发明了超离心技术) 等。亲液胶体 (将在 1.4.1 节介绍) 领域在 Staudinger 和 Mark 的

* 稀溶液通常具有凝固点下降，沸点上升，渗透压等现象。—— 译者注

影响下开始有了极大的繁荣和发展，并成为一个独立的研究领域。Debye 则在理论解释强电解质及缔合胶体 (表面活性剂) 溶液方面作出了巨大的贡献。

在第二次世界大战期间及之后，俄国的 Derjaguin 和 Landau 以及荷兰的 Verwey 和 Overbeek 分别独立地发展了电荷对憎液胶体稳定性影响的理论。这一今天被广泛称为“DLVO”的理论极大地提高了人们对胶体的认知。在后来的岁月里，人们对憎液胶体给予了极大的关注，并将高分子点阵作为模型引入胶体体系，研究了高分子对胶体的稳定性和聚沉行为的影响。同时高分子溶液的物理化学也迅速发展，并因这一领域的先驱者之一 Flory 获得诺贝尔奖而受到空前的重视。1994 年，De Gennes 因在高分子与胶体物理领域的卓越贡献而获得诺贝尔奖，其成就为该领域注入了新的活力。

1.4 胶体的分类

1.4.1 按稳定性划分

胶体体系最重要的划分方式是基于两种不同的稳定性，即热力学稳定性和胶体稳定性。一个体系在处于吉布斯自由能最低态时是热力学稳定的。对于胶体体系，我们要区分两种情况。

(1) 可逆胶体体系*。当两组分在分子水平上混合时，即为分子层次的混合体系，体系的吉布斯自由能降低。此时，两组分的粒子尽可能地密切接触，从而达到热力学稳定状态。这种情况如图 1.2(a) 所示。这种充分混合的状态是自发的，不可能重新返回非混合状态。这样的体系被称为可逆体系。所以，可逆胶体通常可通过简单混合两种组分的方法制备。用这种方法，我们能够将一种化合物溶解在水或其他溶剂中。这一化合物会分散成单个的分子，被溶剂分子所包围。如果组成化合物的分子非常大 (如大分子、蛋白质等)，则体系就是胶体体系。尽管将大分子溶液划分为胶体体系有些过时了，但仍然非常有用。因为他们具有一些共性。可逆胶体通常被称为亲液胶体；如果溶剂是水，则可称为亲水胶体。

(2) 不可逆胶体体系。这些胶体为热力学不稳定体系 [图 1.2(b)]，因为初始混合的两种化合物并不是自发混合。它们之间保持着清晰的两相，其中一相 (分散相) 均匀地分散，并被另一相 (连续相) 所包围。常用憎液胶体或憎水胶体来表示不可逆胶体。

尽管我们可以迂回地将一相分散在另一相中，体系还有重新分相的倾向。但是，一旦形成胶体状态，这种分散状态会持续很长时间。这样的体系被称为介稳体系或胶体化学稳定体系。若想使体系达到热力学稳定的聚集状态，必须克服一定的

* 判断一个胶体体系是否可逆，是以胶体本身为参照的。如果一个体系自发回到胶体状态，我们就称之为“可逆”的胶体体系；如果体系自发回到两个或多个均相状态，我们称这样的体系是“不可逆”的。

活化能。这一活化能可能非常高，以至于尽管体系有发生相分离的倾向，不可逆胶体的分散体系仍可以维持很长时间。实际上，不可逆胶体的热力学不稳定性并不影响热力学定律在此体系中的应用。

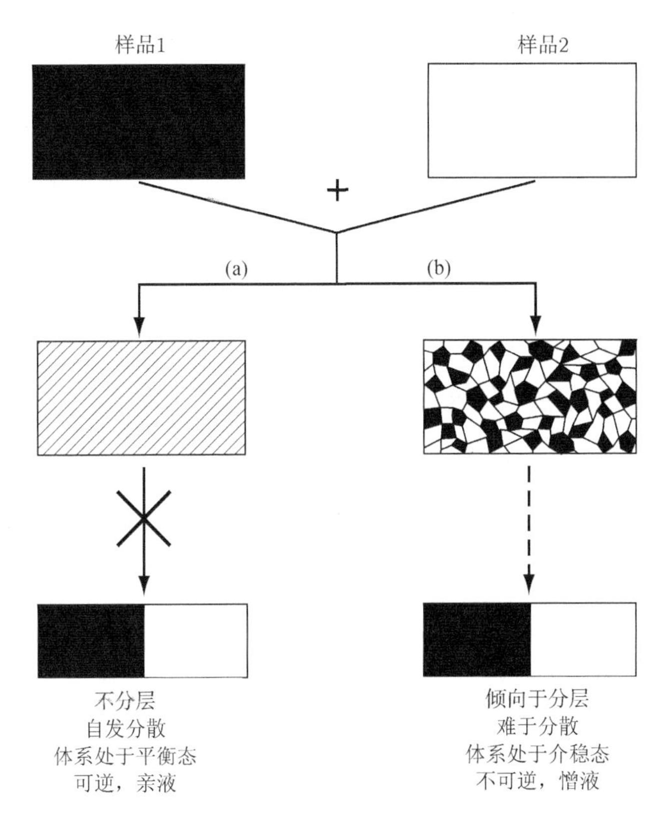

图 1.2　化合物 1 和化合物 2 混合时的两种可能情况：(a) 物质溶解，形成稳定的亲液胶体；(b) 物质不溶解，形成憎液胶体

1.4.2　按相组成划分憎液胶体

由于不可逆胶体可以视为一相 (分散相) 在与其不相混溶的另一相 (连续相) 中的均匀分散体系，我们可以根据这两个合并相的特性对胶体体系进行分类。分散相和连续相都可以是固体、液体或气体。因此可以有如下几类分散体系 (表 1.1)。

气体分散在液体或固体中的分散体系称为泡沫。固体分散在液体中有两种情况：如果粒子为胶体尺寸则视为溶胶；如果粒子更大则为悬浊液。一种液体分散在另一种液体中的分散体系称为乳状液。如果液体分散在固体中则称为固体乳状液。一种液体分散在一种气体中 (多数情况为空气) 称为气溶胶。液体分散介质多被称为溶剂，虽然这一种说法通常是不正确的。在本教材中，我们将主要关注分散介质为液体的体系。不过，经过修正之后，部分讨论也可应用于气溶胶。

表 1.1　分散体系类别

连续相	分散相		
	固体	液体	气体
固体	稳定悬浮液 (彩色玻璃)	稳定乳液 (蛋白石)	泡沫橡胶、浮石
液体	溶胶及悬浮液 (染料、漆、墨汁、乳液、明胶溶液)	乳状液 (牛奶、胶乳、原油)	泡沫 (肥皂泡)、啤酒泡沫
气体	气溶胶 (烟、尘)	气溶胶 (雾)	

1.4.3　重要胶体概览

最后我们将不同种类的胶体总结于表 1.2。

高分子有带电和电中性之分。含有带电基团的高分子称为聚电解质。许多水溶性生物大分子都是聚电解质，如阿拉伯胶。溶于苯的橡胶 (自行车补胎经常用到) 是典型的亲液溶胶。电中性的生物大分子葡聚糖则可形成典型的水凝胶。

表 1.2　胶体的种类

类别	具体类别	实例
可逆胶体 (亲液或亲水)	合成高分子	
高分子溶液	不带电的高分子	聚乙烯醇/水，橡胶/苯
	聚电解质	聚丙烯酸/水
	生物胶体	多糖或蛋白质/水
缔合胶体	肥皂 (两亲分子)	十二烷基硫酸钠/水
	液膜、两亲分子双层膜	磷脂
	微乳	水/辛烷/己醇/十六烷基三甲基溴化铵、
水凝胶		明胶凝胶
不可逆胶体 (亲油或憎水)		
憎液溶胶	氧化物	分散在水或高分子乳液中的 Fe_2O_3 及 SiO_2 颗粒
	金属	分散在水中的 Pt、Au、Ag 颗粒
	盐	分散在水中的 AgI、As_2S_3 颗粒
乳状液	O/W 乳状液	分散在水、牛奶中的石蜡
	W/O 乳状液	分散在石蜡、黄油中的水
悬浊液		悬浮于水中的黏土体系
气溶胶		雾、烟
憎液凝胶		Fe_2O_3–水凝胶体系

缔合胶体是可逆溶胶的一种，它是小分子在溶剂中自发形成的大的聚集体。通常来说，它们在一定的浓度下才能形成，这一浓度就是临界胶束浓度。在单个分子与发生缔合的分子之间存在一个动态的热力学平衡，如溴化十六烷基三甲基溴化铵、十二烷基硫酸钠等溶液中，单体与胶束之间存在平衡。在水、油及表面活性剂的混合物中则可以形成微乳，其结构是被致密的表面活性剂分子层包围的几纳米大小的液滴。由于它们也是自发形成的，因此属于可逆胶体。

凝胶是有些“硬”的胶体体系。它们既可能由亲液溶液组成，也可能是由憎液溶胶组成的。典型的例子有明胶凝胶、煮熟的蛋清、润滑油脂 (实际是表面活性剂在油中的凝胶)、硅胶及 Fe_2O_3 胶冻等。

憎水胶体多由不溶于水的粒子组成。乳胶 (多为球形，凸面) 的成分主要是高分子粒子(小塑胶块儿)。通过适当的方法，可以得到尺寸均匀的乳胶粒子。因此，这些体系经常被用作研究胶体的模型体系，这在实际生活中非常重要。例如，经常将合成塑料制备成乳胶：聚苯乙烯或聚丙烯酸甲酯的水溶液为乳胶漆；源于三叶橡胶树的天然橡胶也是一种乳胶。

乳状液是由两种不相混溶的液体(如水和油) 形成的分散体系，因此它们也属于憎液胶体。乳状液的液滴一般为球形而且非常大，因此可以用显微镜观察。我们能够非常容易地辨别水包油 (O/W) 型乳状液和油包水 (W/O) 型乳状液。这里，“油”泛指不溶于水的非极性相，如蛋黄、防晒油、牛奶 (O/W)、黄油 (W/O)。

1.5　粒子形状

在特定情况下胶体粒子是球形的。因此，可以用半径来表示胶体粒子的大小。乳状液、乳胶及一些球形蛋白的粒子一般是球形的。有些生物粒子，如烟草花叶病毒、胶原质等是棒状的；而一些黏土粒子 [如斑脱土 (bentonite) 等]是盘状的。而在长链高分子和一些缔合胶体体系还可见到线状胶体粒子，如疏水的 V_2O_5 粒子即为线状。

许多无机胶体是由形状不规则的多晶粒子组成的。这些多晶粒子可以由球形、管状等基本形状单元组成。固体溶胶粒子一般具有刚性的结构，不易发生形变。一些亲水胶体则经常具有柔性的结构，其形状由于热运动而随时间变化。例如，柔性高分子有着无规线团的形状，磷脂分子的双层膜因热运动而随机波动。

图 1.3 为几种不同形状胶体的电镜照片。

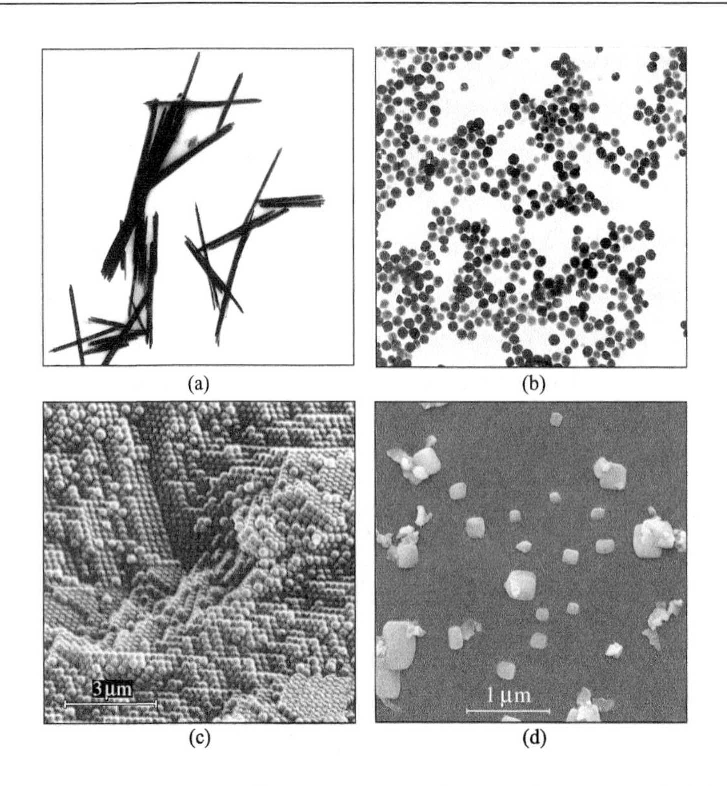

图 1.3　不同形状的胶体粒子。(a) 棒状 Fe_2O_3(针铁矿); (b) 球形 Fe_2O_3(赤铁矿); (c) 聚苯乙烯球 (因其尺寸均一，形成有序排列的结构); (d) $LaBr_3 \cdot 6H_2O$ 的不规则粒子

1.6　简单气体与溶胶的相似之处

图 1.4 表示的是一个具有一定数量球形粒子的体系。在这里，我们没有指定粒子的大小。这意味着这一体系也可能是气体体系，如 Ar 气体系，或者是由恒星组成的星系。如果粒子代表气体，则球形粒子的尺寸只有几埃。我们知道有很多这样的气体。如果气体在体系中浓度足够稀，则理想气体状态方程适用，即 $p = RT(N/V)$。式中，p 为气体压强；R 为摩尔气体常量；T 为热力学温度；N 为气体的物质的量；V 为气体所占的体积。如果气体在体系中的浓度不是很低，上述方程需要修正，得到：$p = RT[(N/V) + B_2(N/V)^2 + \cdots]$。式中，$B_2$ 为第二维里系数，后面的章节中将有更多相关讨论。换言之，此图也可以代表一定大小的粒子在溶剂中的分散体系。例如，R=100 nm 的粒子分散于水中。由于溶剂分子比粒子小得多，这些溶剂分子往往可以忽略 (所以在图上没有显示)。实际上，这是胶体科学中常见的处理方法。

图1.4说明，自由空间里的一群 Ar 原子与溶剂中的一组胶体粒子有相似之处。我们会经常用到图 1.4 所表达的这种相似性，一个典型的例子就是溶胶中的渗透压。当溶胶足够稀时，渗透压遵循理想气体状态方程：$\Pi = RT(N/V)$(van't Hoff 规则)。当溶胶不是很稀时，与气体情况类似，我们可以写出维里 (virial) 展开式：$\Pi = RT[(N/V) + B_2(N/V)^2 + \cdots]$。在这一方程中，$B_2$ 是第二维里系数，它是两组分体系中粒子之间相互作用强度的量度。我们将对 B_2 进行更深入的讨论。

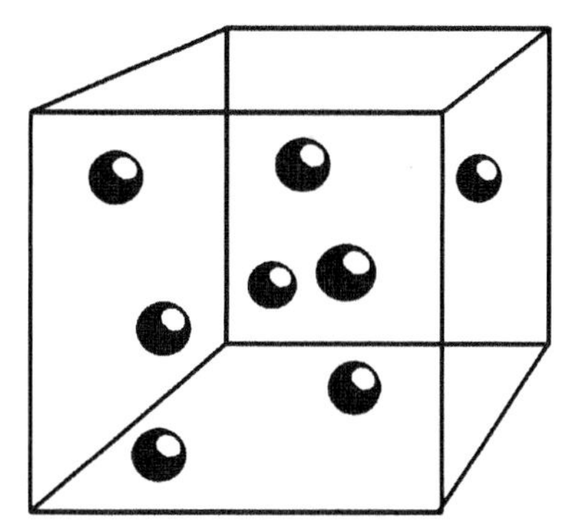

图 1.4　一定体积内粒子的分布示意图，可见气体与溶胶的相似之处

这种相似性体现在很多方面。对于简单液体，我们知道它们的温度–浓度相图，如图 1.5 所示。由图 1.5 可以推知，气相存在于高温和低浓度区域；凝聚的液相区则在临界温度下存在于高浓度区；而固相区为高密度区且以原子有序排列成晶体为特征。对于溶胶体系，虽然情况可能会非常复杂，依然可以得到类似的相图。在此我们不去深究细节，但需要说明的是，在浓度很稀且粒子间没有强烈相互作用的情况下，溶胶与气体体系类似。溶胶在高浓度下可形成凝聚态，该凝聚态仍然允许胶体粒子进行相对运动，即表现为胶体的液态。或者，胶体相也可以像在晶体中一

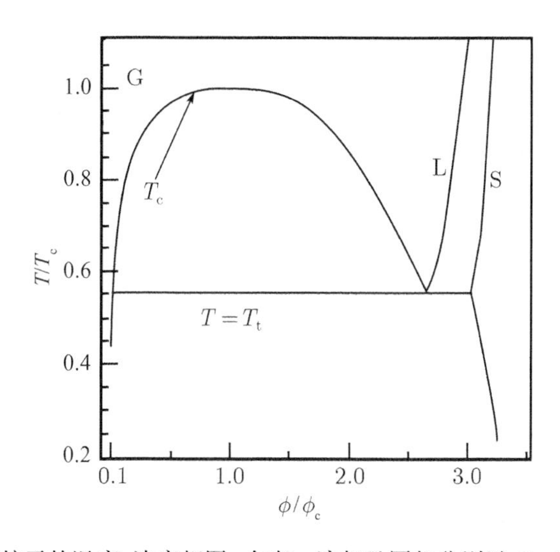

图 1.5　简单球形粒子的温度–浓度相图。气相、液相及固相分别以 G、L、S 在图中标出。T_t 为气、液、固三相共存温度。在其之上也标出了气–液不能共存的临界温度。ϕ 表示粒子的体积分数。需注意的是，胶体体系也存在气、液、固三相点

样有序并形成固相。这种相似性已经用于解释胶体体系中的许多实验现象。

在自由空间里的一群球形原子与一组在介质中分散的球形粒子之间虽然有很多相似之处，但也存在很大的差异。在由简单原子组成的体系中，我们可以通过改变温度来改变从有序到无序的平衡，如通过升高温度使体系的无序度高于有序度。这是因为原子间的相互作用能是固定的 (例如，相互作用发生的距离和强度是一定的)。在由球形粒子和分散介质组成的体系中，我们也能够改变有序–无序之间的平衡。问题的关键是在溶胶体系中，粒子之间的相互作用是通过介质 (溶液) 进行的。因此，即使在固定的温度下，粒子与粒子之间的相互作用范围和相互作用的大小也可以通过简单改变溶液性质进行调节。但是，胶体体系本质上要比简单原子体系更为复杂。

我们可以反过来设想，胶体粒子可以被视为某种特意设计的原子。这种设计的意图是借鉴简单气体分子的物理性质及其相行为。这里我们不过多涉及这一方面的内容。

由均分法则可知，粒子的平均动能与温度的关系可表示为

$$\langle 1/2mv^2\rangle = 3/2\ kT^* \tag{1.1}$$

* 式中，

$$1kT = 4\times10^{-21}\mathrm{J}(25^\circ\mathrm{C}); k = 1.38\times10^{-23}\mathrm{J/K}, k = \frac{R}{N_\mathrm{A}}。$$

这一方程适用于气体分子，也适用于溶液中的粒子。我们可以使用式 (1.1) 计算室温下气体分子 (如 N_2) 在自由空间里的平均速度，并重新得到声速 ($v \approx 300$ m/s)。胶体粒子的质量要比气体大得多，因此迁移要慢得多。而且它们经常会撞到溶剂分子，因此要不断地改变方向，这一过程导致扩散的产生。在后面的章节中我们也将讨论扩散。另外需要注意的是，kT 是与胶体体系紧密相关的能量量度。只有具有这一能量的粒子才能够越过能垒。因此，后面的章节中我们将频繁使用如下讨论句式：“…… 当能量超过 kT 时，我们预计 ……。”

练习 计算半径 $R = 50$ nm，密度 $\rho = 2000$ kg/m^3 的粒子在室温下的平均速度 $\langle v\rangle$。

思 考 题

1. 在什么情况下使用 “溶剂” 来称呼液体分散介质不正确？
2. 缔合胶体 “胶束” 和聚合物分子都是由小分子构成的，二者的区别是什么？
3. 为什么表 1.1 中右下角一栏是空的？
4. 泡沫符合胶体尺寸的定义吗？

---

* 本书中以 kT 作为能量单位。—— 译者注

5. 为什么乳状液中的粒子是球形的？(参考第 11 章)
6. 聚苯乙烯在水中和在苯中的差别是什么？
7. 你能设法区分 O/W 和 W/O 型乳状液吗？

第 2 章　粒子尺寸分布

2.1　多分散和单分散胶体

对胶体的表征始于了解其大小。多数情况下，胶体粒子大小不等。粒子的尺寸在一定范围内分布经常使对体系的分析复杂化。胶体体系的性质与粒子的尺寸紧密相关。因此，准确测量粒子的尺寸非常重要。然而，胶体体系通常含有大量的粒子，只有在极少情况下粒子的大小完全一致，更为常见的情况是粒子的尺寸围绕某一平均值分布。如果体系中所有粒子尺寸相同 (分布很窄)，我们称体系为单分散体系 (图 2.1)，否则为多分散体系。

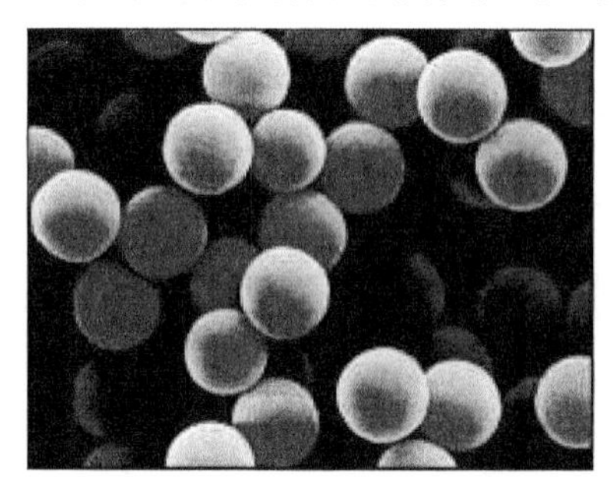

图 2.1　单分散溶胶示例

2.2　不同的平均方法

如果一个体系是多分散的，即体系中含有质量、半径不等的粒子，这时我们不能用某个粒子的质量或半径来描述整个体系。因此，定义一个平均的粒子质量、摩尔质量或半径是非常有必要的。目前，有多种平均方法，每种方法得到的平均值不尽相同。在许多实验中，我们得到的通常是许多粒子共同贡献的结果。这时测量方法决定了每种粒子对平均值贡献的大小。所以，测量所得的粒子尺寸实际上取决于选用的实验方法。

为了形象地说明这一问题，我们用经济学的实例予以解释。让我们比较一下金条和金刚石的价格。对于黄金，其价格仅与质量成正比。如果我们有 10 个不同大小的金条，总质量是 200 g。因为这些金条的总价值与每个金条的大小无关，所以它们的总价值就是 200 g 黄金的价格。我们只要拿出金条的平均质量，20 g 的 10 倍的价钱就可以买到 10 块金条。在这种情况下，20 g 是样品的总质量除以样品的数量，换句话说，是数均质量。

然而，如果这 200 g 是金刚石的总质量，体系的价值则主要取决于最大的金刚石的价格。如果样品中有几个大的金刚石 (当然也有一些小的)，这个集合的价钱就高于所有金刚石大小相同的集合的价钱。因此，体系的总价值与数均质量无关，体系中较大的粒子贡献更为重要。显然，这是通过不同的平均方法得到的不同结果。

本章我们将主要讨论粒子或分子的质量 (摩尔质量) 分布，这种考虑问题的方法也适用于研究体系的其他性质 (如半径等)。我们将在本书 2.6 节给出具体的例子。

摩尔质量 M(kg/mol) 是 N_A 个粒子的质量 (N_A 代表 Avogadro 常量)。这样，M 与粒子质量 m(kg) 的直接联系是：$M = mN_A$。

2.3　有代表性的质量分布

任何多分散体系都可视为一些摩尔质量为 M_i 的组分 $i(i = 1, 2, 3, \cdots)$ 的集合，其中，第 i 组分粒子的质量为 m_i。在第 i 组分粒子数目 n_i 和其总质量 w_i 之间有如下简单关系：

$$n_i m_i = n_i M_i / N_A = w_i \quad [\text{kg}] \tag{2.1}$$

我们可以通过实例来说明如何处理粒子的尺寸分布问题。假设我们有 100 个粒子，把这 100 个粒子按表 2.1 分成 5 份。

表 2.1　多分散体系实例　(质量单位:kg)

组分 i	n_i	M_i	n_i/N	w_i	w_i/W	N_k/N	W_k/W
1	10	30	0.10	300	0.06	0.10	0.06
2	20	40	0.20	800	0.16	0.30	0.22
3	35	50	0.35	1750	0.35	0.65	0.57
4	30	60	0.30	1800	0.36	0.95	0.93
5	5	70	0.05	350	0.07	1.00	1.00
总量	N=100		1.00	W=5000	1.00		

在表 2.1 中，N 是粒子的总数，$N = \sum_i n_i$；W 是所有粒子的总质量，以 kg 为单位，$W = \sum_i w_i$。第五列的数据 (w_i) 是根据式 (2.1) 计算得来的 (列 3×列 4)；第六列的数据是归一化的结果*，即用 w_i/N 除以 W/N。最后两列给出了累积的数均分布 N_k 和累积的质均分布 W_k，分别由 i=1 到 k 的组分的数量及质量加和得到

* 我们通常对性质可以归一化的分布概率 P_i 感兴趣：$\sum_i P_i = 1$。我们可以通过统计权重的概念 G_i 建立一个概率分布，其中 G_i 为所讨论的状态的权重。通过将某一组分的统计权重对所有组分的权重归一化，可以将其转化为概率：$P_i = G_i / \sum_i G_i$。为了提示我们使用的是哪种质量的统计，我们将概率的符号扩展为 $P_i^{(G)}$。

$$N_k = \sum_{i=1}^{k} n_i \quad [-] \tag{2.2}$$

$$W_k = \sum_{i=1}^{k} w_i \quad [\text{kg}] \tag{2.3}$$

式中，N_k 为尺寸小于一个给定数值的粒子的总数 (从 1 到 k 组分的总数目)；W_k 为相应于上述粒子集合的粒子的总质量。

表 2.1 中的数据也可以用图表示出来。这样，$n_i(M_i)$ 可以表示为一个数均直方图 [图 2.2(a)]，$w_i(M_i)$ 则表示为质均直方图。同样地，$N_k(M_k)$ 表示累积的数均直方图 [图 2.2(b)]，$W_k(M_k)$ 是累积的质均直方图。

比较图 2.2(a) 与 (b)，不难发现，当 M 较大时，重均直方图较数均直方图有较大的数值。这是因为随 i 与 k 的增加，在将 n_i 转化为 w_i，以及将 N_k 转化为 W_k 时，需要分别乘以一个较大的 M_i 或 M_k。换句话说：对于质量大的粒子来说，质量分数 w_i/W 大于数量分数 n_i/N。

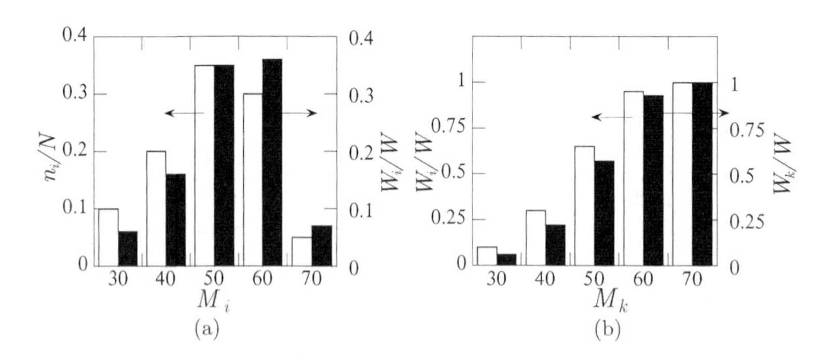

图 2.2　数均及质均直方图示意图。此图与表 2.1 中数据一致，质量的单位略去，其他请参见图 2.3

在实践中，分散体系并不是由确定数量的高度单分散的组分组成。在此情况下，我们通过对直方图中的一个柱形取一个无限小的宽度 dM 的办法对连续分布进行积分。这样 “i 组分的粒子数目” 被 “摩尔质量在 M 与 $M+\mathrm{d}M$ 之间的粒子数目” 所取代。这里 M 是一个连续函数。这样，在这个区间中的粒子的数目为 $n(M)\mathrm{d}M$。函数 $n(M)$ 被称为微分数量分布。因为 $n(M)\mathrm{d}M$ 是一个数字 (粒子数目)，而 M 的单位为 kg/mol，所以 $n(M)$ 的单位为 mol/kg。同样地，$w(M)\mathrm{d}M$ 表示质量在 M 与 $M+\mathrm{d}M$ 之间的粒子，而 $w(M)$ 为微分质量分布 (单位为 mol)。与式 (2.1) 类似，我们有

$$M_{\mathrm{n}}(M)/N_{\mathrm{A}} = w(M) \quad [\text{mol}] \tag{2.4}$$

累积的分布函数 $N(M)$ 与 $W(M)$ 现在与式 (2.3) 相似

$$N(M)=\int_0^M n(M)\mathrm{d}M \quad [-] \tag{2.5}$$

$$n(M)=\frac{\mathrm{d}N(M)}{\mathrm{d}M} \quad [\mathrm{mol/kg}] \tag{2.6}$$

$$W(M)=\int_0^M w(M)\mathrm{d}M \quad [\mathrm{kg}] \tag{2.7}$$

$$w(M)=\frac{\mathrm{d}W(M)}{\mathrm{d}M} \quad [\mathrm{mol}] \tag{2.8}$$

图 2.3 给出了连续分布函数的面积。图 2.3(a) 为微分分布曲线，图 2.3(b) 则为累积分布曲线。由式 (2.5) 至式 (2.8) 可以得出，$n(M)$ 与 $w(M)$ 可分别由 $N(M)$ 和 $W(M)$ 中获得。反过来，累积分布可由微分分布积分而来。图 2.3 中曲线下的阴影面积为所有质量 $M<M_k$ 的粒子的累积质量。这个质量与图 2.3(b) 中累积曲线 $W(M)$ 上的一个点相对应。可通过实验确定直方图或分布曲线。例如，可利用细分法或沉降平衡，参见 3.4.5 节。有些情况下，分布函数可在粒子生长机理基础上通过理论计算得出 (如浓缩聚合)。

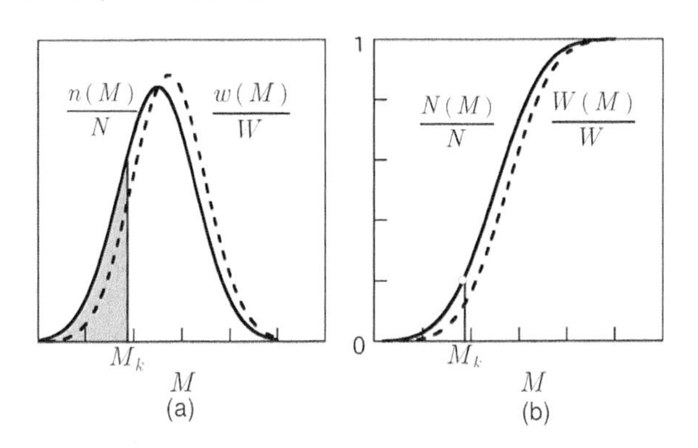

图 2.3　微分 (a) 与累积 (b) 分布曲线。灰色区域的面积等于 $N(M_k)/N$

2.4　平均相对分子质量*

如果一个多分散体系的粒子质量是通过测量一群粒子得出的，我们总会得到一个平均值。平均的种类依赖于选用的方法。我们将讨论数量平均 (数均)、质量平均 (质均) 以及 Z-平均 (Z 均)。

* 有多种平均相对分子质量，实验测定的数值取决于所采用的实验方法。

2.4.1 数均相对分子质量*

数均相对分子质量定义为所有粒子的总质量除以粒子的总数目。所有粒子都计算在内。计算公式为

$$M_{\mathrm{n}}=\frac{\sum\limits_i n_iM_i}{\sum\limits_i n_i}=\frac{\sum\limits_i c_iM_i}{\sum\limits_i c_i}=\frac{\sum\limits_i C_i}{\sum\limits_i C_i/M_i} \tag{2.9}$$

C_i 与 c_i 之间的关系为 $C_i=c_iM_i$，与式 (2.1) 类似。

将式 (2.9) 应用于表 2.1 中的例子，可以发现 M_n=50，是第五列数字的加和。

数均相对分子质量可以通过渗透压实验得到。这是因为渗透压仅取决于体系中粒子的数目，而不是它们的质量 (参见 3.1.1 节)。对于单分散体系，渗透压表达式为 $\Pi=RTc=RTC/M$。在这一方程中，R 为摩尔气体常量，T 为热力学温度。由测量得到的渗透压数据，可通过式 $M=RTC/\Pi$ 计算得到相对分子质量 M。对于多分散体系，渗透压是所有粒子贡献的加和。此外，总的质量浓度是每一组分的质量浓度的加和。这样，我们就从 RTC/Π 得到了一个平均分子质量 M_{av}，从式 (2.9) 可以看出，它等于数均分子质量 M_{n}: $C=\sum\limits_i C_i$，$\Pi=\sum\limits_i \Pi_i=RT\sum\limits_i C_i/M_i$。这样，$M_{\mathrm{av}}=RTC/\Pi=\sum\limits_i C_i/\sum\limits_i C_i/M_i=M_{\mathrm{n}}$。

2.4.2 质均相对分子质量

如果测得的量与粒子的质量成正比，我们得到质均相对分子质量 M_{w}，定义为

$$M_{\mathrm{w}}=\frac{\sum\limits_i w_iM_i}{\sum\limits_i w_i} \tag{2.10}$$

或 $M_{\mathrm{w}}=\sum\limits_i n_iM_i^2/\sum\limits_i n_iM_i=\sum\limits_i c_iM_i^2/\sum\limits_i c_iM_i=\sum\limits_i C_iM_i/\sum\limits_i C_i$[kg/mol]

式中，c_i 为摩尔浓度 [mol/m^3]；C_i 为质量浓度 [kg/m^3]。

由此可见，在计算 M_{w} 时，重的粒子比轻的粒子贡献要大。

质均相对分子质量可以通过光散射实验测得，因为对单分散粒子来说，散射光强 I 正比于 $cM^2=CM$。对多分散的混合物，散射光强为所有单个粒子的 cM^2 的贡

* $M_{\mathrm{n}}=\sum\limits_i P_i^{(n)}M_i$，其中 P_i 为概率分布: $P_i^{(n)}=\dfrac{n_i}{\sum\limits_i n_i}$，$P_i^{(w)}=\dfrac{w_i}{\sum\limits_i w_i}$。这样粒子的数均相对分子质量为 $M_{\mathrm{n}}=\sum\limits_i P_i^{(n)}M_i$，质均相对分子质量为 $M_{\mathrm{w}}=\sum\limits_i P_i^{(\mathrm{w})}M_i$。

献的加和，即正比于 $\sum_i c_i M_i^2$。这样，散射光强表达为 $I = CM_{\text{av}} = \left(\sum_i C_i\right) M_{\text{av}} = \left(\sum_i c_i M_i\right) M_{\text{av}}$。由此可得 $M_{\text{av}} = \sum_i c_i M_i^2 / \sum_i c_i M_i$。根据式 (2.10) 的定义，这正好是 M_{w}。$M_{\text{w}} = \sum_i P_i^{(\text{w})} M_i$。

由高分子溶液的黏度测量我们可以得到一个正比于 CM^α 的量，这里 α 介于 0.5 与 0.8 之间 [参考 6.8 节和式 (6.18)]。对于多分散体系，我们发现 M_{av}^α 为 $\sum_i c_i M_i^\alpha$ 与 $\sum_i C_i$ 之比，这个量被称为黏均相对分子质量 M_{v}。这一数值在 M_{n} 与 M_{w} 之间。

2.4.3　Z 均相对分子质量

Z 来源于德语单词 Zentrifuge，定义 Z 均相对分子质量为

$$M_{\text{z}} = \frac{\sum_i n_i M_i^3}{\sum_i n_i M_i^2} = \frac{\sum_i c_i M_i^3}{\sum_i c_i M_i^2} = \frac{\sum_i C_i M_i^2}{\sum_i C_i M_i} \tag{2.11}$$

式 (2.9) 至式 (2.11) 中的加和项 $\sum_i n_i$、$\sum_i n_i M_i$、$\sum_i c_i M_i^2$、$\sum_i c_i M_i^3$ 分别被称为粒子分布的零、第一、第二及第三阶矩。这样，平均相对分子质量 M_{n}、M_{w} 与 M_{z} 分别为相邻两个阶矩的比值。一般情况下，$M_{\text{z}} \geqslant M_{\text{w}} \geqslant M_{\text{n}}$；但总有 $M_{\text{w}}/M_{\text{n}} \geqslant 1$*。

M_{n}、M_{w} 与 M_{z} 的公式可以很容易地推广到连续分布的情况。可给出如下公式：

$$M_{\text{n}} = \int_0^\infty M_{\text{n}}(M)\text{d}M \Big/ \int_0^\infty n(M)\text{d}M \quad [\text{kg/mol}] \tag{2.12}$$

$$M_{\text{w}} = \int_0^\infty M_{\text{n}}^2(M)\text{d}M \Big/ \int_0^\infty M_{\text{n}}(M)\text{d}M \quad [\text{kg/mol}] \tag{2.13}$$

$$M_{\text{z}} = \int_0^\infty M_{\text{n}}^3(M)\text{d}M \Big/ \int_0^\infty M_{\text{n}}^2(M)\text{d}M \quad [\text{kg/mol}] \tag{2.14}$$

---

*在统计学上，常用偏差来定量表示与数量平均值的偏离：$\sigma_{\text{M}}^2 = \dfrac{\sum_i n_i (M_i - M_{\text{n}})^2}{\sum_i n_i}$。因此，$\left(\dfrac{\sigma_{\text{M}}}{M_{\text{n}}}\right)^2 = \dfrac{M_{\text{w}}}{M_{\text{n}}} - 1$，总有 $M_{\text{w}}/M_{\text{n}} \geqslant 1$。

2.5　多分散度

M_w/M_n 的比值随分布的变宽而增大。因此，M_w/M_n 常被用于度量多分散程度，尤其是对高分子体系。如果我们将式 (2.9) 应用于表 2.1 中的数据，可得 M_n=(300+800+1750+1800+3500)/(10+20+35+30+5) =50 (第五列)。类似地，应用式 (2.10) 与式 (2.11) 可得：M_w=52.2 及 M_z=54.1。在这一例子中，这几个数值相差不是很大：$M_n:M_w:M_z$=1:1.04:1.08。在很多情况下，相对分子质量的分布要更宽些。例如，在浓缩高分子体系得到的最可几分布可以为 $M_n:M_w:M_z$= 1:2:3。

2.6　比表面积

胶体体系中的粒子通常很小，因此它们总的表面积很大。

一个非常重要的物理量为比表面积 S，即每单位质量的胶体所具有的面积。对于由 n 个半径为 R、密度为 ρ(kg/m³)、单分散的球形粒子组成的体系，比表面积 S 等于

$$S = \frac{n4\pi R^2}{n\frac{4}{3}\pi R^3\rho} = \frac{3}{\rho R} \quad [\mathrm{m^2/kg}] \tag{2.15}$$

对于多分散的球形粒子体系，必须用所有组分的表面积的加和除以体积的加和：

$$S = \frac{3\sum_i n_i R_i^2}{\rho\sum_i n_i R_i^3} \quad [\mathrm{m^2/kg}] \tag{2.16}$$

如果我们知道一个多分散体系的比表面积，可以由式 (2.15) 计算出平均半径 $\bar{R}$，即 $\bar{R} = 3/\rho S$。这样，我们得到一个体积面积平均的半径：

$$\bar{R} = \frac{\sum_i n_i R_i^3}{\sum_i n_i R_i^2} \quad [\mathrm{m}] \tag{2.17}$$

练习　计算 1L 溶胶中粒子的总表面积。已知：R=30 nm; ρ=1000 kg/m³，浓度 C=1 kg/m³。

思　考　题

1. 画出一个单分散溶胶的微分直方图和累积直方图。

2. 为什么 M_w/M_n 是一个体系多分散程度的量度？在什么情况下 $M_w/M_n=1$?

3. 你会如何定义体积平均的相对分子质量 M_{vol}？与 M_w 相比，M_{vol} 是偏大，偏小，还是与 M_w 相等？

4. 计算等物质的量混合的水蒸气、H_2、CO 的 M_n，M_w 及 M_z。

5. (1) 一个体系由质量分数为 50%，摩尔质量为 10 kg/mol 的粒子和质量分数为 50%，摩尔质量为 100 kg/mol 的粒子组成，请计算体系的 M_n、M_w 及 M_z。

(2) 若这一体系的组成为数目百分比为 50%/50%，上述结果有什么不同？

(3) 你如何解释上述差异？

6. 推导式 (2.16)。计算直径为 300 nm 的单分散乳胶溶胶的比表面积。($\rho_{latex}=1100$ kg/m^3)

7. 根据图 2.4 讨论下列问题：

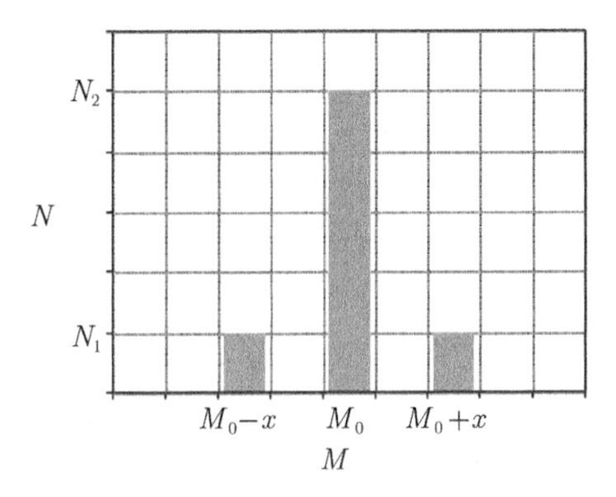

图 2.4　相对分子质量分布。图中有三个对称分布的粒子组分。中间的含有 N_2 个粒子，其相对分子质量为 M_0；另外两个有 N_1 个粒子，相对分子质量分别比 M_0 略多 x 与略少 x。

(1) 证明数均相对分子质量与 N_1、N_2 以及 x 值无关。

(2) 写出重均相对分子质量的方程。

(3) 写出相对分子质量多分散度的方程。

(4) 证明当 $N_2 \gg N_1$ 时，质均相对分子质量与数均相对分子质量相等。此时体系的多分散度是多少？

(5) 当 $N_2=0$ 时，多分散度仅是 x 和 M_0 的函数。求由等数量 N_1 粒子组成的二组分体系的多分散度的最大值。

(6) 如果允许每一组分所含的粒子数量不同，你能增加一个二组分体系的相对分子质量的多分散度吗？($N_2=0$)。

第 3 章　粒子质量和大小的测量

3.1　渗 透 压 法

3.1.1　理想溶液

有些稀溶液的热力学性质仅取决于溶解的分子的数目。我们列举四个这样的性质：蒸气压下降、沸点升高、熔点下降及渗透压。因为这些性质与粒子数目有关，被称为依数性质。对依数性质的测量是测定小分子摩尔质量的重要方法之一。然而，对于胶体体系，这些方法不太适合，因为胶体粒子的摩尔质量经常非常高，以至于摩尔浓度低至近乎于零，不能进行准确测量。例如，对于一个 M=10 kg/mol，在水中浓度为 10 g/L 的胶体体系，测得其蒸气压下降 4×10^{-4} mm Hg 柱 (1 mmHg=0.133kPa，下同)，沸点升高 5×10^{-4} ℃，熔点降低 2×10^{-3} ℃。显而易见，这些数值太小，受实验精度所限，不能准确测量。

唯一一个依然有价值的依数性质是渗透压，也仅对摩尔质量不是很高的体系成立。也正因如此，渗透压主要应用于亲液溶胶的测量。例如，可以准确测出上面所讨论的溶液的渗透压为 18 mm Hg 柱 (2370 Pa)。

摩尔浓度为 c (mol/m^3)，质量浓度为 C (kg/m^3) 的溶液的渗透压 (或者更准确地说，与纯溶剂的渗透压差别) 可由范特霍夫 (Van't Hoff) 定律得到

$$\Pi = RTc = RTC/M \quad [\mathrm{N/m^2}] \tag{3.1}$$

式中，R 为摩尔气体常量，数值为 8.314J/(K·mol)。

注意，这一状态方程与理想气体状态方程非常相似：$p = RTc$。其中，$c = n/V$，为单位体积中分子的数目。与这一理想气体状态方程类似，Van't Hoff 定律仅适用于理想溶液 (分散液)，即溶质粒子间没有相互作用。在理想溶液中，溶解的每单位质量溶质的渗透压与其他分子的存在无关，因此也就与它们的浓度无关，如图 3.1 所示。

图 3.1 给出了室温下含有 100 kg/m^3 溶质的溶液在溶质摩尔质量不同时的理想渗透压，既有 SI 单位的结果，也有用厘米水柱 (cm H_2O。1cm $H_2O\approx$0.1kPa，下同) 高度表示的结果。由此图清晰可见，当 M 太大时，渗透压太小，测量不出来。

本章将集中讨论如何测量胶体粒子大小的问题。现在测量粒子大小的方法有多种。但是，从实验中经常会得到更多的信息，尤其是粒子间的相互作用及它们与

介质分子相互作用的方式。显然，这种信息对于控制胶体的稳定性是至关重要的，因此是胶体科学的核心内容。

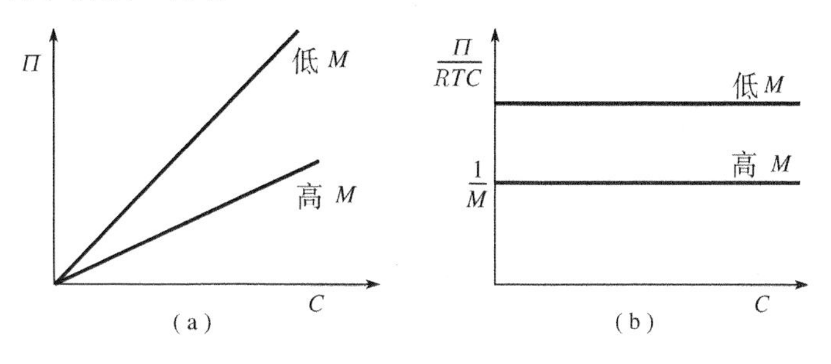

图 3.1　理想溶液的渗透压

表 3.1　摩尔质量不同的溶质在浓度为 100 kg/m³ 的水溶液中的渗透压

M/(kg/mol)	Π_{ideal}/(cm H_2O)	Π_{ideal}/Pa
1	2500	250 000
10^2	25	2500
10^4	0.25	25
10^6	0.0025	0.25

3.1.2　非理想体系的渗透压

对于非理想溶液，渗透压偏离线性关系。对于这种情况，渗透压通常可以写成浓度 C(或 c) 的级数的形式 (维里级数)：

$$\frac{\Pi}{RT} = \frac{C}{M} + B_2\left(\frac{C}{M}\right)^2 + B_3\left(\frac{C}{M}\right)^3 + \cdots \quad [\text{mol/m}^3] \tag{3.2}$$

式中，系数 B_2、B_3、$\cdots$ 为第二、第三、$\cdots$ 维里系数。当浓度很低时 (理想溶液)，仅第一项出现。因此，第一维里系数等于 1，因为非理想性是由粒子间的相互作用引起的，所以维里系数可以用来衡量粒子间的相互作用。相应地，第二维里系数 B_2 [m^3/mol] 是两个粒子相互作用的量度；第三维里系数 B_3 [m^6/mol^2] 是三个粒子相互作用的情况，这一项在浓度很高时非常重要。

当浓度不是非常高时，可以近似地忽略第三以及更高维里项。这时，我们有

$$\frac{\Pi}{RTC} = \frac{1}{M} + \frac{B_2}{M^2}C \ [\text{mol/m}^3] \tag{3.3}$$

并得到如图 3.2 所示的曲线。

这样，渗透压 Π 与浓度 C 之间的函数为抛物线形 [图 3.2(a)]，而摩尔质量 M 原则上由曲线初始部分的斜率获得。为了得到 M 与 Π，我们外推到浓度为 0 处 $C \to 0$：根据式 (3.3) 中的线性关系，以 Π/RTC 对 C 作图。直线的截距为 $1/M$，斜率为 B_2/M^2[图 3.2(b)]。

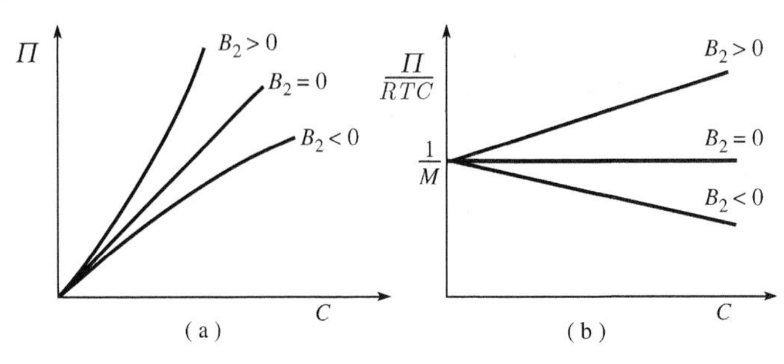

图 3.2 非理想体系的渗透压

3.1.3 第二维里系数的物理意义

如上所述，B_2 是粒子间相互作用的量度*。在理想溶液中，分子可视为没有体积的点，彼此之间既不吸引也不排斥，B_2 等于 0。当粒子具有体积时，溶液中的部分位置不能被其他粒子所占据 (排除体积)，使得浓度看起来好像比实际高些。这时 B_2 不再为 0。

可以证明，B_2 与粒子之间的有效排除体积 b_{eff} [m^3] 成正比：

$$B_2 = N_{\text{A}} b_{\text{eff}} \quad [\text{m}^3/\text{mol}] \tag{3.4}$$

对于两个硬球来说 (每个体积都为 V)，由图 3.3 可以清楚地看到粒子 2 的中心不能到达粒子 1 周围半径为 $2R$ 的球形区域。这时，每个粒子的有效排除体积正好等于真实排除体积，表达式为 $\frac{1}{2}\left[\frac{4}{3}\pi(2R)^3\right] = 4V$。

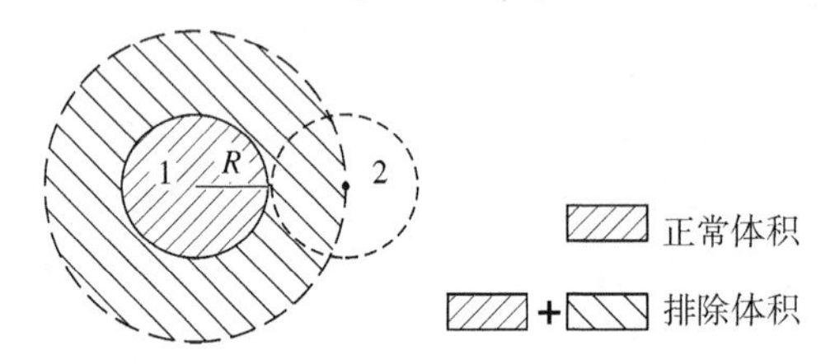

图 3.3 两个同等大小的粒子的排除体积。球形粒子 2 的中心必须在阴影区域之外

在更为一般的情况下，粒子也会互相吸引或排斥，b_{eff} 可能与真正的排除体积不同。有效排除体积是一个给定粒子 (如粒子 1) 中心的所有体积元中不出现粒子 2 的中心的概率的权重的加和。根据玻耳兹曼 (Boltzmann) 定律，在位置 r 处发现一个粒子的概率表示为 $\exp[-U(r)/(kT)]$。这里 $U(r)$ 为粒子 1 与粒子 2 之间的相互作用能。当 U 非常大时，这种概率几乎为 0。这是由于当 r 小于 $2R$ 时，粒子彼此重叠，使得相互作用能无限大，$\exp(-U)$ 为 0。相反，如果 U 为负值 (吸引)，我

* B_2 给出有效排除体积的大小，其单位为 m^3。

们得到一个增加的概率。这样，粒子 2 不出现的概率表示为 $1-\exp[-U(r)/(kT)]$。所以，有效排除体积 b_{eff} 表示为

$$b_{\mathrm{eff}}=\frac{1}{2}\int_0^{\infty}[1-\mathrm{e}^{-U(r)/(kT)}]4\pi r^2\mathrm{d}r \tag{3.5}$$

图 3.4 给出了几种常见的情况。对于硬球，[图 3.4(a), $U=\infty$，式 (3.4)] 排除体积恰好为 $4V$。如果 $U(r)$ 为很大的负数 [吸引，图 3.4(b)]，b_{eff} 将小于 $4V$，并可能如 B_2 一样，最后甚至变为负值。当粒子互相排斥时 [图 3.4(c)]，如由于荷电或竞争水化水，U 在 $r>2R$ 时也为正值，排除体积大于 $4V$，所以 B_2 也变大。

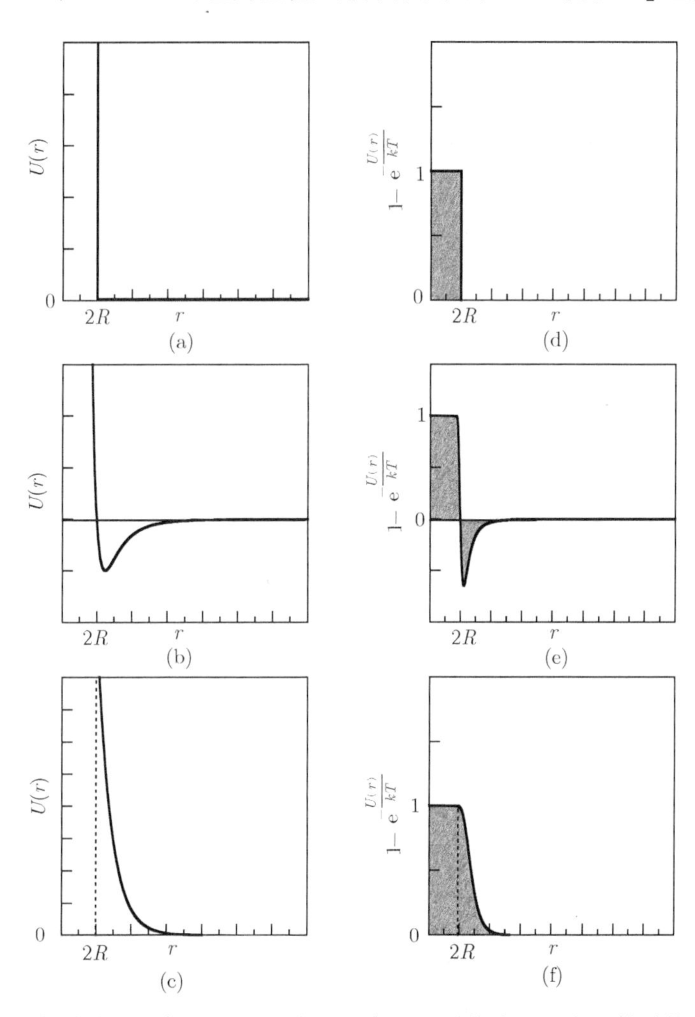

图 3.4　排除体积示意图。(a) 硬球、(b) 相互吸引的球、(c) 相互排斥的球的 $U(r)$；(d)、(e)、(f) 为相应条件下的 $1-\exp[(-U(r)/kT]$

这种情况与非理想气体很类似。经常使用范德华 (van der Waals) 方程来描述非理想气体的状态：$(p + n^2a/V^2)(V - nb) = nRT$，这里 n 为物质的量；a 为与分子间引力有关的常数；b 为排除体积。利用 $c = n/V$ 关系式将 p 写成维里级数的形式，得到

$$p/RT = c + (b - a/RT)c^2 + \cdots \tag{3.6}$$

显然，在这一方程中，B_2 也与有效排除体积 $b - a/RT$ 成正比。只要 $a < RTb$(排斥：$a < 0$，或弱的吸引)，就有 $B_2 > 0$；而当吸引作用强于排除体积效应 ($a > RTb$) 时，有效排除体积就变为负值，B_2 也变为负值。

3.1.4 非理想溶液示例

不带电的小分子的稀溶液的第二维里系数 B_2 经常是略正的数值，这是因为排除体积效应占主导地位。简单电解质在溶液中经常有一个负的 B_2，这是因为离子以一定方式排列使得相反电荷之间的吸引力强于同种电荷之间的排斥力。形成稀薄线团的高分子含有大量的水 (第 4 章)，因此排除体积远大于紧密堆积分子的体积。这使得高分子溶液在低浓度时偏离理想性很多。因此将浓度外推至 $C \to 0$ 来求得摩尔质量 M 是绝对必要的。

3.1.5 渗透压计

渗透压计都有两个腔室，一个装溶液，一个装溶剂。在测量时，两室之间允许交换溶剂，但不能交换溶质。因此，常用半透膜将两室隔开 (膜渗透计)。平衡时两室之间的压强差即为渗透压。当溶剂是唯一挥发性成分时 (胶体体系几乎都是这样)，还可以用蒸气隔开两室。在这种情况下，两室不是封闭的，我们也不测量压强差，而是测量温差 (蒸气压渗透计，这是因为温差正比于渗透压)。当体系中既含有胶体粒子又含有不挥发性小分子 (如盐) 时，我们测量的是所有这些组分的渗透压。所以，聚电解质的摩尔质量尤其适合用膜渗透压计测量。

3.2 显 微 镜 法

使用显微镜可以看到单个粒子。对于简单的粒子，我们可以观察其大小；在密度已知的情况下，还可以得到其质量。如果观察的样品区域足够大并具有代表性，会得到不同大小的粒子的 (数量) 分布，可据此得到平均粒径。

很多胶体粒子在光学显微镜下观察不到。显微镜能区分的最小尺寸被称为分辨率。分辨率 d 由波长 λ 和光圈数 A 决定。A 的定义如下：

$$A = 2n \sin\alpha \quad [-] \tag{3.7}$$

式中，n 为介质的折射率；α 为观测角 (图 3.5)。分辨率表示为

$$d = \lambda/A \quad [m] \tag{3.8}$$

这样，当光圈变小时，分辨率得以提高。浸入式显微镜的最大光圈 A 可达 1.5。在可见光下 (例如，λ 为 500nm)，刚好能观察到直径为 200~300 nm 的粒子。乳状液液滴通常很大，能用光学显微镜观察，但很多其他体系的粒子远小于这一尺寸。

X 射线的波长比可见光小很多，但因为搭建不出适于这种辐射的透镜，所以无法通过使用 X 射线光源来获得更高的分辨率。不过，X 射线可以用在散射 (或衍射) 实验中，最广为人知的应用是 X 射线衍射法测定晶体结构。

可以用电子辐射替代技术。根据 de Broglie 关系式，运动的粒子有波动性。其波长由粒子的质量和速度决定，表示如下：

$$\lambda = h/(mv) \quad [m] \tag{3.9}$$

式中，h 为普朗克 (Planck) 常量。电子辐射的波长在 10^{-2} nm 数量级，约为可见光的 1/10000。此时，应该使用磁学透镜，而不是光学透镜。因为磁学透镜的最大光圈约为 10^{-2}，所以电子显微镜分辨率可达约 1 nm。

透射电子显微镜 (TEM) 也有一定的局限性。因为需要使用高真空，所以，样品必须事先干燥，而这可能会造成假象 (聚集、解体)。而且，高倍放大时需要很强的电子束，会导致对样品过度加热，造成很多材料在该条件下熔化。为了防止这一现象发生，可以使用造影技术 (图 3.6)。在将样品置于电子束下之前，将 Pt 或 C 于气相中沉积在样品表面。这样，可以从样品的阴影部分的大小和沉积角度得到粒子的形状与大小*。

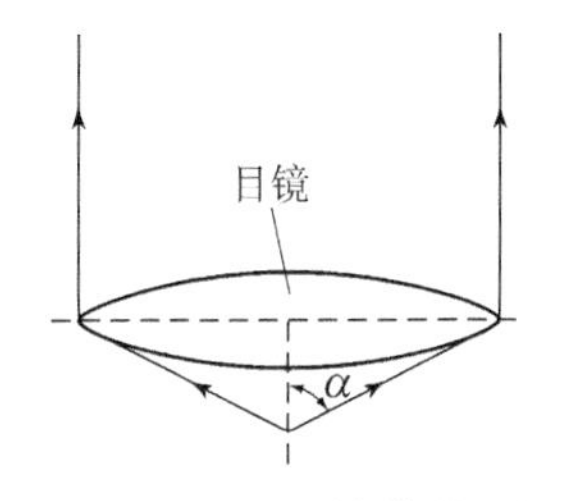

图 3.5　显微镜的数学光圈

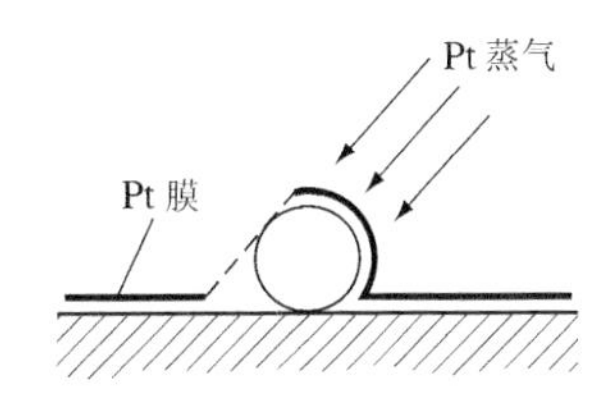

图 3.6　造影技术示意图

对于水溶液中的样品，低温透射电镜 (Cryo-TEM) 是很有用的方法。在该方法中，将含有样品粒子的水膜快速浸入 78K 的液态乙烷中。水不结冰而是变为玻璃

* 造影技术也称为复型技术，将样品在低温下迅速冷却后，在真空中使溶剂部分升华，露出嵌于溶剂中的样品表面。然后以 45° 角溅射 Pt(如图 3.6 所示)，这样被样品阻挡的区域留下了样品的“影子”，然后再以 90° 垂直喷射碳颗粒于上述镀 Pt 的表面，固定样品的“影子”，即可将此样品置于电子束下观察。

态。然后将玻璃化膜放入冷的样品架里，插入显微镜。用这种方法可以观察到很小的胶体，如表面活性剂胶束。

若仅需对样品表面进行观察，可用多种扫描探针显微镜。这些技术的作用原理是基于对样品表面的突起之处进行准确扫描。一旦探针的尖端与表面非常靠近，就会探测到一个信号 (力、电流、光信号)。用这种方法可以得到几十纳米精度的细节信息。其中，最广为人知的是原子力显微镜 (AFM) 和扫描隧道显微镜 (STM)。图 3.7 示意了 AFM 的操作原理：一旦针尖受力弹簧就会产生形变，此形变可通过反射光束被检测器检测。

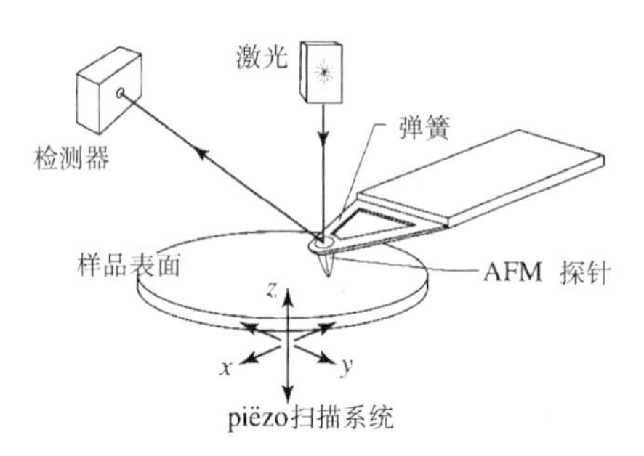

图 3.7　原子力显微镜装置示意图

3.3　库尔特 (Coulter) 颗粒计数仪

用库尔特计数仪可以测量导电介质 (如水) 中小粒子的大小及尺寸分布 (图 3.8)。其基本原理如下：将胶体分散液通过一个小孔压到测量管中，用两个电极测量粒子穿越小孔带来的电导率变化。当一个粒子通过小孔时，在很短时间内小孔对离子的输运将减少，使电导率下降。这就产生一个脉冲电压，其幅度正比于粒子的

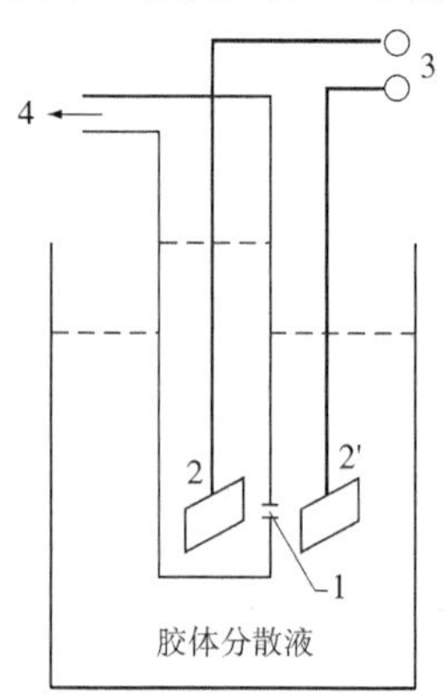

图 3.8　库尔特计数仪工作原理。1. 小孔；2,2′. 电极；3. 检测器插口；4. 负压

体积。计算在不同阈值上的脉冲数目，最后得到一个累积的数量分布。此法中，溶胶的浓度必须非常稀， 以防止一次从小孔中通过的粒子数目大于 1。 这种方法对于粒子大于 1μm 的乳状液体系非常适用，因此主要应用在乳液及悬浮体系中。

3.4 沉　降　法

当粒子与分散介质的密度不同时，粒子就会受到重力或离心力作用。如果这个力足够大，粒子会沉降 (合力向下) 或絮凝 (合力向上)。这样就可以通过两种方法得到粒子的质量：测量沉降速度或测量沉降达到平衡时的浓度分布 (Boltzmann 分布)。

3.4.1　沉降速度

在液体中以速度 v 运动的粒子受到阻力 $F_{\mathrm{fr}}=-vf$，其中 f 为摩擦系数。对于半径为 R 的球形粒子，著名的斯托克斯 (Stokes) 公式成立

$$f = 6\pi\eta R \quad [\mathrm{N\cdot s/m}] \tag{3.10}$$

式中，η 为分散介质的黏度。根据阿基米德 (Archimedes) 定律，在重力场中 (重力加速度为 g)，一个质量为 m、密度为 ρ 的粒子受到的力为 mg，但也受到一个大小为 $-(m/\rho)\rho_0 g$ 的浮力，其中 ρ_0 为介质的密度。这样粒子所受的净重力为 $F_{\mathrm{z}} = m'g$，其中 $m' = m(1-\rho_0/\rho)$，是粒子的表观浮力校正质量。如果粒子匀速运动，$F_{\mathrm{fr}}+F_{\mathrm{z}}=0$。所以有

$$v = mg(1-\rho_0/\rho)/(6\pi\eta R) \quad [\mathrm{m/s}] \tag{3.11}$$

一旦测定了粒子的运动速度，就可以根据式 (3.11) 得出粒子的质量。因为密度均一的球形粒子的 $m=(4\pi/3)R^3\rho$，所以，在这种特定情况下：

$$v/g = 2R^2(\rho-\rho_0)/(9\eta) \tag{3.12}$$

对于非球形粒子，式 (3.10) 不成立，但这时摩擦系数可通过式 (3.23) 中的扩散系数 $D = kT/f$ 得到。所以有

$$v = MgD(1-\rho_0/\rho)/(RT) \quad [\mathrm{m/s}] \tag{3.13}$$

所以，在扩散系数已知时，可由粒子的运动速度 v 得到质量 m 或摩尔质量 M。

3.4.2 沉降平衡

正在沉降的体系处于非平衡态。一段时间后，沉降下来的粒子累积到一定程度后，沉降与扩散的作用彼此抵消，这时沉降达到平衡。一个热力学平衡态满足 Boltzmann 定律。这一定律表明处于一定状态的粒子数目正比于 $\exp[-U/(kT)]$，其中 U 是这一状态下的粒子的势能。这样，如果分别得到在高度为 h_1 与 h_2 处的平衡浓度 C_1 与 C_2，就会得到

$$\frac{C_1}{C_2} = \mathrm{e}^{-(U_1-U_2)/(kT)} \quad [-] \tag{3.14}$$

在重力场中，$U_1 - U_2 = m'g(h_1 - h_2)$。如果粒子间相互作用对自由能 U 的贡献可以忽略 (B_2 很小)，立即有

$$\ln(C_1/C_2) = Mg(h_2 - h_1)(1 - \rho_0/\rho)/(RT) \tag{3.15}$$

式 (3.15) 也用于描述气体分子在地球大气中的浓度 (及压力) 分布。通过测量大气或溶液中两个不同高度的浓度，借助于式 (3.15) 可以得到粒子的质量 m 或摩尔质量 M。

3.4.3 超离心机中的沉降

对于表观质量很小的胶体体系，如蛋白质溶液、高分子溶液、极小颗粒组成的溶胶等，因重力场不够强，不能得到可测量的沉降速度。在这种情况下，沉降速度可能为每周几毫米或更低。而且，沉降平衡极易受温度波动的干扰，导致密度波动。虽然可以通过使用很小并精确恒温的池子来排除这些问题，但是，施加一个更强的力场不失为一个更好的解决方案。

在这种情况下，可以使用 (超) 离心机来施加一个比重力加速度 g(约 10m/s^2) 更大的加速度。在超离心机里，离心势场的强度为 $\omega^2 x$，其中，ω 为离心机的角速度 (rad/s)；x 为样品中的一点与马达轴线之间的距离。当 x =0.1 m，ω=200 s^{-1} 时，(约 2000 r/min) 离心加速度为 4000 m/s^2 或 400 g。在最好的超离心机中能达到 $10^5 g$。在那种情况下 1 cm^3 的水 "重"100 kg!

用 $\omega^2 x$ 代替 g 后，3.4.1 节与 3.4.2 节中的式子仍然成立。但是，必须注意，此时的加速度与重力场中的加速度不同，它与位置有关。

1. 超离心机中的沉降速度

对于球形粒子，根据式 (3.11)，其沉降速度变为

$$v = \mathrm{d}x/\mathrm{d}t = m\omega^2 x(1 - \rho_0/\rho)/(6\pi\eta R) \quad [\mathrm{m/s}] \tag{3.16}$$

为了将此与重力场下的情况作比较，我们定义一个沉降系数 s，即单位离心势场中的沉降速度为 $s = v/\omega^2 x$。我们看到 $s = 2R^2(\rho - \rho_0)/9\eta$，这与 3.4.1 节中的结果相同。但是，因为 $\omega^2 x \gg g$，在离心场中测得的沉降速度远大于在重力场中的速度。

对于任意形状的粒子，离心场中的沉降速度一般表达式与式 (3.13) 类似：

$$v = \mathrm{d}x/\mathrm{d}t = MD\omega^2 x(1 - \rho_0/\rho)/(RT) \quad [\mathrm{m/s}] \tag{3.17}$$

或

$$s = MD(1 - \rho_0/\rho)/(RT) \quad [\mathrm{s}] \tag{3.18}$$

沉降速度及沉降系数可以用光学方法测量。这样，摩尔质量 M 可由式 (3.18) 计算出来。可以证明，对于多分散体系，可大致得到质均相对分子质量 M_{w}。

2. 超离心机中的沉降平衡

当然，在超离心机中也能达到沉降平衡，这样 Boltzmann 定律也适用。我们需要再次注意，离心加速度与位置有关，而在重力场中不是这样的。因此，势能不是简单地与距离成正比。但是，对于无限小的距离，有效加速度 $\omega^2 x$ 可视为常数。这样，我们可以写出在位置 $x + dx$ 与 x 之间势能的微分式 dU：

$$\mathrm{d}U = -m'\omega^2 x \mathrm{d}x = -\frac{1}{2}m'\omega^2 \mathrm{d}x^2 \quad [\mathrm{N \cdot m}] \tag{3.19}$$

并得到式 (3.15) 的微分形式：

$$\frac{\mathrm{d}\ln C}{\mathrm{d}x^2} = \frac{M(1 - \rho_0/\rho)\omega^2}{2RT} \quad [\mathrm{m}^{-2}] \tag{3.20}$$

式 (3.20) 的左侧也可写成积分形式：$\ln(C_1/C_2)/(x_1^2 - x_2^2)$。这样，只要知道浓度分布，就可由式 (3.20) 得到粒子质量。对于多分散体系，这是 Z 均相对分子质量。这一结论的证明非常复杂，这里我们不再详细讨论。

平衡沉降法的一个弊端是平衡可能需要很长时间 (长达几周！)；而它的优势在于，不需要扩散系数 D。D 可通过光散射手段测得 (附录 3.G)。

3.4.4　沉降测量技术

最常用的一种沉降研究是纹影 (schlieren，德语，是“屡、丝”之意) 法。这种方法的原理是利用浓度梯度造成的折射率梯度影响光的折射。通过特殊排列的透镜可以测定样品池中梯度与位置的函数关系。图 3.9 表示一个含有两种不同组分的溶胶沉降时的情况。一段时间后，样品池中的情况如图 3.9(a) 所示，图 3.9(b) 是相应的浓度分布简图，图 3.9(c) 是浓度梯度分布。从峰值的位置随时间的关系可以得到沉降速度。峰下的面积正比于每一组分的质量浓度 $\left[\int(\mathrm{d}C/\mathrm{d}x)\mathrm{d}x=\Delta C\right]$。

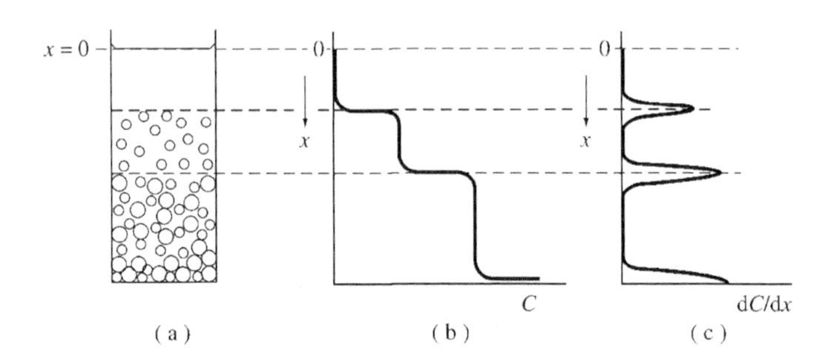

图 3.9　有两种不同组分的溶胶的沉降。浓度梯度 (c) 可由纹影法得到

为了跟踪离心过程中的浓度分布，我们使用透明的样品池。每一次马达旋转经过样品池时检测到一个信号。样品池设计成扇形以消除离心造成的液体外凸现象。图 3.10 为装有一个这种样品池的马达的俯视图 (实际上有多个样品池)。

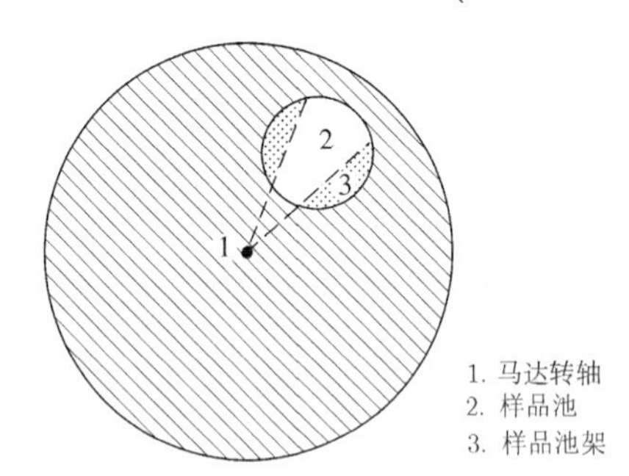

图 3.10　装有一个样品池的超离心机马达的俯视图

3.4.5　沉降天平

当粒子很大，能够在重力场中快速沉降时，可以通过沉降天平测定粒子的大小分布。这种装置的原理见图 3.11。记录沉降到托盘上的粒子的表观总质量随时间的变化关系，结果如图 3.12 所示。图 3.12(a) 给出的是含有三种组分的混合物的沉降曲线。每种组分的粒子的质量分别为 m_1、m_2、m_3，其中 $m_1>m_2>m_3$。

一个均一组分 i 的沉降曲线包括两段直线：组分的质量随时间线性增加，直到 t_i 时刻该组分所有的粒子都沉下来。这时，这一组分对总质量的贡献随时间不再变化 (成为水平线)。此时该组分对总质量的贡献为 w_i，即 i 组分的表观总质量。时间 t_i 是粒子在落到托盘上之前在介质中通过盘上方 h 距离的液体所用的总时间。所以，$t_i=h/v_i$，而 v_i 可从式 (3.11) 得到。对于任一组分，直线上升部分的斜率为 w_iv_i/h。

总沉降曲线 $W(t)$ 为所有单组分曲线的加和，因此有多个直线部分 [图 3.12a]。由图 3.12(a) 可以清楚地看到，把直线 “2” 延长至与纵坐标轴相交，得截距 w_1。同样地，延长直线 “3” 得到 $w_1 + w_2$。这样，根据截距之差可以构建一个质量直方图。

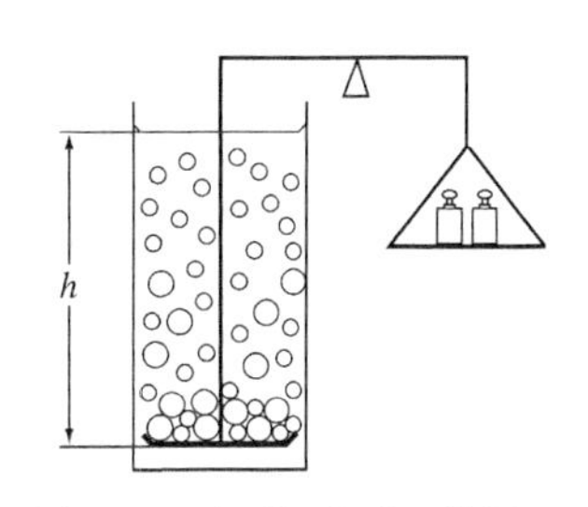

图 3.11　沉降天平工作原理

对于粒子连续分布的情况，可以得到一条如图 3.12(b) 所示的光滑曲线。这条曲线可用相似的方法分析，见附录 3.A。

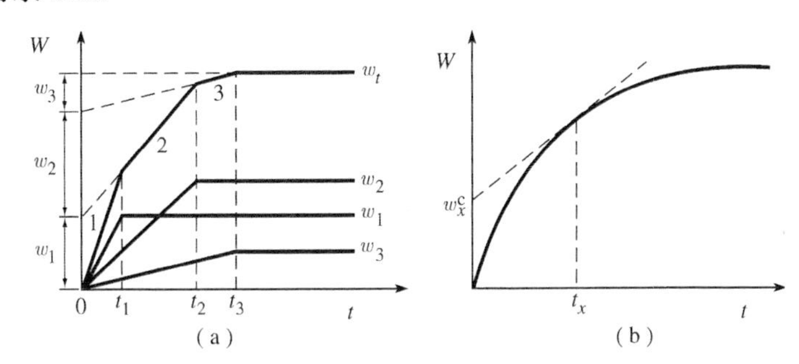

图 3.12　悬浮体系的沉降物质质量随时间的函数

(a) 有三个组分的体系；(b) 粒子大小连续分布的体系

3.5　扩散和布朗运动

温度高于绝对零度时，一定空间中的粒子具有因无规运动 (热运动) 而产生的动能。胶体粒子也有着这样的运动。苏格兰植物学家 Brown 在 1800 年左右发现了这一现象，为了纪念 Brown 的贡献，该现象被称为布朗运动。布朗运动经常用 “任意行走” 模型模拟，即所有步长相等但取向任意的一系列 “行走”。

最简单的情况是所有的行走都沿一条直线进行，假设向左为 -1 步，向右为 $+1$ 步，可见这时的平均位移没有意义：向左的步伐与向右的步伐概率相等，所以在总数为 N 的行走中，向左与向右的步长相等，总位移为 0。但均方根位移则不是这样。我们先把所有位移取平方再进行加和，最后取其加和的平方根 $(\Delta^2)^{1/2}$。均方根位移不随时间线性增加，见表 3.2。所有位移都用一个基元步长 l 表示，所以位移的平方为 l^2。

可见，不是位移本身，而是它的平方在每一步之后都增加一个单位。这样，N 步之后步长的平方之和为 Nl^2。如果每一步所需要的时间为 τ，任意行走所需要的时间为 $t = N\tau$，所以 $N = t/\tau$。这样，总位移平方的平均值等于 $\langle \Delta^2 \rangle = l^2 t/\tau$，其中 l^2/τ 是一个常数 ($\mathrm{m^2/s}$)。Einstein 和 Smoluchowski 将这一结果与溶液的扩散方程进行了比较，得到 $l^2/\tau=2D$ 的结论，其中 D 为扩散系数 ($\mathrm{m^2/s}$)。

表 3.2　布朗运动的位移表示方法

	位移 $\varDelta_N$	平均位移 $\langle\varDelta_N\rangle$	均方位移 $\langle\varDelta_N^2\rangle$
第一步结束	$\varDelta_1=+1$ 或 -1	$\langle\varDelta_1\rangle=1/2(1-1)=0$	$\langle\varDelta_1^2\rangle=1/2(1+1)=1$
第二步结束	$\varDelta_2=\varDelta_1+1$ 或 $\varDelta_1-1$	$\langle\varDelta_2\rangle=\langle\varDelta_1\rangle+1/2(1-1)=0$	$\langle\varDelta_2^2\rangle=\langle\varDelta_1^2\rangle+1$
第 $N-1$ 步结束		总和为 0	$\langle\varDelta_N^2\rangle=\langle\varDelta_{N-1}^2\rangle+1$

这样，我们得到如下结论：一个方向上的均方根位移与时间的方根成正比，即

$$\langle\varDelta^2\rangle=2Dt\quad[\mathrm{m}^2]\tag{3.21}$$

对于三维空间中的布朗运动，均方位移仅是 x、y、z 三个方向位移平方的加和，所以 $\langle\varDelta^2\rangle=3l^2t/\tau$。这样，三维空间里的布朗运动满足式 (3.22)

$$\langle\varDelta^2\rangle=6Dt\quad[\mathrm{m}^2]\tag{3.22}$$

由于布朗运动是粒子与周围溶剂分子的碰撞引起的，扩散系数正比于热力学能 kT。此外，粒子还受到周围液体的摩擦力。Einstein 发现 (附录 3.B) 扩散系数可表示为

$$D=kT/f\quad[\mathrm{m^2/s}]\tag{3.23}$$

式中，摩擦因子 f 定义为匀速运动中摩擦力 F_{fr} 与速度 v 的比值。对于半径为 R 的球形粒子，Stokes 定律成立：$F_{\mathrm{fr}}=6\pi\eta Rv$，所以 $f=6\pi\eta R$，且

$$D=kT/(6\pi\eta R)\quad[\mathrm{m^2/s}]\tag{3.24}$$

式中，η 为溶剂的黏度 (分散介质)。

将式 (3.24) 代入式 (3.22)，得到均方位移为

$$\langle\varDelta^2\rangle/t=kT/(\pi\eta R)\quad[\mathrm{m^2/s}]\tag{3.25}$$

1920 年前后，法国科学家 Perrin 利用式 (3.25) 测量了 Boltzmann 常量 k。他的做法是：在显微镜下观察粒子布朗运动的均方位移。因为他也能测定粒子半径，所以得到了 k, 从而进一步得到了 Avogadro 常数：$N_{\mathrm{A}}=R/k$*。

在 k 已知的情况下，我们可以由布朗运动，即由它们的扩散系数获得粒子的半径。测量粒子的扩散系数可用以下方法：

(1) 测量单个粒子的均方位移，利用式 (3.25) 计算；

* 注意，这里 R 为摩尔气体常量，而式 (3.24) 与式 (3.25) 中的 R 为粒子半径。—— 译者注

(2) 胶体粒子的运动导致散射光强度的波动。因此，可以通过测量光强波动的频率得到扩散系数。这种技术被称为动态光散射或光子相关谱，是测量 (球形) 粒子的流体力学半径的常规方法，我们将在 3.8 节详细介绍；

(3) 用纹影法测量浓度梯度造成的扩散，利用式 (3.24) 计算得到 D(3.4.4 节)。

3.6　光的吸收和散射

3.6.1　引言

当一束光通过溶液的时候，透射光的强度 I 低于入射光强 I_0。光强的降低可能是由以下四种过程引起的：

(1) 溶剂的散射；

(2) 溶剂的吸收；

(3) (被溶解的、分散的) 粒子的散射；

(4) 被溶解的物质的消耗性吸收 (也称为选择性吸收)。

我们假定溶剂不吸收工作波长，(2) 的影响就可以忽略不计。此外，与其他两项相比，溶剂的散射也是非常小的。此时朗伯–比尔 (Lambert-Beer) 定律适用，即

$$I = I_0 \mathrm{e}^{-\tau l} \ [\mathrm{W/m^2}] \tag{3.26}$$

式中，l 为光在溶液中通过的距离；τ 为衰减系数，定义为光强降低到初始值的 1/e 时光穿过的距离。比值 I/I_0 有时被称为相对透射率，吸光度定义为 $A \equiv -\lg(I/I_0)$。可以看出 A 与 τ 的关系为

$$A \equiv 0.4343\tau l \quad [-] \tag{3.27}$$

在溶液中，小分子的选择吸收是光强降低的主要因素。此时，朗伯–比尔定律常写为 $I = I_0 \exp(-\varepsilon_\mathrm{m} lc)$。其中，常数 $\varepsilon_\mathrm{m} = \tau/c$ 为摩尔消光系数。ε_m 强烈依赖于波长。

如果不发生消耗性吸收，则光强的降低仅是由散射引起的，τ 常被称为浊度。在这种情况下，朗伯–比尔定律表示为

$$I = I_0 \mathrm{e}^{-k_\mathrm{e} C l} \quad [\mathrm{W/m^2}] \tag{3.28}$$

式中，k_e 为每单位质量溶解物质的消光系数，它与 τ 的关系为

$$\tau = k_\mathrm{e} C \quad [\mathrm{m^{-1}}] \tag{3.29}$$

根据式 (3.27)，胶体体系的吸光度为 $0.4343k_\mathrm{e}Cl$。由此可知，吸光度与被溶解物质的浓度成正比，但很多情况下，事实并非如此，因为 k_e 本身也可能随浓度 C 的变

化而变化。这将在后面的章节进一步讨论。对于稀溶液体系，k_e 可被视为常数，但它强烈依赖于粒子的质量、形状及大小。这就是可用它测定粒子质量的原因。我们将在下面的章节中详细讨论。

3.6.2 电磁波

光散射法是测定摩尔质量的重要方法之一，尤其是对亲液溶胶体系。此外，通过这种方法还可以得到粒子形状、相互作用及扩散速率等信息。为了理解光散射的原理，我们先看一下光与物质之间的相互作用。

1. 光是一种横向电磁波

电磁波是振动的电场 E 在空间的传播，同时产生振动的磁场 B。这两个场都与波的传播方向垂直 (横波)，而且它们也互相垂直 (如图 3.13 所示)。电场的方向是光偏振的方向。电磁波的振幅 (E 与 B 在波峰处的极大值) 为电磁波的强度。

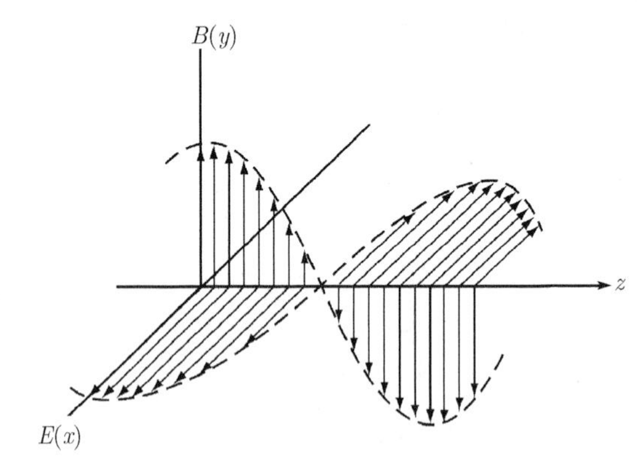

图 3.13 一束线性偏振的电磁波：电场 E 与磁场 B。传播方向是沿着 z 轴，偏振方向是沿着 x 轴

一般地，对于高频电磁波，我们只能测得振幅的平方，称为强度。和其他波现象相似，电磁波之间能够发生干涉：当几个波相遇于一点时，它们将按相位进行加和 (场强可以叠加，但振幅不能叠加)。如果相位相同 (或相位相差整数个周期)，波的叠加是建设性地进行相长干涉，振幅增大；而当相位相反时，则进行相消 (破坏性) 干涉，振幅变小 (若振幅相等的波进行相消干涉，振幅会消失)。

像光一样，电磁波源于电荷的振动，如原子中的电子云相对于原子核的振动。因为负电中心 (电子) 相对于正电中心 (原子核) 波动，就产生了一个振荡的偶极 (图 3.14)，正是这个偶极发射出电磁波。当频率足够高时，我们称为光 (可见光：约 10^{14} Hz)。这个偶极发射源有两个非常重要的性质。

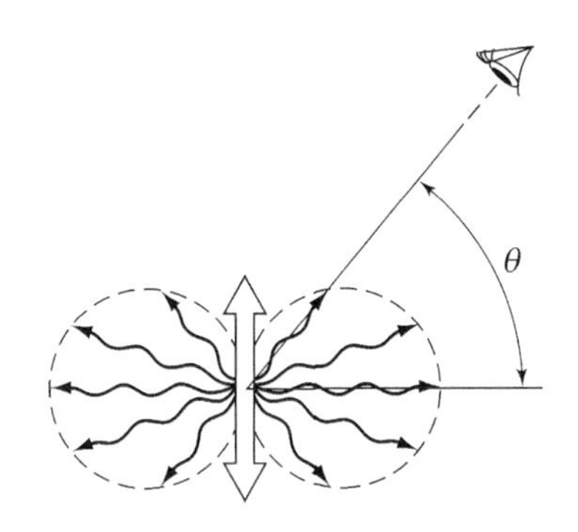

图 3.14　一个振荡的偶极子示意图。中间的箭头为偶极矢量方向，波浪状箭头为相对于偶极轴线的不同的波发射的光。这些箭头的长度为发射波的振幅，且等于 $\cos\theta$。当 $\theta=\pi/2$ 时 (沿着偶极矢量)，振幅为 0

(1) 电磁波的振幅取决于垂直于偶极轴线的平面与观察方向之间的夹角 θ，即 $\cos\theta$。沿着偶极轴线方向 ($\theta=\pi/2$) 的振幅为 0，检测不到电磁辐射；垂直于偶极轴线方向强度最大，见图 3.14。

(2) 发射的电磁波的振幅强烈依赖于偶极振动的频率 ω。由麦克斯韦 (Maxwell) 定律可知，电磁波是电荷加速运动的结果。如果瞬时偶极矩呈 $\sin(\omega t)$ 变化，发射波的振幅将正比于 $\mathrm{d}^2[\sin(\omega t)]/\mathrm{d}t^2=-\omega^2\sin(\omega t)$，即近似正比于频率 ω 的平方。

当一束电磁波撞到某种物质时，振荡的电场将对物质中的电荷施加一个振荡的力。电荷因此也开始振荡，振荡频率与入射电磁波频率相同，但振幅取决于偶极子形成的难易程度，即偏振能力。此时，可能发生两种情形。

第一种，物质中的原子 (或分子) 进入激发态。此时，从电磁辐射得到的能量以势能的形式储存起来，称为 (消耗性) 吸收。吸收的能量可能再次以电磁波的形式释放出来，但相位和方向都是任意的，频率通常与入射电磁波的频率不同。当电磁辐射的频率与原子或分子的能级相同时，就会发生吸收。对电磁波吸收的研究是光谱学的一部分，在此不再阐述。

第二种，偶极子发射出与入射电磁波频率和相位相同的电磁波。这时，光在物质中传播时将不损失电磁能量，即发生弹性散射或衍射。

2. 传播和散射

我们仅讨论第二种情况。由于电磁波的入射，物质中数目庞大的偶极子被迫运动。所有偶极子都会发射电磁波。总的电磁波是所有点发出的不同相位电磁波的加和。我们可以想象一种情况，当很多偶极发射源排成一排 (图 3.15 中的点)，相位相等的点会分别位于以这些点 (偶极发射源) 为中心的圆圈上。因为是从一束平面波出发，所以，所有的波相位相同，所有的圆圈大小相等。如果把越来越多的偶极子放于这一排中，我们将发现除了与波源所在直线平行的波的“前沿”处，其他位置的波都会发生干涉，互相抵消。

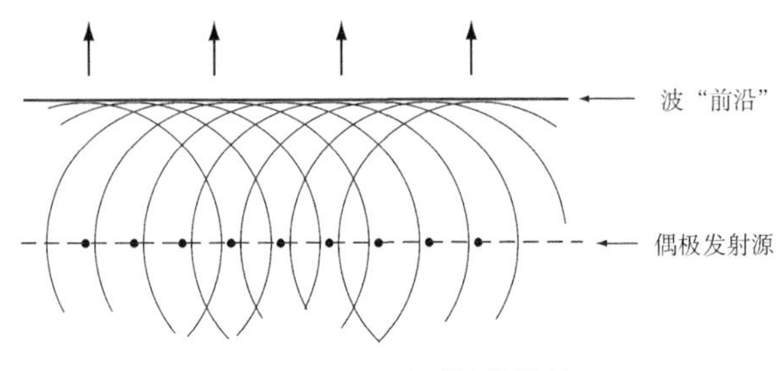

图 3.15　平面波的传播

根据这一道理，当一个均匀物体中所有偶极子波源的强度相等时，相长干涉仅能在一个方向发生，即波的传播方向。其他方向上的电磁波强度为 0。传播速度取决于介质的折射率 n_m。在入射波的频率下，折射率的平方等于介质的相对介电常数 $\varepsilon_m(\varepsilon_m = n_m^2)$[参见式 (8.5)]。可见光的频率非常高，约为 10^{14}Hz。在这个频率下，许多物质的相对介电常数约为 1~2。

3.6.3　光的散射

胶体体系是光学不均匀的：在介电常数为 ε_m 的介质中存在与介电常数 ε_m 不同 (大些或小些) 的微小区域 (胶体粒子)，其介电常数用 ε_d 表示。在这样的体系中，因振幅不能正好互相抵消，光不再沿着直线传播。所以，在偏离入射光的传播方向上出现了净光强，我们把这称为散射。散射波可以看做是由极化度与介质不同的点发射源形成的电磁波，其振幅正比于极化度与介质的偏离程度以及频率的平方。把这些波根据相位进行加和，然后求平方，就得到散射的光强。

光散射实验的原理如图 3.16 所示。当角度为 θ 时，样品散射的光 (强度为 I_θ) 被一个与入射光束距离为 r 的检测器接收。检测器装在一个旋转臂上，所以 θ 可以改变。检测平面定义为入射光束与样品–检测器所在的直线确定的平面，通常设定为水平的。如果入射光偏振的方向与检测平面垂直，我们称为垂直偏振，否则称为水平偏振。入射光束与出射光束相交的截面被称为散射体积 V_s*。

现在我们计算一下当散射体积中粒子数密度为每立方米 N 个粒子，入射角为 θ 时，有多少光被散射。每个粒子的体积为 V，折射率为 n_d。介质的折射率为 n_m，入射波长为 λ_0。首先我们考虑一个粒子的情况。

先假定一束垂直偏振光射入仅含有一个粒子的均匀介质的情况。粒子中全部的振荡偶极子的轴线垂直于检测平面。在 r 处散射的振幅正比于 ω^2，因此也正比

* 散射体积 V_s 是观察角度的函数。在瑞利 (Rayleigh) 方程中，经常忽略这种角度依赖性，即认为散射体积恒定，适用于瑞利公式。在图 3.16b 给出的装置中，$V_\mathrm{s} \propto \sin^{-1}\theta$

于 λ_0^{-2}、粒子与介质的介电常数之差 $(\varepsilon_{\rm d}-\varepsilon_{\rm m})=(n_{\rm d}^2-n_{\rm m}^2)$、散射体积元的数目 (这里即为粒子体积 V) 以及 $1/r$。而粒子所产生的散射光的强度是振幅的平方。如果每单位体积中有 N 个粒子 (数量浓度)，粒子的位置任意选取，则每单位体积的散射光强 i_θ 为一个粒子散射光强的 N 倍。Rayleigh(瑞利。John Strutt，Rayleigh 勋爵) 得到的结果是

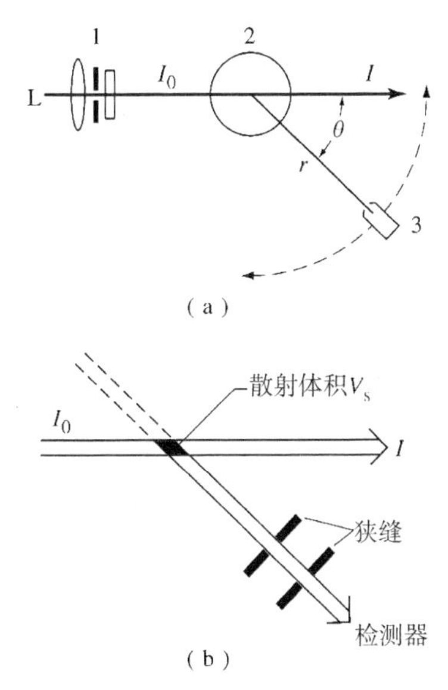

图 3.16　(a) 光散射装置原理。俯视图：L. 光源；1. 滤光片，透镜；2. 样品池；3. 旋转检测器。(b) 由入射光束与检测光束相交的横截面定义散射体积 V_s 的示意图

$$i_\theta=\frac{I_0}{V_{\rm s}}=I_0(n_{\rm d}^2-n_{\rm m}^2)^2\frac{\pi^2NV^2}{r^2\lambda_0^4}\quad[{\rm W/m^5}] \tag{3.30}$$

额外的因子 π^2 完全是定量处理带来的，我们在这里不做讨论。注意，此时散射强度与 θ 无关。当水平偏振时，偶极发射器的轴在检测平面内，正好与入射光束方向垂直，因此在轴线方向上没有光产生。其他方向上产生的光振幅正比于 $\cos\theta$，强度比式 (3.30) 多了一个因子 $\cos^2\theta$。这里，当 $\theta=90°$ 时，散射强度正好为 0。

非偏振的光可以看成是垂直偏振与水平偏振各占 50%的光的混合物，被散射后的光强度为

$$i_\theta=I_0(n_{\rm d}^2-n_{\rm m}^2)^2\frac{(1+\cos^2\theta)}{2}\frac{\pi^2NV^2}{r^2\lambda_0^4}\quad[{\rm W/m^5}] \tag{3.31}$$

在 θ=90° 时，我们仅观察到由垂直偏振光引起的散射。因此，在这一角度下得到的散射光都是偏振的，即使入射的是非偏振光。

根据上面的推理，只要介质具有光学不均匀性就会引起散射。纯的晶体是光学均一的，但在气体和液体中，密度快速波动，虽然振幅很小，但也使介质变得不均匀。这是大气有散射 (蓝天) 和极化的原因。与胶体粒子的散射相比，这种影响很小。因此，在很多胶体粒子的散射实验中，连续相的散射可以忽略。

式 (3.30) 和式 (3.31) 中的波长依赖性可以解释自然界中的很多现象：天空呈蓝色是因为蓝光比红光散射更强；在日落时，我们有时会看到夕阳红，这是透射光；在雾中，红色的交通灯比绿灯更容易看见；“看透” 云层的一种方法是红外成像；雪茄的烟是蓝色的；稀的脱脂牛奶从侧面看发蓝，但透射光是发红的；等等。

要知道：在式 (3.30) 与式 (3.31) 中，i_θ 与 I_0 的单位不同。I_0 是入射光的强度，单位为 $\mathrm{W/m^2}$；i_θ 是每单位散射体积的散射强度，单位为 $\mathrm{W/m^5}$。注意，i_θ 与 r^2 成反比，因为当与检测器的距离变远时，同样数目的光子将分散在更大的面积上。

3.6.4 光散射法测定粒子摩尔质量

瑞利理论 [式 (3.30)、式 (3.31)] 预测散射光强烈依赖于粒子的尺寸 R，即 V^2 或 R^6。散射强度正比于 NV^2 的事实也使测量粒子的摩尔质量成为可能。因为 NV 正比于质量浓度 $C(C=NV\rho)$，V 正比于 $M(M=N_\mathrm{A}V\rho)$，所以 i_θ 正比于 CM。因此，对垂直偏振光的散射可以表示为

$$R_\theta = K_\mathrm{R}CM \quad [\mathrm{m^{-1}}] \tag{3.32}$$

式中，$R_\theta \equiv i_\theta r^2/I_0$ 是在角度为 θ 时的相对散射光强。这一数值通常被称为瑞利比，可视为每一角弧度的相对散射光强 (立体弧度是立体角度单位)。在给定的角弧度下，$i_\theta r^2$ 正比于单位时间散射的总能量及样品的单位体积，所以单位为 $\mathrm{W/m^3}$，除以 I_0 后单位变为 $\mathrm{m^{-1}}$，即单位长度的相对散射。当分散物质、分散介质以及入射波长给定时，K_R 为常数，并可表示为

$$K_\mathrm{R} = \pi^2(n_\mathrm{d}^2 - n_\mathrm{m}^2)^2/(\lambda^4\rho^2 N_\mathrm{A}) \quad [\mathrm{mol\cdot m^2/kg^2}] \tag{3.33}$$

在很多情况下，n_d 不容易确定，但能测出溶液的折射率 n。可以证明 (附录 3.C)，如果 n_d 与 n_m 相差不大，$n_\mathrm{d}^2-n_\mathrm{m}^2=2n_\mathrm{m}\rho(\mathrm{d}n/\mathrm{d}C)$，因此，式 (3.33) 可变形为

$$K_\mathrm{R} = 4\pi^2 n_\mathrm{m}^2(\mathrm{d}n/\mathrm{d}C)^2/(\lambda^4 N_\mathrm{A}) \quad [\mathrm{mol\cdot m^2/kg^2}] \tag{3.34}$$

现在，只要测得溶液折射率随浓度的变化率 $\mathrm{d}n/\mathrm{d}C$，就可以得到常数 K_R。

如果希望得到浊度 τ，需要对所有角度的散射强度进行积分 (参见附录 3.D)。从瑞利公式可得到：

$$\tau = HCM \quad [\mathrm{m^{-1}}] \tag{3.35}$$

式中，常数 $H=(8\pi/3)K_\mathrm{R}$。

3.6.5 瑞利 (Rayleigh) 公式忽略了干涉效应

瑞利理论忽略了两种干涉效应。

为了考虑这两种因素，我们必须计算相位移动。相位移动是由两个散射点之间的光程差造成的。例如，在图 3.17 中经过点 B 的光比经过点A 的光通过的距离要长。光程差是 $A'B$(标记为 p) 与 BA'' 的加和 (标记为 q)。在附录 3.E 中我们解释了如何利用波矢量计算由这一额外距离 $p+q$ 导致的相位差。波矢量是沿着波传播方向的矢量，其长度为 $2\pi/\ \lambda = 2\pi n_{\mathrm{m}}/\lambda_0$。其中，$n_{\mathrm{m}}$ 为介质的折射率；λ_0 为真空中的波长。在入射方向上的波矢量为 $\boldsymbol{k}_{\mathrm{i}}$，散射方向上的矢量为 $\boldsymbol{k}_{\mathrm{s}}$(与入射光方向夹角为 θ)。定义散射矢量 Q 为 $\boldsymbol{k}_{\mathrm{i}}$ 与 $\boldsymbol{k}_{\mathrm{s}}$ 之间的差值，其方向如图 3.18 所示，长度为

$$Q = \frac{4\pi n_{\mathrm{m}} \sin(\theta/2)}{\lambda_0} \quad [\mathrm{m}^{-1}] \tag{3.36}$$

对于向前的散射 (θ=0，前向散射)，Q=0；向前方向的波总是发生建设性 (相长) 干涉。对于向后的散射 (后向散射)，$\theta = \pi$ 时，Q 值最大，为 $4\pi n_{\mathrm{m}}/\lambda_0$。

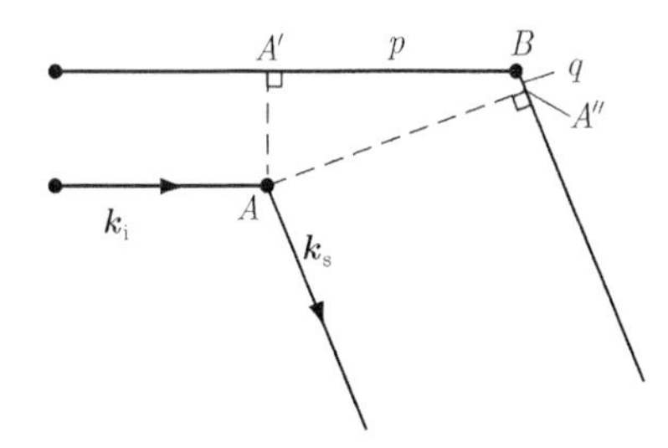

图 3.17　两个散射点 A 与 B 之间的光程差。通过点 B 的光线经过了额外的路程 $p+q$

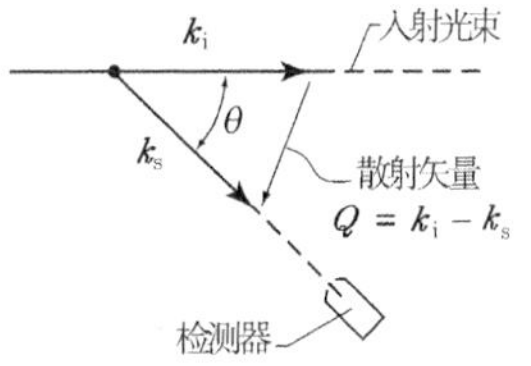

图 3.18　散射矢量 $\boldsymbol{Q}$ 的定义

现在我们讨论两种重要的干涉效应。两种效应都通过在式 (3.32) 中引入一个相关因子来表示。第一种效应是同一粒子内部的不同位置处发出的散射波之间的干涉 (内部干涉)，用形状因子 $P(Q)$ 表示。另一种效应是由不同的粒子发出的波之间的干涉引起的 (外部干涉)，在式中用结构因子 $S(Q)$ 来表示。这样，式 (3.32) 就写为

$$R_\theta = K_{\mathrm{R}} CM \cdot P(Q) \cdot S(Q) \quad [\mathrm{m}^{-1}] \tag{3.37}$$

3.6.6 形状因子 $F(Q)$ 由粒子内部的干涉引起

当与入射光波长相比，粒子不是很小时，粒子不同部分产生的波之间可能发生干涉。这种干涉导致部分光消失 (消光)，而且使 R_θ 降为原来的 $1/P(Q)$。当粒子很小时，$P(Q) = 1$(因为粒子内部的距离太小，不能产生显著的干涉)，而当粒子较

大时，$P(Q) < 1$。P 对 Q 的依赖关系取决于粒子的大小和形状，但当 $Q = 0$ 时 (前向散射)，所有的波总是同相位的，$P(Q)$=1。

当粒子形状已知时，$P(Q)$ 的数值可通过理论计算得出。为了图示这种处理方法，我们在图 3.19 中画出了半径为 R 的球形粒子的形状因子示意图。散射强度随 QR 的增大出现极大值和极小值。因为 Q 与波长相关，所以形状因子也受波长的影响：对于一个特定的粒子半径，红光出现最大散射强度的角度与蓝光不同。因此，在白光里，散射光的颜色将随角度的不同而变化。这种颜色分散现象称为高级丁铎尔 (Tyndall) 光谱 (higher ordered Tyndall spectra，HOTS)。这一现象只发生在单分散的溶胶中。在多分散溶胶中因为不同粒子的 HOTS 叠加，所以看不到颜色分散现象 (如牛奶中)。因此，出现 HOTS 是粒子单分散的一个灵敏判据。这一现象也解释了蛋白石多彩的原因，即它是二氧化硅颗粒在固体基质中的单分散体系*。

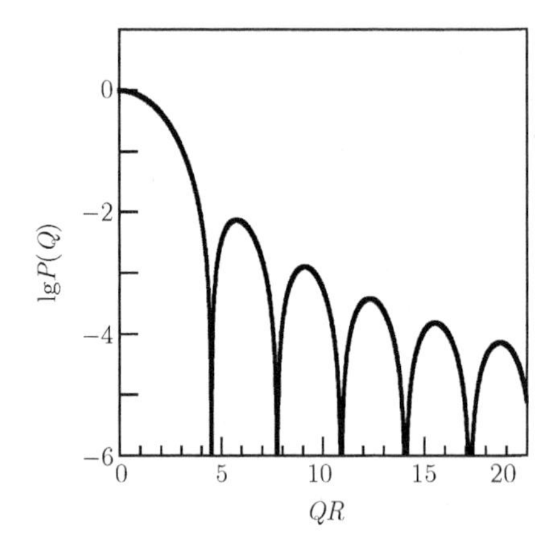

图 3.19　半径为 R 的球形粒子的形状因子。曲线是根据 $P(Q) = 9\left(\dfrac{\sin(QR) - QR\cos(QR)}{(QR)^3}\right)^2$ 计算得到的，第一个极小值位于 $QR = 4.4934$ 处

Gustav Mie 在 1908 年提出了具有任意大尺寸和折射率的单分散球形粒子的散射理论 (包括消耗性散射)。这一理论非常复杂，需要用计算机进行计算。当然，当粒子很少，折射率仅有实部且数值很小时，这一理论可简化为瑞利理论。Mie(米氏) 理论不仅包含内部干涉，还包含粒子对光的吸收。这通过在 (复数) 折射率中引入一个虚部来表示。在多分散体系中运用米氏理论可以得到粒子尺寸分布的信息。金属溶胶颜色的成因一方面是由于消耗性吸收，另一方面是散射造成的。米氏理论能够解释金溶胶粒子尺寸小时呈现红色，而粒子尺寸大时为蓝色的原因。

* 多彩颜色除了与单分散性有关外，有时还要求体系高度有序。—— 译者注

3.6.7　结构因子 $S(Q)$ 由粒子间的干涉引起

若胶体粒子的位置不是完全任意的，则源于不同粒子的波发生干涉，这可用结构因子 $S(Q)$ 表示。如 $P(0)$ 一样，$S(0)=1$。但对于其他 Q 值，$S(Q)$ 既可能大于 1，也可能小于 1。

粒子位置的非任意性是由粒子间相互作用造成的。相互排斥的粒子尽可能相距较远，而相互吸引的粒子倾向于形成团簇，所以体系内粒子间的距离有长有短。因此，体系中粒子的数密度 (浓度) 不再均一，而是出现波动，这些波动具有一定的振幅和波长 (范围)。当粒子间斥力很强时，粒子倾向于有序排列，使局部浓度近似为一个周期性函数，其周期由平均浓度决定。当 Q 与这一周期的乘积为 1 时，我们得到建设性 (相长) 干涉，$S>1$。因此，结构因子有一个明确的极大值。当粒子间引力很强时，我们得到团簇结构。在团簇内部，粒子间距离很小，但团簇间的距离很大。这导致了一个形状完全不同的 $S(Q)$ 曲线。

粒子间的相互作用也可用渗透压表示。因此，可以将渗透压与结构因子关联起来。可以证明，当 Q 很小时，结构因子可用渗透压压缩率来表示：$S(Q)\propto(\mathrm{d}\Pi/\mathrm{d}C)^{-1}$。因此，像渗透压一样，我们通常把 $S(Q)^{-1}$ 写成维里级数的形式：

$$\frac{1}{S(Q)_{Q\to0}}=\frac{M}{RT}\frac{\mathrm{d}\Pi}{\mathrm{d}C}=1+2B_2\frac{C}{M}+\cdots\quad[-]\tag{3.38}$$

这里，我们再次看到第二维里系数 B_2。注意，这一方程仅对小角度成立。当 B_2 为正时，$1/S$ 变大，所以 S 随 C 的增大而变小。小角度下散射强度 [根据式 (3.35)，散射强度等于 C 与 S 之积] 随 C 的增加略成正比例增长，在 C 很高时甚至会降低 [简单地说，$S(Q)$ 是一个特殊的函数：$S(0)=1$。但当 Q 接近 0 时，因为 B_2 变大，所以 $S(Q)$ 随 B_2 变大而变小。对于严格的弹性散射来说，前向散射峰在 $Q=0$ 时非常尖锐，被称为 Δ 函数]。

高分子溶液经常含有强烈相互作用的小粒子 ($P=1$)。在这种溶液中，垂直偏振的光散射可用下式描述：

$$\frac{K_{\mathrm{R}}C}{R_\theta}=\frac{1}{M}+2B_2\frac{C}{M^2}\quad[\mathrm{mol/kg}]\tag{3.39}$$

$$\frac{HC}{\tau}=\frac{1}{M}+2B_2\frac{C}{M^2}\quad[\mathrm{mol/kg}]\tag{3.40}$$

在这些情况下，我们需以 $K_{\mathrm{R}}C/R_\theta$ 或 HC/τ 对 C 作图。类似于渗透压的处理方式 (图 3.2)，可由截距得到 M，由斜率得到 B_2。对于非偏振的光，需要外推到角度 $Q=0$。浓度外推 ($C\to0$) 和角度外推 ($Q\to0$) 合在一起就是 Zimm 图。附录 3.F 给出了一个 Zimm 图的作图实例。

3.7 超显微镜

使用超显微镜可以观察到单个小粒子的散射，而这样的粒子因为太小在普通显微镜下观察不到。在合适的角度下发生的强散射有时也被称为丁铎尔 (Tyndall) 效应。入射光的一小部分被散射到各个方向 (图 3.20)，在暗场中，这些被粒子散射的光可以借助显微镜观察到 (暗场变亮)，即我们在黑暗的视野中看到光点。虽然粒子本身 (即粒子的形状) 并不能被辨认出来，但散射光的强度可作为单个粒子大小的量度 (3.6.4 节)。

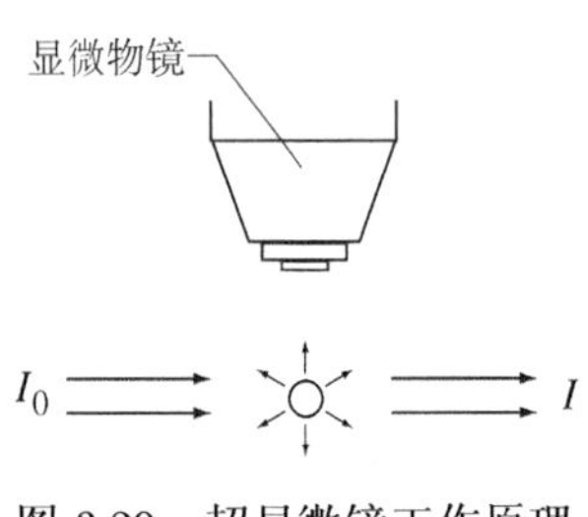

图 3.20　超显微镜工作原理

因为仅当胶体粒子的折射率与溶剂的折射率相差足够大时才能发生散射 (有足够的折射率反差)，所以超显微镜仅限于观察粒子与溶剂的折射率反差较大的胶体体系。对于憎液胶体，情况通常如此，但亲液胶体就不是这样了。超显微镜有以下几种用途：

(1) 可以得到给定体积内粒子的数目。当质量浓度已知时，可以计算出粒子的质量。

(2) 通过让粒子逐个通过光束的方法自动计算粒子的数目。仔细测量每次粒子经过时的散射光强，就可以得到分散系中粒子尺寸分布的准确信息，这被称为流动超显微镜或单个粒子光学粒度仪 (SPOS)。

(3) 当粒子足够小时，可以观察到布朗运动。利用式 (3.25) 可以计算出粒子的流体力学半径。

(4) 带电的粒子将在外加电场中运动 (电泳，第 4 章)，据此可用超显微镜测量单个粒子的运动速度 (显微电泳)。

3.8 利用动态光散射测量扩散系数

如在 3.5 节中讨论的，粒子在气体或液体中会发生布朗运动。因此，它们的相对位置及它们相对于光散射装置的检测器的位置是连续变化的。这使得粒子散射的光波的相位也发生波动。其他粒子的情况也是如此。因此，瞬时结构因子随时间波动。3.6.7 节中讨论的结构因子是在足够长时间内的平均结构因子。检测器检测到的不仅是所有波的强度的加和，还有由波动的相位 (噪声) 产生的波动成分。该波动相位的特征频率与布朗运动的速率，即扩散系数 D 有关。为了测定 D，我们需要分析这种噪声信号 (解释见附录 3.G) 并由此通过式 (3.24) 计算出粒子的半径。由于该半径强烈依赖于粒子在溶剂中的运动，我们称其为流体力学半径。这种方法称为动态光散射。在现代电子器件的支持下，该方法非常容易应用。

练习　在耗散粒子动力学 DPD 模拟中，我们使用如图 3.21 所示的软粒子间势能。

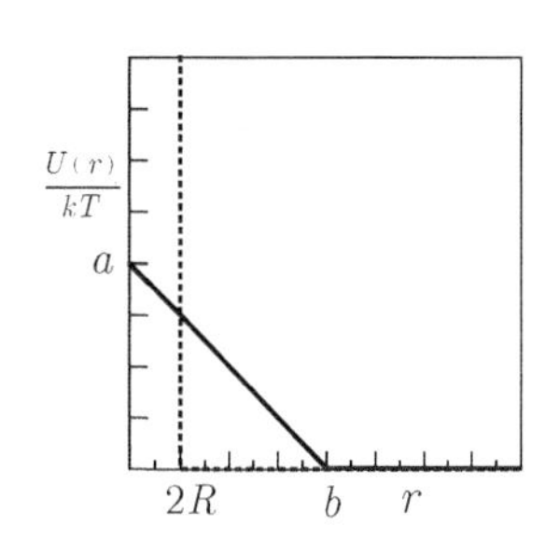

图 3.21　软粒子间势能

试计算 $B_2(a, b)$。我们知道，对于半径为 R 的球形粒子，$B_2(R) = \frac{16}{3}\pi R^3$。在 R 为何值时 B_2 与 $B_2(a, b)$ 相等？

思　考　题

1. 为什么渗透压不适合测量憎液胶体粒子的大小？
2. 如果 B_3 有定值 (不为 0)，图 3.2 将会如何变化？
3. 如果溶质粒子彼此吸引很弱，你预测 B_2 是正还是负？
4. 当 $x < 1$ 时，利用级数展开式 $\frac{1}{1-x} = 1 + x + x^2 + \cdots$ 推导式 (3.4)。
5. 渗透压与测量时使用的半透膜种类有关吗？
6. 为什么库尔特计数仪对拉长的粒子测定不太准确？
7. 计算水中的 Fe_2O_3 粒子在重力作用下的沉降速度。已知：$R = 10$ nm，$\rho=5\times10^3$ kg/m^3，$\eta_{水}=10^{-3}$ Pa·s，$g=10$ m/s^2。
8. 式 (3.11) 也适用于 $\rho < \rho_0$ 的乳状液吗？
9. 证明 $m' = m(1 - \rho_0/\rho)$。
10. 当二氧化硅颗粒在重力场中的高度分布达平衡时，距离底部 15 cm 处的浓度是距离底部 5 cm 处的 90%。计算粒子半径。已知 $\rho=2\times10^3$ kg/m^3，$kT=4\times10^{-21}$ J(室温下)。
11. 解释式 (3.19) 中的负号。
12. 为什么在离心力场中用 $\omega^2 x$ 代替 g 来计算平衡分布是不正确的？
13. 如果用粒子质量分布宽的体系取代由两个质量分布窄的组分组成的体系，图 3.9 将如何变化？
14. 在图 3.12 中，时间 $t_1{:}t_2{:}t_3 = 1{:}3{:}4$，初始斜率之比为 8:4:1。计算各组分的下列比值：粒子半径、质量及粒子数目。
15. 用沉降平衡得到的累积分布与式 (2.5) 中定义的累积分布相同吗？
16. 当两个粒子之间的距离小于普通显微镜的分辨率时，能否用超显微镜区别它们？
17. 计算当电子速度为光速的 20%时，电子辐射的波长。已知: $h = 6.6\times10^{-34}$ J·s，$m_{\text{electron}}=9\times10^{-31}$ kg，c=300.000 km/s。
18. 电子显微镜中相当于光圈数 0.01 的观测角 α 是多少？A= 0.01 的电子显微镜的分辨率是多少？
19. 浸入式显微镜的用途是什么？
20. 当溶剂的散射不能忽略时，式 (3.29) 应如何修正？

21. 在超显微镜中观察到的光点是蓝色的，为什么？

22. 在超显微镜下计数得到的平均摩尔质量是哪种平均值？通过测量布朗运动的均方根位移得到的是什么平均值？

23. 画出散射强度 i_θ(1) 对角度的函数；(2) 当 n_d 恒定时，对溶剂的折射率的函数。

24. 当消耗性吸收和溶剂的散射可以忽略时，推导出吸收系数 k 与 M 的关系。

25. 因为散射光强的测量对灰尘的存在非常敏感，所以除尘非常重要。解释其原因。

26. 如何判断是否有内部干涉发生？如何推断是否有粒子间相互作用？

27. 由于水化而溶胀时，高分子线团的散射如何变化？

(1) 当溶胀的线团直径小于 $\lambda/10$ 时；

(2) 当溶胀的线团直径大于 $\lambda/10$ 时。

28. 当粒子大于 $\lambda/4$ 时，在 θ 接近 180° 时，$P(Q)$ 开始随 Q 的增加而增大。请解释原因。

附　　录

3.A　连续沉降曲线

与不连续组分的沉降实验方法相似，我们通过在时间 t_x 处取切线得到累积分布。截距 w_x^c 等于质量大于 m_x 的所有粒子的质量之和；可由 $v_x = h/t_x$ 及式 (3.11) 得到 m_x。因此，累积分布可由 $v_x = h/t_x$ 得到。微分分布是该累积分布对时间 t 的微分：

$$\frac{\mathrm{d}}{\mathrm{d}t}(w_x^c) = -t_x(\mathrm{d}^2W/\mathrm{d}t^2)_{t=t_x} \quad [\mathrm{kg/s}] \tag{3.41}$$

一些仪器是利用沉降平衡原理设计的，只不过是应用了离心力场。

3.B　根据 Einstein 方程推导扩散系数 D

Einstein 指出，扩散和布朗运动是由液体中的热运动造成的，从而热能 kT 一定起了作用。他的观点如下。

考虑在外力作用下浓度梯度 $c(x)$ 中的一个粒子。在这种情况下，每个粒子受到两个力，一个渗透力 F_os，推动粒子移向浓度低的方向；另一个是外力 F_u，方向与 F_os 相反。渗透力是由于一边的渗透压高于另一边产生的，每个粒子受到的渗透力等于

$$F_\mathrm{os} = \frac{1}{N_\mathrm{A}c(x)}\frac{\mathrm{d}\Pi}{\mathrm{d}x} \tag{3.42}$$

当外力为摩擦力时，$F_\mathrm{u} = vf$，式中，v 为液体的运动速度；f 为摩擦因子。粒子所受的净作用力为 $F_\mathrm{os} + F_\mathrm{u}$。当这种净作用力为零时，没有净位移。这样，由力 $F_\mathrm{u} = vc(x)$ 驱动的流量和由 $D(\mathrm{d}c(x)/\mathrm{d}x)$ 扩散转移引起的流量加在一起正好为 0:

$$vc(x) + D\frac{\mathrm{d}c(x)}{\mathrm{d}x} = \frac{F_\mathrm{u}}{f}c(x) + D\frac{\mathrm{d}c(x)}{\mathrm{d}x} = 0 \tag{3.43}$$

或

$$F_{\mathrm{u}} = -\frac{1}{c(x)} Df \frac{\mathrm{d}c(x)}{\mathrm{d}x} = -F_{\mathrm{os}} = -\frac{1}{N_{\mathrm{A}} c(x)} \frac{\mathrm{d}\varPi}{\mathrm{d}c(x)} \frac{\mathrm{d}c(x)}{\mathrm{d}x} \tag{3.44}$$

由该结果我们立即得到 Einstein 方程:

$$Df = \frac{\mathrm{d}\varPi}{dc(x)} \frac{1}{N_{\mathrm{A}}} \tag{3.45}$$

将 van't Hoff 定律 $\varPi = RTc(x) = kTc(x)N_{\mathrm{A}}$ 代入得到 $Df = kT$。

3.C　折射率增量的引入

当 n_{d} 与 n_{m} 相差不大时, 可以将 $n_{\mathrm{d}}^2 - n_{\mathrm{m}}^2 = (n_{\mathrm{d}} + n_{\mathrm{m}})(n_{\mathrm{d}} - n_{\mathrm{m}}) \approx 2n_{\mathrm{m}}(n_{\mathrm{d}} - n_{\mathrm{m}})$ 转化为 $\mathrm{d}n/\mathrm{d}C$。我们认为溶液的折射率 n 为 n_{d} 与 n_{m} 的线性叠加: $n = n_{\mathrm{m}}(1-\phi) + n_{\mathrm{d}}\phi$, 其中体积分数 $\phi = C/\rho$。因此, $n = n_{\mathrm{m}} + (n_{\mathrm{d}} - n_{\mathrm{m}})C/\rho$。对浓度 C 进行微分即可得到 $\mathrm{d}n/\mathrm{d}C = (n_{\mathrm{d}} - n_{\mathrm{m}})/\rho$ 或 $n_{\mathrm{d}} - n_{\mathrm{m}} = \rho \mathrm{d}n/\mathrm{d}C$, 所以 $n_{\mathrm{d}}^2 - n_{\mathrm{m}}^2 = 2n_{\mathrm{m}}\rho \mathrm{d}n/\mathrm{d}C$。

3.D　由散射计算浊度

浊度为一束光通过一薄层样品时光强相对降低的程度。这样, $\tau = i_{\mathrm{V}}/I_0$, 其中 i_{V} 为每单位长度的散射强度。为了得到 i_{V}, 散射必须在半径为 r 的球中积分。积分如下:

$$i_{\mathrm{V}} = \int_0^{\pi} i_\theta 2\pi r^2 \sin\theta d\theta = 2\pi I_0 \int_0^{\pi} R_\theta \sin\theta \mathrm{d}\theta \tag{3.46}$$

$$= 2\pi I_0 K_{\mathrm{R}} CM \int_0^{\pi} \frac{\sin\theta(1+\cos^2\theta)}{2} \mathrm{d}\theta \tag{3.47}$$

$$= I_0(8\pi/3) K_{\mathrm{R}} CM \tag{3.48}$$

即得式 (3.35)。

3.E　波矢量

对于用向量 $\boldsymbol{x}_{AB}$ 表示, 相对位置为 A、B 的两个散射点, 由于光程差异 $p+q$ 导致发生相位差, 如图 3.22 所示。由 p 引起的相位差 $\varPhi_p$ 等于 $\boldsymbol{x}_{AB}$ 与 $\boldsymbol{k}_{\mathrm{i}}$ 之积: $\varPhi_p = \boldsymbol{k}_{\mathrm{i}} \cdot \boldsymbol{x}_{AB}$。类似地, 得到由 q 引起的相位差 $-\varPhi_q = \boldsymbol{k}_{\mathrm{s}} \cdot \boldsymbol{x}_{AB}$。总的相位差等于上述两项的加和: $\boldsymbol{x}_{AB} = (\boldsymbol{k}_{\mathrm{i}} - \boldsymbol{k}_{\mathrm{s}}) = \boldsymbol{x}_{AB}\boldsymbol{Q}$。这里, 向量 $\boldsymbol{Q}$ 的方向如图 3.22 中所示, 其长度 (大小) 为 $(n_{\mathrm{m}}/\lambda_0)2\pi\sin(\theta/2)$。当两个散射点给定时, Q 值决定了相位差的大小。

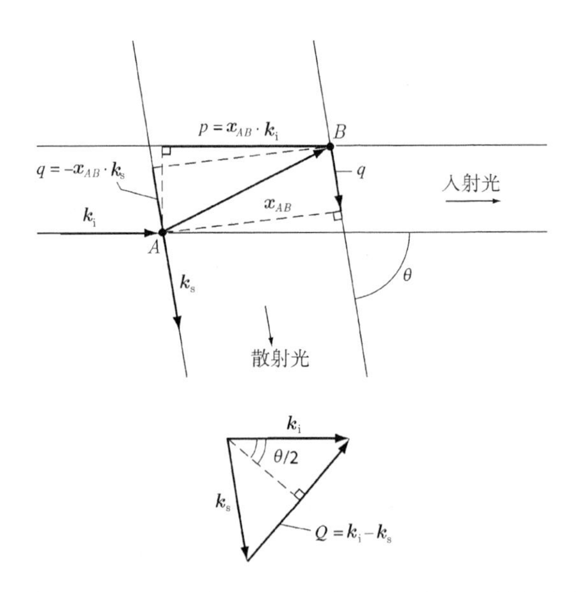

图 3.22 由光程差 $p+q$ 引起的散射光束中相位差的计算。$\boldsymbol{Q}$ 的长度由 $\sin(\theta/2)$ 给出

3.F Zimm 图

在图 3.23 中我们给出了一个 Zimm 图的例子。纵坐标为 $K_{\mathrm{R}}C/R_{\theta}$，横坐标为复合量 $aQ+bC$。其中 a 与 b 是适当选择的常数，这里分别为 $\lambda_0/(2\pi n_0)$ 与 2000。由固定角度、不同浓度的一系列数据得到一条倾斜的直线；每组数据外推到浓度

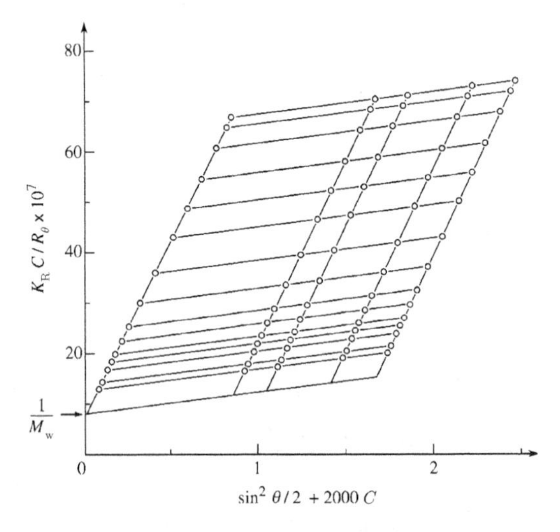

图 3.23 Zimm 图。浓度 C 恒定，角度不同的斜线 (陡峭的) 与角度恒定但浓度变化的斜线构成一个网格图。分别外推至 $C\rightarrow0$ 与 $\theta\rightarrow0$，在纵坐标轴上交于一点，由此可得到 M_{w}

$C = 0$ 时都将得到一点。当固定浓度、改变角度时得到一组类似的直线，每组数据外推到 $Q = 0$ 时也得到一点。将上述两个外推合并起来，当 $P = 0$ 且 $Q = 0$ 时得到瑞利关系式，两个系列的交点即为 M_{w}。

3.G　光散射中的噪声分析

如图 3.24 所示，我们简单画出了动态光散射测量中固定角度下散射强度的波动。为了得到波动的速率，我们采取如下措施: t 时刻的散射强度 $I(t)$ 与稍后 τ 时刻的散射强度 $I(t+\tau)$ 相乘。在一段时间内重复这一过程，最后取平均值: $\langle I(t)\cdot I(t+\tau)\rangle$。对 $\langle I\rangle^2$ 进行归一化得到函数 $g(\tau)$，称为自相关函数:

$$g(\tau) = \frac{\langle I(t)\cdot I(t+\tau)\rangle}{\langle I\rangle^2} \tag{3.49}$$

函数 $g(\tau)$ 描述 $I(t)$ 与 $I(t+\tau)$ 的关联性 (相关性)。当 $\tau \to 0$ 时，函数接近平均强度的平方 $\langle I^2\rangle$；而对于很长的时间 τ，$I(t)$ 与 $I(t+\tau)$ 之间的关联性消失，所以 $\langle I(t)\cdot I(t+\tau)\rangle$ 等于 $\langle I\rangle^2$，这一数值小于 $\langle I^2\rangle$。如果散射强度在 0 与某一最大值 $I_{\max}$ 之间任意波动，$\langle I\rangle^2$ 的值将为 $\langle I\rangle^2 = I_{\max}^2\cdot\left(\dfrac{1+0}{2}\right)^2 = (1/4)I_{\max}^2$，而 $\langle I^2\rangle = I_{\max}^2\cdot(1^2+0^2)/2 = (1/2)I_{\max}^2$。所以 $g(\tau)$ 在 τ 很小时正好为 2，而在 τ 很大时为 1。可以证明 $g(\tau)$ 呈指数衰减:

$$g(\tau) = 1 + \beta\mathrm{e}^{-2DQ^2\tau} = 1 + \beta\mathrm{e}^{-\frac{1}{3}Q^2\langle\Delta^2\rangle(\tau)} \tag{3.50}$$

这里，仪器常数 β 取决于检测器探测到的粒子数目。通过以 $\ln[g(\tau)-1]$ 对 τ 作图，我们可以得到 D，利用式 (3.24) 即可得到粒子半径。以 $-3\ln\left[\dfrac{g(\tau)-1}{\beta}\right]$ 对 τ 作图可得到 $\langle\Delta^2\rangle(\tau)$，就知道了粒子在温度波动下是如何运动 (热运动) 的。

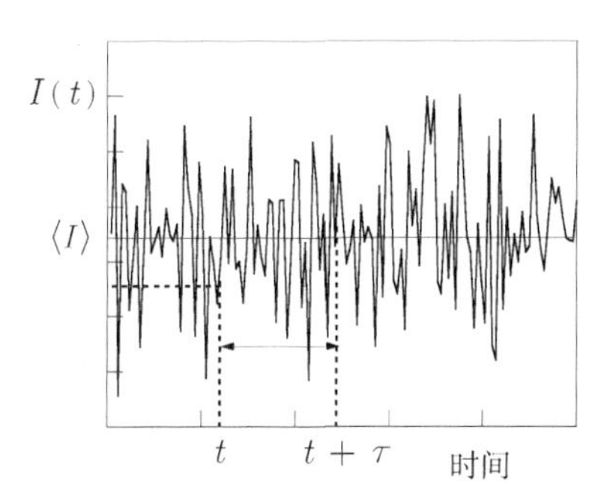

图 3.24　分散体系中布朗运动引起的散射强度 $I(t)$ 随时间的波动

第4章　大　分　子

4.1　什么是大分子？

大分子，又称为高分子，是由许多简单单元构成的大型分子；构成大分子的单元称为单体。一般地，除了位于末端的单元外，每个单元都有两个相邻单元，所以大分子为具有一定长度的链状结构。也有一个单元连接三个相邻单元的情况，这种情况下大分子为分支结构，具有分支结构的大分子通常更加“巨大”。有时分支会将体系中所有的单元连接起来，形成具有宏观尺度的网络结构，也可认为是一个超大的“大分子”。这样的网络结构在填充了溶剂的时候就成为大分子凝胶。图 4.1 给出了上述三种情况的大分子示意图。

由单一类型的结构单元组成的大分子称为均聚物 (如聚丙烯酸、直链淀粉、纤维素)；当大分子中存在两种或多种结构单元时，我们称其为共聚物 (如聚苯乙烯–丁二烯、果胶、蛋白质)。

图 4.1　几种大分子：链状、分支型及网络结构。图中每一个点代表一个单体

大分子在自然界中无处不在。有些大分子携带信息，如 DNA；有些具有催化作用，如酶；有些用来储存能量，如多糖；还有些则提供机械稳定性等。大分子的实际应用几乎无处不在，如塑料、橡胶、食品添加剂、黏附剂以及信手拈来的产品添加剂等。虽然构成大分子的结构单元的化学组成对大分子的应用非常重要，但是很多大分子都具有与生俱来的共性。这一章我们将着重学习大分子与胶体体系相关的共性。

4.2　可溶性大分子

一般认为大分子溶液是可逆的或亲液胶体。这意味着溶解过程 (分散成单个分子) 的吉布斯 (Gibbs) 自由能降低，自发进行。当然，很多情况下体系并不能形成真溶液，而是形成亲液胶体，一个典型的例子就是乳胶 (第 1 章)。

平衡的条件是混合自由能 ΔG_{mixed} 为极小值。因此，我们首先分析一下这对于溶解过程意味着什么。我们的推理适用于一般情况，并不局限于大分子体系这一特定情形。在将大分子和溶剂混合时，会发生两种变化。

(1) 纯物质分子间的接触被破坏，溶剂和大分子之间建立新的接触 (当然化学键并没有被破坏)；这一过程产生一个接触自由能变 $\Delta G_{\text{contact}}$。

(2) 大分子在溶液中的运动更加自由，这产生一个构象自由能变 $\Delta G_{\text{configuration}}$。每个溶解过程还伴随着一个正的熵变 ΔS，这主要是因为与纯组分相比，溶液中具有更多的构象。所以 $\Delta G_{\text{configuration}} = -T\Delta S_{\text{configuration}}$ 为负值，总是有利于溶解。

可以想象，溶解过程中

$$\Delta G_{\text{mixed}} = \Delta G_{\text{contact}} + \Delta G_{\text{configuration}} < 0 \tag{4.1}$$

但下面我们将进行一个更为严格的推导。为了了解一个给定的混合体系的行为，我们必须分析每个组分对混合自由能 ΔG_{mixed} 的贡献。1940 年左右，弗洛里 (Flory) 和哈金斯 (Huggins) 在大分子体系中仔细分析了 ΔG_{mixed}。他们使用了一个简单的模型，就是把溶液分成 n 个格子 (点阵中的点)，每个格子含有一个溶剂分子或大分子的单元，如图 4.2 所示。当一定体积中长度为 N 的大分子链的体积分数为 ϕ，

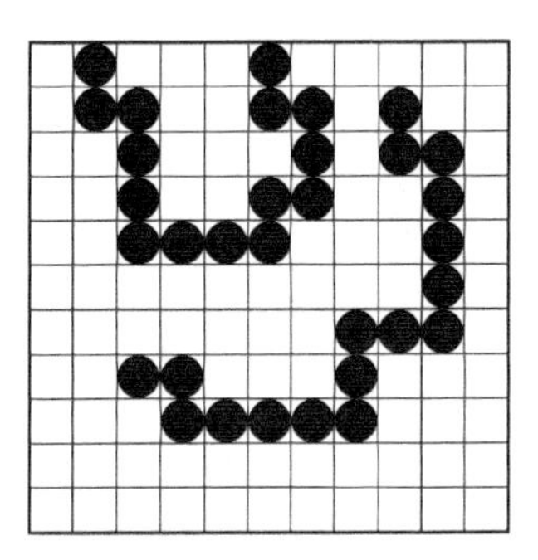

图 4.2　Flory–Huggins 模型计算线状分子混合时的自由能 ΔG_{mixed}(仅为二维示意图)。图中有 n 个格子，n_{b} 个格子含有大分子 (黑色)，n_{w}(白色) 个含有溶剂。体积分数分别为：$\phi = n_b/n$(大分子)，$1-\phi = n_{\text{w}}/n$(溶剂)

溶剂分子的体积分数为 $1-\phi$ 时，每个格子中的热力学自由能 $-T\Delta S_{\text{configuration}}$ 可以表示为

$$\Delta G_{\text{configuration}} = -T\Delta S_{\text{configuration}} = kT\left[\frac{\phi}{N}\ln\phi + (1-\phi)\ln(1-\phi)\right] \quad [\text{J}] \tag{4.2}$$

因为 $0 < \phi < 1$，所以这一项永远为负。对于小分子 (即未连接的单体) 来说，$N = 1$，当 ϕ=0.5 时 (溶质和溶剂的体积分数均为 50%)，式 (4.2) 中的两项同样大。对于长

链大分子来说，N 相当大，所以第一项对构象自由能的贡献几乎为零。与同样质量浓度的小分子溶液相比，溶解造成的熵增加也大大减小，因为单体都已经连接成链。因此，混合熵主要来自溶剂分子，也就是式 (4.2) 中的第二项。

在大分子溶解过程中，大分子与大分子之间，溶剂分子与溶剂分子之间的接触消失，这导致体系能量增加。但在原来位置上会产生使体系能量降低的接触，即溶剂与大分子之间的接触，这就是溶剂化过程。根据 Flory–Huggins 规则，每个格子里的接触自由能 $\Delta G_{\text{contact}}$ 可以用下式表示：

$$\Delta G_{\text{contact}} = kT\chi\phi(1-\phi) \quad [\text{J}] \tag{4.3}$$

式中，参数 χ 代表大分子与溶剂之间每一个新的接触对 Gibbs 自由能变化的贡献。在大多数情况下，这个参数是正值，所以 $\Delta G_{\text{contact}}$ 也是正的。只有 $\Delta G_{\text{contact}}$ 不是很大，且比构象自由能的绝对值小时 [式 (4.2)]，溶解过程才能发生。所以，大分子的每个单体与溶剂混合时 Gibbs 自由能变化可表示为

$$\frac{\Delta G_{\text{mixed}}}{kT} = \frac{\phi}{N}\ln\phi + (1-\phi)\ln(1-\phi) + \chi\phi(1-\phi) \tag{4.4}$$

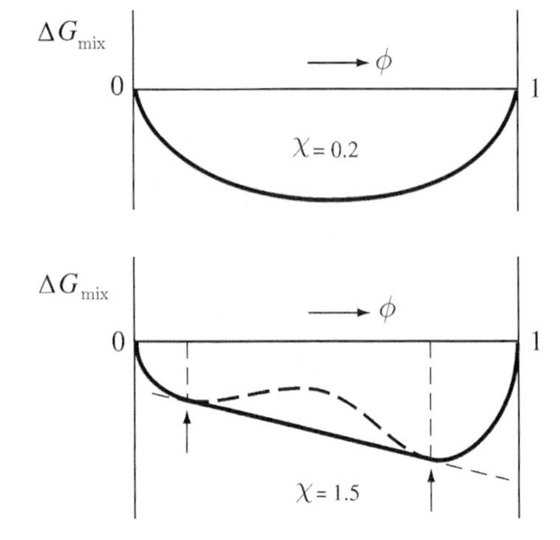

图 4.3　混合 Gibbs 自由能 ΔG_{mixed} 对大分子体积分数 ϕ 的函数。$N = 100$，χ 分别为 0.2 和 1.5

图 4.3 给出了 $N = 100$，χ 分别为 0.2 和 1.5 时，均一大分子溶液总混合自由能 ΔG_{mixed} 与组成 ϕ 之间的关系。对于两个 χ 值，ΔG_{mixed} 在整个组成范围内均为负值。然而这两条曲线形状却不同。χ=0.2 的曲线有单一的最小值，没有拐点；而 χ=1.5 的曲线在两个最小值之间有一个向上的隆起。现在，我们给每条曲线作切线，切线的斜率代表混合物的化学势。当 χ=0.2 时，任一点的切线与曲线仅有一个

接触点，这意味着每个化学势数值仅对应着一种组成。然而，对于 χ=1.5 的曲线，我们发现有一条切线在最低点附近，如图 4.3 所示，与曲线有两个接触点。如果将溶液分成组成分别为 ϕ_1 和 ϕ_2 的两相，体系的 $\Delta G_{\mathrm{mixed}}$ 将沿着这条切线而不是沿着经过"隆起"点的那条线 (图中虚线所示) 降低。这意味着溶液中会发生这样的情况：在组成介于 ϕ_1 和 ϕ_2 之间时，体系将分为组成分别为 ϕ_1 和 ϕ_2 的两相。这种情况的发生是必然的，因为较大的 χ 值导致 $\Delta G_{\mathrm{contact}}$ 数值很大。

这样，当 ΔS 不够大时，正的 $\Delta G_{\mathrm{contact}}$ 将导致相分离。由于长链的 ΔS 通常小于短链的，所以长链分子更容易发生相分离。很多实际例子可以说明这一点。

(1) 烃类在水中溶剂化程度很差，其 χ 值非常大。短链烃，如丙烷、丁烷，能微溶于水；长链烃 (如聚乙烯) 则完全不溶于水。

(2) 聚氧乙烯无论链有多长，都溶于水。这是因为氧原子能够很好地溶剂化 (所以，χ 值很小)；相比之下，多出一个甲基的聚氧丙烯在冷水中能够溶解的最高摩尔质量为 2 kg/mol，更长链的聚氧丙烯在水中不溶解。很明显，溶剂化不足以使其长链溶解。

人们习惯用溶剂溶解长链烃的能力来区分良溶剂和不良溶剂，虽然实际情况并非如此。我们可以从式 (4.2) 和式 (4.3) 中得出，对于链很长的大分子来说 [N 很大，所以式 (4.2) 中第一项可忽略] 产生隆起的条件是 $\chi > 0.5$。在临界条件下，就是当一个长链大分子恰好溶解且溶液恰好不分相，即 $\chi = 0.5$ 时的溶剂称为 Θ 溶剂。

溶剂组成能够影响溶剂化程度。例如， 在良溶剂甲苯中，聚苯乙烯能够被溶剂化，但加入烃类后，混合溶剂逐渐变为不良溶剂。溶剂为某一确定组成时，体系发生分相；聚苯乙烯链越长分相发生得越快。这种现象可以用来将多分散的大分子溶液按链长进行分离。

水的溶解能力可以通过加入盐来调节。盐中的离子会与大分子竞争溶剂化水，大分子最后可能会变得完全不溶于水。这就是"盐析"现象。离子与水结合得越强，其对溶解度的影响就越大。盐与水结合的强度按如下序列降低：$LiNO_3$、$NaNO_3$、KNO_3、$RbNO_3$(这种价态不变性质改变的序列称为感胶离子序)。

4.3　溶液中链状分子的构象

大部分链状大分子在溶液中没有固定的形状，而是持续变化。主链中化学键可以旋转，导致同一链中不同部分间的相对位置发生变化。通常情况下，化学键旋转所需的活化能很小，能够为热运动所克服，因此大分子链可视为热运动中的柔性线团。所以一个链状大分子通常仅能在一种构象下保持短暂的时间，因此讨论空间构象没有意义。但可以考虑其平均构象。这样的平均构象是由熵 (链所能够采取的构象的数目) 与能量 (相互作用) 的平衡来决定的。当能量的影响很小时，熵起决定作用，这时大分子链就称为无规线团。

4.4　理想无规线团

对无规线团分析的第一步我们采用库恩 (Kuhn) 模型。该模型认为线形柔性大分子链是由一系列长度为 l 的链段 (部分) 彼此连接而成，每两个连接之间链段的取向是任意的，如图 4.4(a) 所示。这样，这个模型中每两个相邻链段间的夹角取值概率相同。这些链段的取向用向量 $\boldsymbol{l}_1$、$\boldsymbol{l}_2$、$\boldsymbol{l}_3$ 等表示。两个链段之间的距离 h 称为末端距。我们假设这些链段没有体积，彼此之间没有相互作用。从这一点来看，它们很像理想气体中的分子。这样，我们要找的理想线团的平均构象应具有如下特点：构象熵最大，势能恒为零；不起任何作用。

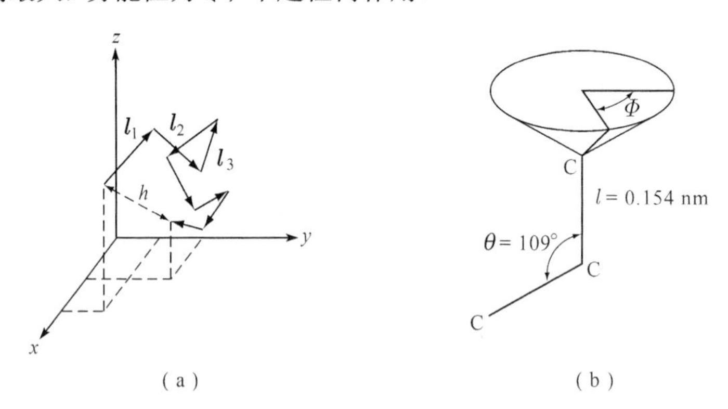

图 4.4　具有固定键角的大分子链 (a) 中自由连接的无规线团 (b) 模型

如果我们将 “末端距” 视为 “位移”，将 “链段数目” 视为 “时间”，Kuhn 链的平均形状可以用布朗运动的路径来描述，即 “任意行走”[3.5 节中式 (3.21) 和式 (3.22)]。像在 3.5 节中证明的一样，平均末端距 $\langle h\rangle$ 数值为 0，但均方根末端距 $h_{\mathrm{m}}\equiv\langle h^2\rangle^{1/2}$ 表示为

$$h_{\mathrm{m}}^2=Nl^2\quad[\mathrm{m}^2]\tag{4.5}$$

式中，N 为链中链段的数目 (此式的另一种推导见附录 4.A)。

由式 (4.5) 可知，均方根末端距 h_{m} 正比于链段 (或步长) 数目的平方根 $\sqrt{N}$。同样地，扩散粒子的均方根位移正比于时间的平方根 $\sqrt{t}$，如式 (3.21) 和式 (3.22) 所示。

除了均方根末端距 h_{m}，我们还经常使用另一个参数来表示线团的尺寸，即旋

转半径 R_g，定义为

$$R_g^2 = \sum_{i=1}^{N} r_i^2/N \quad [m^2] \tag{4.6}$$

式中，r_i 为第 i 个链段到无规线团质心的距离 (质心定义为 $\sum_{i=1}^{N} r_i = 0$ 的点)。这样旋转半径就是另外一种平均线团半径。可以证明，对长链大分子来说，旋转半径 R_g 和均方根末端距 h_m 之间有简单的正比关系:

$$R_g^2 = h_m^2/6 \quad [m^2] \tag{4.7}$$

式 (4.6) 给出的线团大小以及式 (4.5) 和式 (4.7) 给出的线团尺寸均为线团的无扰动尺度，这里我们假设链段与链段之间没有相互作用。这种无扰动状态通常用下标 0 表示。这样，无扰动的均方根末端距可表示为 $h_{m,0}$。

无扰动线团尺度的 Kuhn 模型可以进一步完善。在实际分子中，两个连续的化学键之间的夹角不可以任意取值，这是因为只有一个固定的键角数值，如图 4.4(a) 所示。而且，由于侧链基团的存在，键的旋转也不是完全自由的。这两种因素都导致线团的尺度较大，因此，我们引入有效键长 l_{eff}:

$$h_{m,0}^2 = N l_{eff}^2 \quad [m^2] \tag{4.8}$$

这样，一个含有 N 个完全自由连接的长度为 l_{eff} 的大分子链与具有固定键角且旋转受限的含有 N' 个长度为 l 的真实链有相同的末端距。当这样的一个大分子链完全伸展时，链的总长度 L 必然为 Nl_{eff}。因此，可以得出下式:

$$h_{m,0}^2 = L l_{eff} \quad [m^2] \tag{4.9}$$

式 (4.8) 与式 (4.9) 通常对足够长、足够柔韧的大分子链成立。这里也包括具有复杂结构的大分子，如聚糖等。参数 l_{eff} 通常不易计算 (附录 4.B)。当然，l_{eff} 与链的总长度无关。此外，通常假设溶剂化对链的柔性没有影响。在这种情况下，l_{eff} 与溶剂也无关。如果上述情况存在，无扰动状态下的均方根末端距 $h_{m,0}$ 与选择的溶剂 (Θ 溶剂) 无关，而与摩尔质量 M 的平方根成正比。

4.5　大分子线团是稀薄的

由上述内容可知，无论采用哪种线团模型，或者采用哪种尺度来表示线团的大小，理想线团的尺寸总是随摩尔质量 M 的平方根的增加而增加。这具有重要的意义:

(1) 因为理想线团的尺寸与摩尔质量 M 的平方根成正比，体积与摩尔质量 M 的 3/2 次方成正比，即 $V \sim h_{\mathrm{m},0}^3 \sim (M^{1/2})^3 = M^{3/2}$。这样线团的密度 (质量/体积) 正比于 $M/M^{3/2} = M^{-1/2}$。因此，随摩尔质量的增加线团将变得越来越稀薄！当链长增加 4 倍时，线团的密度将降为原来的 1/2。

线团中链段的密度分布如图 4.5 所示。这是高斯曲线：可以证明，距离质心 r 处链段的密度正比于 $(N/R_\mathrm{g}^3)\exp[-3r^2/(2R_\mathrm{g}^2)]$。图 4.5 给出的是由 2000 和 2600 个链段组成的长链的例子，两个长链中，每个链段的长度均为 0.46 nm。可以看出，即使是在线团中心处，大分子线团也是非常稀薄的。例如，当一个链段 (包含其侧链基团) 的体积为 0.05 nm^3 时，其密度为 1 nm^{-3}，相当于体积分数为 0.05。由链段数目为 2000 与 2600 的大分子链的差别可清晰地看出，随分子质量的增加，密度降低。

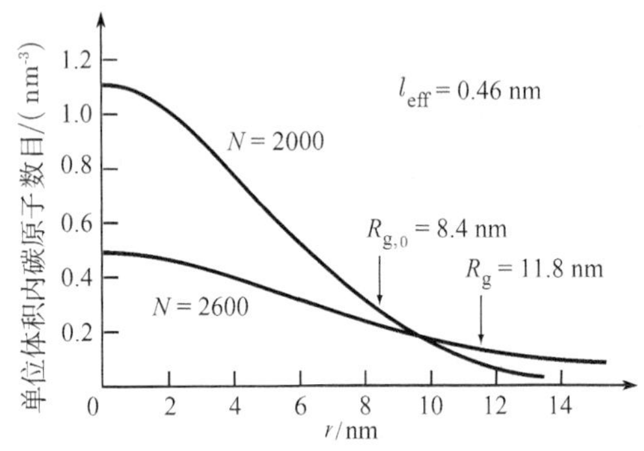

图 4.5　大分子线团中链段的密度分布

(2) 大分子线团偏离理想尺寸，这降低了其构象熵。大分子链对形变有一定的抗拒，就像一个熵弹簧。当一个大分子链伸展 α 倍时，所损失的熵用式 (4.10) 表示 (解释参见附录 4.C)：

$$T\Delta S = -\frac{3}{2}kT\alpha^2 \quad [\mathrm{J}] \tag{4.10}$$

4.6　链段间的相互作用导致线团膨胀或收缩

上面引入的物理量 “无扰动的尺度” 意味着构象参数 l_eff 和 $h_{\mathrm{m},0}$ 与链段间的相互作用无关。Kuhn 模型假设链段间没有这种相互作用：链段彼此 “看不见”，就像理想气体中的分子一样。而实际情况是，链段之间总是存在相互作用的，相互作用的程度与溶剂种类有关。下列两种因素导致溶液中的大分子链偏离理想状态。

(1) Kuhn 模型假设链段没有体积。这在现实中显然是不可能的。就像非理想气体一样，两个链段之间有排除体积，使渗透压在给定的单体浓度下高于理想数值。这一额外的渗透压诱发大分子链的膨胀。

(2) 链段之间有相互作用。在良溶剂中，链段将最大限度地被溶剂化，因为这会降低体系的能量，从而导致有效排除体积 b_{eff} 增加得更多。在不良溶剂中，情况正好相反。这样线团的行为就像体积 V 中 N 个连接单体的非理想溶液；非理想性用链段的第二维里系数 B_2^{seg} 来表示 (不要与分子的第二维里系数 B_2 混淆！) 这样，渗透压是正还是负取决于 B_2^{seg} 的符号。关于第二维里系数的讨论参见 3.1.3 节。为了计算渗透压，可以使用 Flory–Huggins 公式 [式 (4.2) 与式 (4.3)]。根据上述公式，额外的渗透压取决于参数 χ[式 (4.3)]。与式 (3-2) 相比较，可以证明 Flory–Huggins 理论计算的有效排除体积等于 $l_{\text{eff}}^3(1-2\chi)=b(1-2\chi)$。由此可以看出，在 Θ 溶剂中，b_{eff} 为 0，即链段表现出理想行为。

4.6.1　致密的大分子

在不良溶剂中，链段间彼此吸引，B_2^{seg} 为负值，原来稀薄的线团排除溶剂并收缩，直到线团内的密度达到恒定。这样，线团变成一个体积为 V 的小球，其体积仅与分子的相对分子质量成正比 (M/N_{A})。这个致密的小球的半径 R 必然与 $V^{1/3}$ 成正比，也与 $M^{1/3}$ 成正比。

不良溶剂中也可能发生相分离。像链内的链段一样，相邻的不同链之间的链段也互相吸引，形成高浓度相与低溶度相的平衡共存，如图 4.2 中所描述的一样。对于某些大分子来说，可能存在彼此之间不互相吸引的链段，这将使这些小球保持稳定，从而不会发生相分离，可参见 4.8 节的内容。

4.6.2　溶胀的线团

在良溶剂中，链段之间的斥力会导致长链膨胀 (B_2^{seg} 为正)。这可以用线性扩张系数 α 来表示，所以有

$$h_m=\alpha h_{m,0}\quad [\text{m}] \tag{4.11}$$

精确计算溶胀系数 (这与链长有关) 是非常困难的。因为，原则上必须找到所有没有重叠的链段的构象，而这只能通过计算机模拟得到。然而，下面由 Kuhn 模型出发的简单理论能很好地预测 α 的大小。由于溶胀，起初无扰动的线团的 Gibbs 自由能发生变化，这会产生两个相反的效果：一个是由链伸展引起的正的自由能的贡献 ΔG_{el}，这是不利的能量变化；另一个是由渗透压减小产生的负的自由能变 ΔG_{os}，这是有利的变化。在平衡状态下，$\text{d}\Delta G/\text{d}\alpha=0$。

额外的渗透压乘以体积即为无规线团的渗透自由能 $+\Delta\varPi V$。额外渗透压 $\Delta\varPi$ 是由链段产生的 (此时 B_2^{seg} 大于 0)，并且与 $kTb_{\text{eff}}c^2$ 成正比 (3.1.2 节)。式中，c 为线团中链段的平均数量浓度 (m^{-3})，$c=N/V$；b_{eff} 为每个链段的有效排除体积。把上述关系代入，渗透自由能的贡献表示为 $\Delta G_{\text{os}}=kTb_{\text{eff}}(N^2/V)$。若线团的半径增加一个系数 α，体积 V 将增加 α^3 倍。由于 $V\approx\alpha^3h_{\text{m},0}^3=\alpha^3N^{3/2}l_{\text{eff}}^3$，我们可以

进一步得到

$$\Delta G_{\mathrm{os}} = -kT\frac{b_{\mathrm{eff}}}{l_{\mathrm{eff}}^3}\frac{N^{1/2}}{\alpha^3} = kT(1-2\chi)\frac{N^{1/2}}{\alpha^3} \tag{4.12}$$

线团的伸展吉布斯自由能 ΔG_{el}(附录 4.C) 可以表示为 $\Delta G_{\mathrm{el}} = \frac{3}{2}kT\alpha^2$。将渗透自由能与伸展自由能加和 ($\Delta G = \Delta G_{\mathrm{os}} + \Delta G_{\mathrm{el}}$)，并利用平衡条件 $\mathrm{d}\Delta G/\mathrm{d}\alpha = 0$ 可以得到

$$\alpha^5 \sim B_2^{\mathrm{seg}} N^{1/2} \quad [-] \tag{4.13}$$

$$\alpha \sim (B_2^{\mathrm{seg}})^{1/5} N^{1/10} [-] \tag{4.14}$$

因为 $B_2^{\mathrm{seg}} > 0, \alpha > 1$，所以得出线团尺寸：

$$h_{\mathrm{m}}/l = \alpha h_{\mathrm{m},0}/l = \left(\frac{b_{\mathrm{eff}}}{l_{\mathrm{eff}}^3}\right)^{1/5} N^{1/10} N^{1/2} \sim (B_2^{\mathrm{seg}})^{1/5} N^{3/5} \quad [-] \tag{4.15}$$

这样，对于溶胀的线团，均方根末端距随 $N^{3/5}$ 的增加而增大；对于理想线团，则随 $N^{1/2}$ 的增加而增大。体积增加因子为 $\alpha^3 \sim (N^{0.1})^3 = N^{0.3}$; 密度因此降低。当 N=1000 时，因子约为 8。

接下来，我们讨论温度的影响：Θ 条件。

溶剂溶解能力参数 B_2^{seg} 和 α 对温度有很强的依赖性。对于给定的溶剂，总存在这样一个温度 (或者在一个给定的温度，可以找到一种溶剂或混合溶剂)，在这个温度下，不良溶剂导致的收缩效应和排除体积导致的溶胀效应互相抵消。这个温度就是 Θ 点。假设线团未被扰动，此时，B_2^{seg}=0，α=1。

线团的尺寸可以通过静态光散射 [通过形状因子 $P(Q)$ 得到均方旋转半径 R_{g}]、动态光散射 (流体力学半径 R_{h}) 以及黏度 (流体力学体积，6.8 节) 实验来获得。

4.7 稀溶液、半稀溶液和浓溶液

当仅有少量大分子溶解时，线团之间的距离大于线团的半径，以至于两个线团几乎不会接触，我们称此溶液为稀溶液。这就是说，塌陷的、理想的及溶胀的线团属于这种情况。渗透压的表达式也同样适用 (第 3 章)。例如，稀溶液的渗透压可以用来测定分子数量，并进而得出相对分子质量；通过外推 (Π/C)-C 曲线至 $C = 0$(3.1 节) 可以排除偏离理想状态对结果的影响。由曲线的斜率可以得到分子的第二维里系数 B_2(不是链段的第二维里系数 B_2^{seg})。

当浓度增加，会出现一个临界点，在该点线团质心的距离与线团的大小相当。在该浓度下，溶液中线团的平均浓度与单个线团中链段的平均浓度相等。这时线团开始重叠。线团开始重叠时溶液的浓度就称为重叠浓度 C^*。一个线团中链段的浓

度表示为 Nm/V。这里 m 是一个单体的质量，因为 $m = M_0/N_A$(M_0 是单体的摩尔质量)，$V \sim (h_m)^3$, 所以可以推导出

$$C^* = \frac{N}{h_m^3}\frac{M_0}{N_A} \quad [\text{kg/m}^3] \tag{4.16}$$

我们知道，在良溶剂中，溶胀非常强烈，h_m 与 $N^{3/5}$ 成正比。将这个关系代入式 (4.16)，我们会发现，重叠浓度随链长 N 的增加而降低，即随 $N^{-4/5}$ 变化而变化：较长、较稀薄的线团会在较低浓度下发生重叠。在 Θ 溶剂条件下，因为 $h_m \sim N^{\frac{1}{2}}$，所以 C^* 正比于 $N^{-1/2}$。

当体系浓度超过重叠浓度时，线团会在一定程度上互相穿透。这时，链与链之间有很多接触点，以至于形成一个具有特征大小网孔的网络结构。与网孔大小相当的体积中的链段均属于同一个大分子链，它们彼此相互作用，并表现出一致的溶胀行为。它们与距离大于网孔尺寸的链段几乎没有相互作用，即使是属于同一个大分子链。这时，体系的微观结构和溶液的渗透压与大分子链的长短无关 (与相对分子质量无关)。体系的的性质仅取决于网孔尺寸，即浓度。网孔尺寸随浓度的升高而降低。在良溶剂中，链发生重叠的溶液被称为半稀溶液，图 4.6 显示了稀溶液、重叠浓度时的溶液以及半稀溶液三种状态。

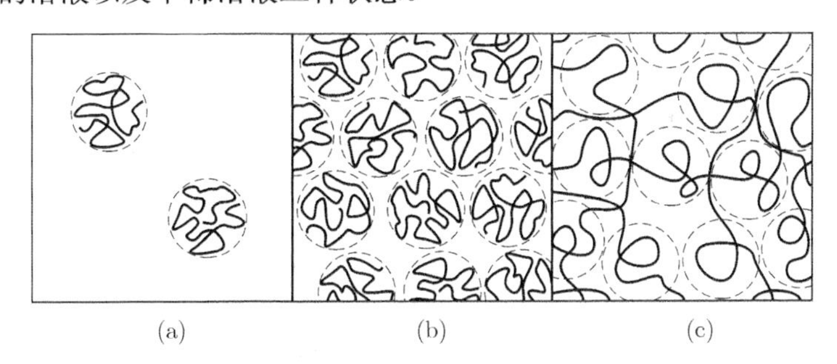

图 4.6　(a) 稀溶液；(b) 在重叠浓度时的溶液；(c) 半稀溶液 [图中链的放大倍数比 (b) 中的大]

当体系浓度继续升高，网孔尺寸变得非常小，以至于一个网孔中的链段数目非常少，不能表现出溶胀行为。根据 Kuhn 模型，此时的链类似于理想链 (α=1)，我们定义溶液为浓溶液。在浓溶液及纯的液态大分子中，线团总具有理想尺寸，其线团半径与 $N^{1/2}$ 成正比！

图 4.7 给出了不同状态的大分子/溶剂体系的总结。纵坐标为溶剂的溶解能力，用参数 $B_2^{\text{seg}} = 1 - 2\chi$ 表示。这张图的上半部分 ($\chi < 0.5$) 对应良溶剂情况，链为理想状态或溶胀。下半部分对应着大分子在不良溶剂中的情况，见 4.10 节。

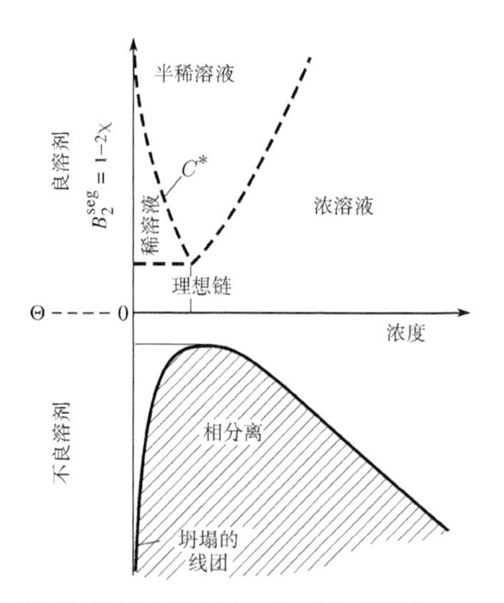

图 4.7　大分子在良溶剂至不良溶剂中的行为。在不良溶剂中 $B_2^{seg} < 0$, 链收缩，体系分相(阴影区)。在 $B_2^{seg} \approx 0$ 时，链表现为理想状态。在 $B_2^{seg} \gg 0$ 时，链溶胀，形成半稀溶液

4.8　很多蛋白质分子可以视为不良溶剂中的链状大分子

蛋白质 (多肽) 几乎都是链状的(虽然通过 S—S 键也会产生分支)。仅有少数蛋白质在水中形成无规线团，多数蛋白质会在巯基乙醇中形成这样的结构。大部分水溶性蛋白质 (又称为球蛋白)在水中有致密的结构。很显然，链段之间有很强的吸引力。因为对很多氨基酸来说，水是不良溶剂。其结果就是链收缩，其尺寸与 $M^{1/3}$ 成正比。但也不会发生相分离，因为这些坍塌的线团外表面含有大量亲水的 (通常是带电的) 氨基酸，使得相邻的两个蛋白质分子之间存在排斥力。我们将在第 5 章和第 8 章讨论电荷对胶体稳定性的影响。当蛋白质变性时，其疏水内核外面的亲水层可能被破坏，从而导致相分离的发生。

4.9　聚 电 解 质*

大分子链上的电荷通常来源于链解离产生的酸性或碱性基团，或者是由此产生的盐。除了强酸或强碱外，聚电解质表面的电荷具有 pH 依赖性。聚电解质中常见的强酸为磺酸 R—SO_3—H，强碱为季铵盐离子 R_4N^+。

4.9.1　强电解质举例

(1) 洋菜 (agar)：这是由海带提取的多糖，含有很多磺酸基团 (—SO_3H)。在水

* 带电大分子即为聚电解质。—— 译者注

中洋莱因磺酸基的电离而带负电。

(2) 聚-N-甲基乙烯基氯化吡啶：$-\!\!\left(\mathrm{CH_2{-}CHR}\right)\!\!-_n$，其中 R =—$C_5H_4N^+CH_3Cl^-$，是一种合成的带正电的聚电解质。

(3) 聚苯乙烯磺酸钠：$-\!\!\left(\mathrm{CH_2{-}CHR}\right)\!\!-_n$，其中 R=—$C_6H_5SO_3^-Na^+$，是单分散度很高的阴离子强聚电解质。

(4) DNA：核糖和磷酸盐交替形成的链状结构；其中磷酸根带负电。

4.9.2　弱聚电解质举例

(1) 聚丙烯酸 (PAA)：合成的大分子，其结构式为$-\!\!\left(\mathrm{CH_2CHR}\right)\!\!-_n$，其中 R=—COOH。当溶液的 pH 从 3 升至 9 时，PAA 逐渐带负电。

(2) 阿拉伯胶：含有很多 —COOH 基团的多糖，像 PAA 一样在高 pH 下带负电。

(3) 聚丙烯胺：结构式为$-\!\!\left(\mathrm{CH_2CHR}\right)\!\!-_n$，其中 R=—$CH_2NH_2$。当 pH 由 10 降到 4 时，体系逐渐带正电。

含有弱酸弱碱基团的聚电解质所带电荷的多少取决于溶液的 pH 与它们的解离常数 pK 之间的差异。对于一价的弱酸或弱碱，当 pH=pK 时，一半的酸或碱处于带电状态。如果我们要把这一规律应用到聚电解质体系中，就必须假设大分子链上基团的解离不受任何相邻解离基团状态的影响。但这与实际情况不符。在对弱的聚酸或聚碱进行滴定时，它们的解离会受到已电离的基团的抑制，导致实际滴定曲线比一价的酸或碱跨越的 pH 范围更宽。图 4.8 定性地描述了一种聚阳离子

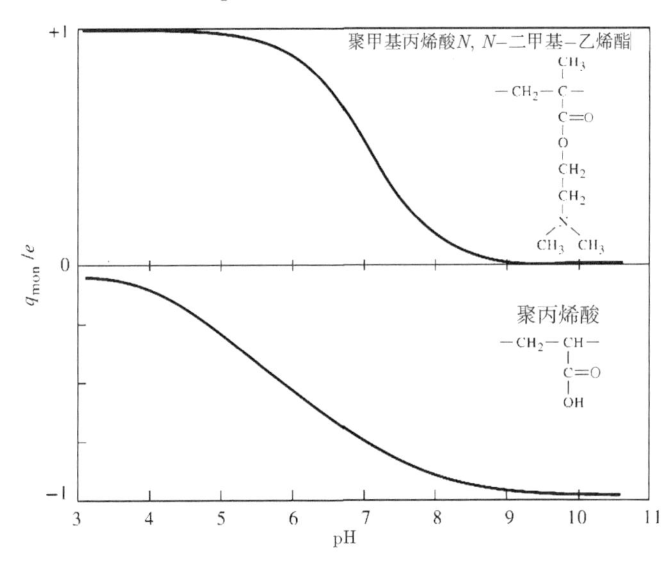

图 4.8　聚电解质的电荷随 pH 的变化

(聚甲基丙烯酸 $N,N-$ 二甲基–乙烯酯) 和一种聚阴离子 (聚丙烯酸) 的电荷随 pH 的变化。一价羧酸的 pK 值约为 4.5，伯胺的 pK 值约为 9。

完全解离的聚电解质在水中携带大量的同号电荷。这些电荷从溶液中吸引了大量相反电荷的离子 (反离子)，在聚电解质周围形成“云”一样的结构。这些“云”影响带电链段间的相互作用，产生一种静电斥力。这种静电斥力的作用距离取决于体系的离子强度。在低离子强度时，静电斥力的范围可达到数十纳米；而在高离子强度时，作用距离可能仅为1 nm。我们将在第 5 章具体讨论这种静电斥力。静电作用导致两个结果：第一，两个链段间的有效排除体积变大；第二，链的刚性增加，所以有效键长 l_{eff} 也增加 (有效键长通常也被称为静电持续长度，electrostatic persistence length)；这两种结果的叠加使链溶胀加剧，在良溶剂中比不带电的链更稀薄。

4.9.3　两性聚电解质

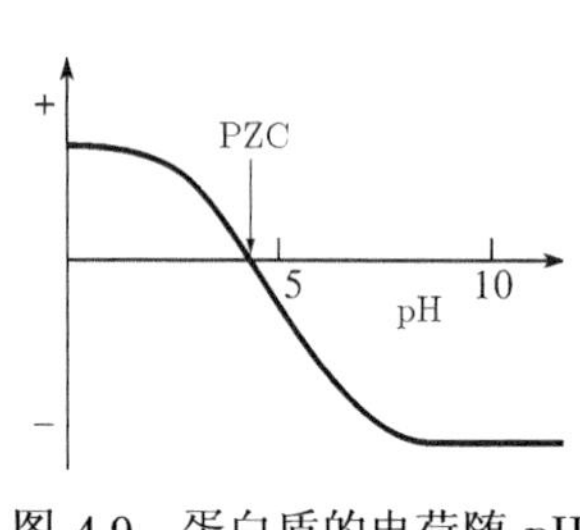

图 4.9　蛋白质的电荷随 pH 的变化

这种情况比较复杂，它们同时含有带正电和带负电的基团。许多水溶性的蛋白质属于这一类。其中最重要的酸性基团是羧酸根，碱性基团是氨基。图 4.9 给出了蛋白质的电荷随 pH 的变化。在特定的 pH 值下，分子所含有的带正电的基团与带负电的基团数目相等。这个 pH 称为这种蛋白质的零电点 (point of zero charge，PZC，见 5.6)

概念区分

(1) 蛋白质的 PZC 必然是在酸性基团与碱性基团的 pK 值之间 (4.5 与 9 之间)。当蛋白质含有数目相等的酸性与碱性基团时，PZC 大约为 4.5 与 9 的中间值，即 7 附近。通常情况下，—COOH 基团的数目总是比 —NH_2 数目多，所以 PZC 通常较低，即在 5 或 6 附近。但蛋白质中也可能存在其他类型的酸或碱，使 PZC 向上或向下偏移。

(2) 蛋白质的等电点 (isoelectric point，IEP) 可以利用电荷的差异对蛋白质进行分离。将蛋白质放在电场中，蛋白质分子将产生运动，其运动速率与它们所携带的有效电荷有关。这即是大家熟悉的电泳方法 (参见第 7 章)。这样，带有不同电荷的蛋白质因具有不同的迁移速率而被分离开。 当蛋白质所携带的有效电荷正好为零时，达到等电点 (IEP)。可能有人会认为 IEP 与 PZC 相同，但事实并非如此。在零电点时蛋白质与小离子结合会略微改变其所携带的有效电荷，导致 IPE 与 PZC 不同。

4.10　凝聚和复合凝聚

憎液胶体与亲液胶体的差别体现在它们的溶解性和热力学平衡上。大分子在良溶剂中可以看成是亲液胶体。在不良溶剂中，线团收缩，溶解度变差。当浓度超过溶解度时，体系出现两相：一相是高浓度的大分子溶液，另一相主要含有溶剂。良溶剂和不良溶剂的界限可以用链段的第二维里系数的符号来划定：当 $B_2^{\text{seg}} > 0$ 时，为良溶剂；$B_2^{\text{seg}} < 0$ 时为不良溶剂；$B_2^{\text{seg}}=0$ 时，为 Θ 溶剂。对于无限长的链，溶解度的极限与 Θ 点一致。

图 4.7 给出了大分子溶液的行为与浓度和溶剂性质 ($B_2^{\text{seg}} \sim 1-2\chi$) 的函数关系。在良溶剂中 ($\chi$ <0.5，图的上半部分)，大分子在稀溶液及半稀溶液中是溶胀的线团；在 $B_2 \approx 0$ 时，链处于理想状态。在不良溶剂中 (B_2 <0)，大分子在极低的浓度下形成独立的线团 (坍塌的) 以及一个两相区 (阴影部分)。

当高浓度的相含有足够的溶剂时，该相为液态，称为凝聚相。当溶剂被大规模排除时，会得到无定形的固体 (沉淀)。一个典型的凝聚实例是向淀粉溶胶中加入乙醇和无机盐时发生的分相现象。一相是浓的淀粉溶液，另一相主要是水、乙醇和无机盐及少量的淀粉。4.2 节中提到的 “盐析” 现象也是外加无机盐引起溶剂溶解能力下降，最后导致相分离的发生。

当带正电和带负电的聚电解质溶液混合时，会发生相分离。这是由相反电荷间很强的吸引力引起的，称为复合凝聚。图 4.10 中给出了阿拉伯胶和明胶的电荷随 pH 的变化。从图 4.10 可以看出，在 pH=3 附近电荷的差异非常大。在这个 pH 下，分子之间强烈吸引并形成复合凝聚相。但凝聚相中的分子并没有完全放弃水化层，所以在凝聚相中依然有水存在。原来聚电解质链周围的反离子云则被释放出来形成无机盐溶液。

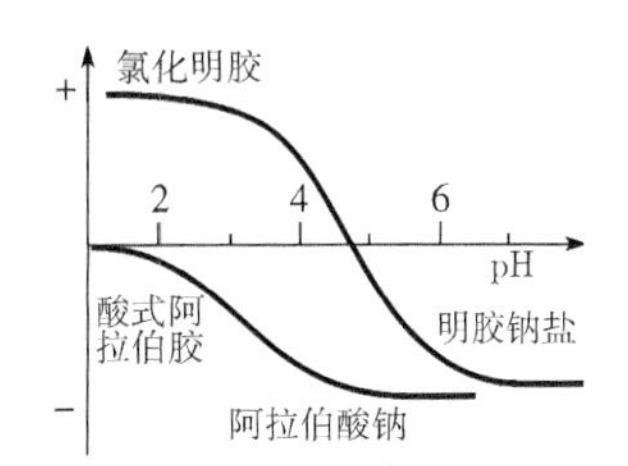

图 4.10　阿拉伯胶与明胶电荷的差异

因为形成复合凝聚相的驱动力是静电作用，所以我们应该能够通过移除电荷来消除复合凝聚现象，如改变 pH。加入无机盐能够降低静电引力，也能够抑制凝聚的发生。可以将复合凝聚过程当做一个 “反应” 来理解这一变化：

$$(\text{聚阳离子} + \text{负电反离子}) + (\text{聚阴离子} + \text{正电反离子}) \rightleftharpoons \text{复合凝聚相} + \text{无机盐}$$

根据质量守恒定律，加入无机盐将使平衡向左移动 (产生更多的自由聚离子)。当平衡移动足够大时，凝聚相会彻底溶解。

4.11　大分子链被溶剂溶胀形成具有网络结构的凝胶

明胶是胶原蛋白经加热变性得到的多肽。当向干明胶中加水时，大分子链段部分溶解，但依然存在一些不溶解的区域，这些不溶部分把溶解的部分交联起来 (图

4.11)。这时体系可以看成由溶胀的柔性链连接不溶区域形成的网络，其中充满了水。此网络充满体系的所有空间，体系具有介于液体和固体之间的性质。这样的体系就称为凝胶。凝胶的显著特性就是具有弹性，即在外力作用下发生形变，但外力消失后又恢复到原来的状态 (6.1 节)。凝胶可定义为粒子或大分子链的连续结构形成的胶体体系，该连续结构能够被溶剂分子透过。大分子凝胶可以通过化学或物理交联大分子链获得，其中物理交联是可逆的。这里讨论的明胶是典型的物理交联的凝胶，而硫化橡胶则是化学交联的凝胶。

图 4.11 以局部晶化区域为物理交联点的线状大分子凝胶示意图

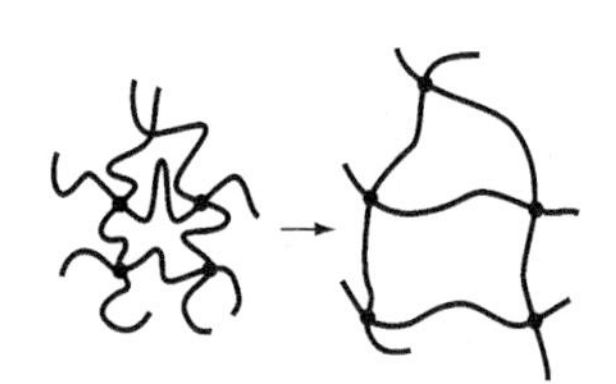

图 4.12 化学交联的大分子溶胀示意图

导致交联的大分子吸收溶剂并溶胀的重要原因如下：① 链段与溶剂混合造成熵增加；②链有溶剂化的趋势。这两个因素在大分子溶解相关过程中有同等贡献，即分别为混合熵 (式 4.2)$N=\infty$ 和接触自由能 (式 4.3)。对于聚电解质凝胶，静电斥力也有重要作用。这一贡献的大小取决于盐浓度。体系对溶剂的吸收会在链溶胀到一定程度时停止。由于交联的存在，体积的增加引起链伸展程度加大，因此造成构象熵的减少 (图 4.12)。最后，导致熵增加的吸收溶剂与造成熵减少的交联链的伸展达到一个平衡。在不良溶剂中，大分子网络吸收很少溶剂，溶胀也很小。

一些蛋白质原本就是溶液 (如鸡蛋白中的卵清蛋白、β- 乳球蛋白、大豆蛋白)，但加热就会形成具有交联结构的凝胶 (如煮熟的蛋)。半胱氨酸在交联中起重要作用，因为它在蛋白质分子之间形成 —S—S— 桥键。所有能使体系趋于分相的因素都有利于凝胶的形成 (凝聚)。

未硫化的橡胶是没有交联的，能完全溶于苯。而硫化的橡胶则因 —S—S— 键的存在而不溶于苯，仅能溶胀。图 4.13 示出了肌肉组织的溶胀与 pH 的函数关系。溶胀压 (渗透压) 是阻止溶胶进一步溶胀所需的压强，它是凝胶与平衡液体之间的压强差。这一压强可能高达 1000 bar(1 bar=10^5Pa)，使得一些植物能够从非常干旱及高盐的土壤中吸收水分。凝胶也可由憎液溶胶形成 (粒子胶)。我们将在第 8 章进一步讨论这些内容。

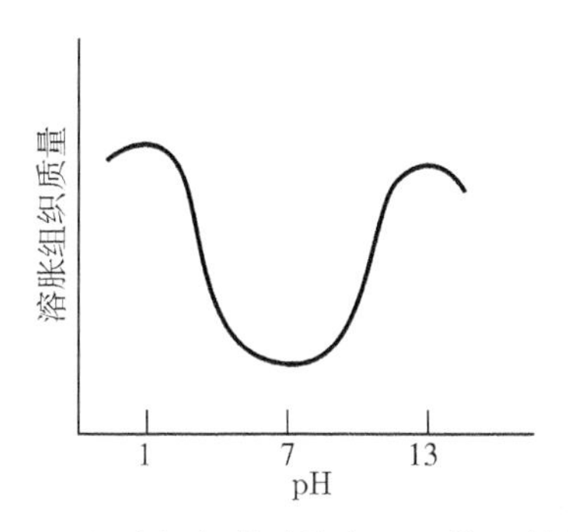

图 4.13　肌肉组织的溶胀与 pH 的函数关系

思　考　题

1. 当简单的无机盐溶于水时，哪种能量与熵变起作用？当明胶溶于水时这些能量和熵变又如何变化？试找出这两种情况的差别。

2. 解释盐析效应的感胶离子顺序。为什么离子价态对盐析的影响非常小？

3. 亲液胶体在超显微镜下是看不见的，但在 50%(体积比) 的水–乙醇混合溶液中却看得见。请解释之。

4. 按照有效键长 l_{eff} 增加的顺序排列具有苯基、甲基、羟基侧链的 C—C 键的长度 (附录 4.B)

5. 你认为有效键长 l_{eff} 具有温度依赖性吗？

6. 证明无规线团中心的密度与相对分子质量的平方根成反比。

7. 为什么聚电解质的 pK 值与解离度有关？

8. 当 pH=p$K\pm2$ 时，聚电解质的荷电基团百分比是多少？

9. 两性聚电解质所带的正电荷在低 pH 下等于其在高 pH 下所带的负电荷吗？

10. 请判断下列无机盐抑制复合凝聚能力的顺序：Na_2SO_4、NaCl、$MgSO_4$ 和 $BaCl_2$。

11. 就像 B_2^{seg} 与链段的排除体积有关，大分子溶液的 B_2 与整个分子的排除体积有关。你能从渗透压数据推导出大分子线团的体积吗？

12. 在一幅图中画出化学组成完全相同，相对分子质量依次增加的三个大分子 (M_1, M_2, M_3) 的 Π/C 曲线与浓度 C 之间的函数关系。斜率与 M 有何关系?

附　　录

4.A　理想线团的均方根末端距

平均末端距 $\langle h\rangle$ 为 0，就像扩散现象中的平均位移一样，因为正负位移的概率相等。

扩散粒子的均方根位移 (3.5 节) 是有确切数值的，均方根末端距 $h_{\rm m}$ 也一样。式 (4.5) 可推导如下:

$$\boldsymbol{h} = \boldsymbol{l}_1 + \boldsymbol{l}_2 + \cdots = \sum_{i=1}^{N} \boldsymbol{l}_i$$

则

$$\begin{aligned}\langle h^2\rangle = \langle \boldsymbol{h}\cdot\boldsymbol{h}\rangle &= \left\langle \left(\sum_{i}^{N} \boldsymbol{l}_j\right)\cdot\left(\sum_{j}^{N} \boldsymbol{l}_j\right)\right\rangle = \left\langle \sum_{i}^{N} (\boldsymbol{l}_i\cdot\boldsymbol{l}_i)\right\rangle + \left\langle \sum_{i}^{N}\sum_{j\neq i}^{N} (\boldsymbol{l}_i\boldsymbol{l}_i)\right\rangle \\ &= \left\langle \sum_{i}^{N} \boldsymbol{l}_i^2\right\rangle + \langle \boldsymbol{l}^2 \cos_{ij}\rangle\end{aligned} \tag{4.17}$$

可以证明，公式右侧的第二项为 0，因为第 i 与第 j 链段之间各种夹角出现的概率相等，所以其平均余弦值为 0。第一项即为式 (4.5)，因为所有 N 个向量 $\boldsymbol{l}_i$ 具有相同的长度。

4.B　具有固定键角和侧链的碳链

对于 C—C 骨架，取代基的存在使 C—C 键键角为 109°。可以证明，这使 $h_{\rm m}^2$ 数值增大，增大的倍数为 $(1-\cos\theta)/(1+\cos\theta)$。对于 θ=109° 的 C—C 键，$\cos\theta=-1/3$，h_m^2 增大 2 倍。这时，自由旋转的四面体的末端距表达式变为

$$h_{\rm m}^2 = 2Nl^2 \quad [\rm m^2] \tag{4.18}$$

实际上，由于侧链的存在，键不能自由旋转，因为不是所有的旋转角 $\varPhi$ 的概率都相等，见图 4.4(b)。侧链越大，两个交叉基团间的空阻位阻越大，链旋转需跨越的能垒越大，链的刚性也越大。这可以用式 (4.19) 表示:

$$h_{m,0}^2 = 2\sigma^2 Nl^2 \quad [\rm m^2] \tag{4.19}$$

式中，σ 为空间位阻因子，根据取代基团的大小及相互作用的差异，σ 为 2~4。

习惯上，考虑上述影响后，化合物的有效键长参数 $l_{\rm eff}$ 可以按式 (4.20) 构建:

$$h_{\rm m,0}^2 = l_{\rm eff}^2 N \quad [\rm m^2] \tag{4.20}$$

其中

$$l_{\rm eff} = \sigma l\sqrt{2} \quad [\rm m] \tag{4.21}$$

即称为链的有效键长。

其他类型的链的有效键长 (如多糖) 不能简单通过式 (4.21) 计算，必须通过实验确定，或者通过其他方法计算获得。

4.C　高斯熵弹簧

瞬时末端距 h_m 不是一个恒定的数值，而是一个波动量。最可几末端距为 $h_{\mathrm{m},0}$，但较大和较小的距离也会经常出现。可以证明，对一个高斯链来说，概率 $\Omega(h)$ 和末端距为 h 的情况满足高斯分布 (就像密度函数一样):

$$\Omega(h) \propto C \cdot \exp\left(-\frac{3h^3}{2Nl^2}\right) \tag{4.22}$$

式中，C 为常数。

根据 Boltzmann 定律，熵 $S = k\ln\Omega$。由此可得到 $h > h_{\mathrm{m},0}$ 的链理想伸展时的熵:

$$S = S_0 - k\frac{3h^2}{2Nl^2} = S_0 - k\frac{3h^2}{2(h_{m,0})^2} \quad [\mathrm{J/K}] \tag{4.23}$$

或

$$S = S_0 - k\frac{3(h_{\mathrm{m},0} + \Delta h)^2}{2(h_{\mathrm{m},0})^2} = S_0 - k\frac{3}{2}(1+\alpha)^2 \tag{4.24}$$

当链由 $h_{\mathrm{m},0}$ 伸展到 h 时，这个表达式表示熵将降低:

$$\Delta S = -k\frac{3}{2}[(1+\alpha)^2 - 1] = -k\frac{3}{2}\alpha(2+\alpha)$$

当 α 不是很小时，此式可近似为 $\Delta S = -k\frac{3}{2}\alpha^2$，这相当于伸展功为 $-T\Delta S = kT\frac{3}{2}\alpha^2$。

第5章 双 电 层

5.1 胶体粒子在水中以反离子的形式释放出电荷

在许多重要的胶体体系中，水是分散介质。水能将离子溶剂化，所以电解质(酸、碱、盐) 容易解离成独立的离子*。由于胶体粒子通常具有可解离的基团，它们能够向水中释放离子或从水中结合离子；有的胶体粒子完全由离子构成，即难溶盐，如 $CaCO_3$ 和 AgI。向水中释放离子使得胶体粒子的表面携带一定量的电荷。这些电荷对胶体之间的相互作用影响很大。在这一章中，我们将讨论胶体所带的电荷对胶体体系的影响。

为此，我们需使用静电理论中的概念和公式。附录 5.A 简要摘录了一些相关的公式。

5.2 带电的胶体粒子被扩散的电荷所包围

如果仅仅是胶体自身所带的电荷对它们的电学性质有重要影响，我们可以根据库仑定律来了解胶体粒子之间的相互作用。我们知道，相距为 r，带同样电荷的两个球体互相排斥 [见式 (5.36)]。这样，一个球体周围的电势与半径 r 成反比 [式 (5.33)]。

但是这种关系并不适用于水溶液中的胶体粒子。溶液中含有与胶体粒子所带电荷相反的离子 (反离子)，这些反离子被胶体表面所吸引。如果溶液中含有无机盐，其中就会有与胶体粒子所带电荷符号相同的离子 (同离子)。这些离子会受到胶体表面排斥，从而倾向于离开胶体表面。这种作用最终的结果是：在胶体粒子周围总有一团离子云，其所带的电荷与胶体表面电荷符号相反，但电量恰好相等；胶体粒子连同它的反离子形成一个电中性的体系。体系必须以这样的状态存在，因为在导电介质中，严重的电荷分离需要太高的能量，从而使非电中性的体系极不稳定。

上面我们描述的表面电荷与其周围的反离子形成的体系就称为双电层。在某种程度上，双电层可视为一个平行板电容器，每一平板含有电量相等、符号相反的电荷 (当然会与平板电容器有些不同，因为反电荷并不局限于一个平面内，而是扩

* 粒子、聚电解质 (如蛋白质)、表面活性剂聚集体等之所以溶于水，得益于它们所带的电荷。相对而言，水的介电常数较高，因此有利于电荷分离，产生电荷。这一现象的本质不仅对发展应用研究非常重要，也有助于理解一般软物质体系的复杂行为。

散分布)。在本章中我们将会看到，反离子云的扩散程度取决于溶液中盐的浓度。反离子屏蔽了胶体表面的电荷，所以电势下降比库仑定律的预测快得多，因此相距较远的两粒子之间的斥力也要小得多。

5.3　反离子的扩散分布：能与熵的折中

图 5.1 给出了平板胶体粒子表面的双电层结构示意图。电荷 (表面电荷) 局限在粒子表面，而反离子在溶液中形成扩散云团。由于胶体粒子表面存在电荷，表面附近反离子的浓度远远高于体相中。两种状态的离子一起构成了体系中的反离子。双电层中除了浓度较高的反离子外，还因与反离子的吸引存在少量的同号离子。因此，双电层中净的过剩电荷是反离子与同号离子浓度相减的结果。

由于受热运动和静电作用两种因素的影响，体系中的离子呈扩散分布。热运动 (布朗运动，见 3.5 节) 使离子倾向于尽最大可能均匀分布在整个体相中；而表面电场则对离子有吸引或者排斥作用。最后，体系在能量最低 [表面的紧密反离子层，图 5.2(a)] 和熵最大的状态 [所有离子均匀分布，图 5.2(b)] 之间折中，使得 Gibbs 自由能最小。

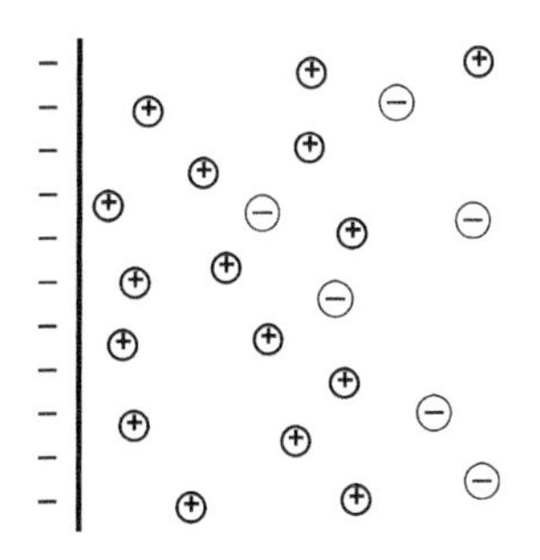

图 5.1　双电层示意图：带负电的表面吸引带正电的离子而排斥带负电的离子

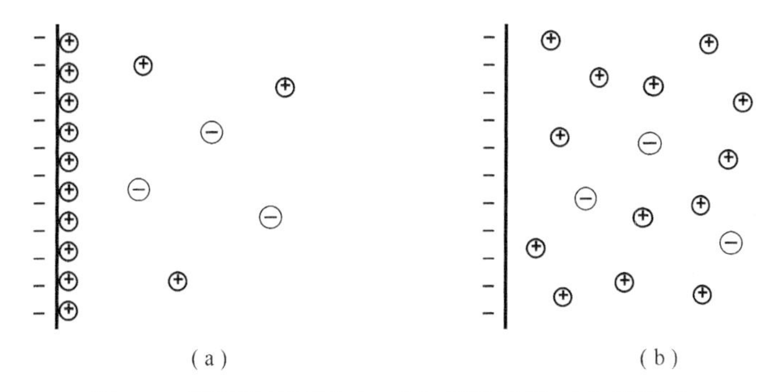

图 5.2　不利的离子分布：(a) 能量最低；(b) 熵最大

这种情况与大气中气体浓度随海拔高度变化而逐渐变化的情况类似*。这样，像地球表面存在大气层一样，胶体粒子带着一层反离子的云团。正是这种反离子的云团使胶体粒子之间有一定的斥力。因为如气体分子一样，这种离子氛抗拒压缩。更加复杂的是，离子不仅与胶体表面相互作用，彼此之间也有相互作用。阳离子通常会被阴离子所包围，反之亦然。如果没有热运动，我们会发现胶体粒子就像在离子晶体中一样，正离子和负离子整齐有序地排列，此时体系的能量最低。在溶液中，也有类似的情况：同号离子间的距离比反号离子间的距离要大得多；离子并非完全自由地定位，它们的位置是成对相关的。这使得它们的活度系数和它们对渗透压的贡献比“理想数值”要小很多。当离子间的相互作用能增大 (与热运动能量 kT 相比) 时，这种影响更加显著；离子价态增加恰好是这种情况。我们在考虑双电层时将忽略这种相关效应。这意味着我们得到的是一个近似的处理结果，离子价态越高，这种处理越不准确。

5.4　带电表面附近离子的 Boltzmann 分布

Boltzmann 定律把处于特定状态的粒子数目与它们在这一状态下的势能联系起来。在双电层中处于平衡态的同离子和反离子的分布一定满足这一定律。距离表面 x 处的离子 i 的势能 $U_i(x)$ 可用其所带电荷 z_ie 与其电势 $\varphi(x)$ 之间的乘积来表示 [式 (5.27)]：

$$U_i(x) = z_ie\varphi(x) \quad [\mathrm{J}] \tag{5.1}$$

式中，z_i 为离子的价态，包括符号。例如，对 K^+，$z_i= +1$；而对 SO_4^{2-}，$z_i = -2$。物理量 z_ie 是离子 i 的总的带电量，其中 e 为单位电荷的电量。根据式 (5.1)，我们可以写出离子 i 的浓度在空间的分布 $n_i(x)$：

$$n_i(x) = n_i^{\mathrm{b}}\mathrm{e}^{-z_ie\varphi(x)/(kT)} \quad [\mathrm{m}^{-3}] \tag{5.2}$$

这里，我们认为 $\varphi(x)$ 是位置 x 处与体相中的平均电势差，$n_i^{\mathrm{b}} = n_i(\infty)$ 为离子 i 在体相中的浓度 (这时定义其电势为 0)。这是一个近似：平均电势并不是离子感受到的电势，因为该离子周围其他离子并非随意分布。这种相关性导致表面势能的切线会有差异，但我们对此忽略不计。在 5.7 节中，我们将对此进行详细讨论。一旦电势曲线 $\varphi(x)$ 可知，浓度分布曲线 $n_i(x)$ 即可知。我们可以定性地将浓度分布绘于图 5.3。

如图 5.3 所示，胶体表面带负电，所以电势 $\varphi(x)$ 是负值。这样，阳离子 (z_i 为正) 为反离子；阴离子 (z_i 为负) 为同离子。对于反离子，式 (5.2) 中的指数总为正值，所以 $n_i \geqslant n_i^{\mathrm{b}}$；对于同离子，式 (5.2) 中的指数总为负，所以 $n_i \leqslant n_i^{\mathrm{b}}$。

* 也有不同。例如，离子可以显著地改变电场强度，但气体几乎不改变重力场作用。

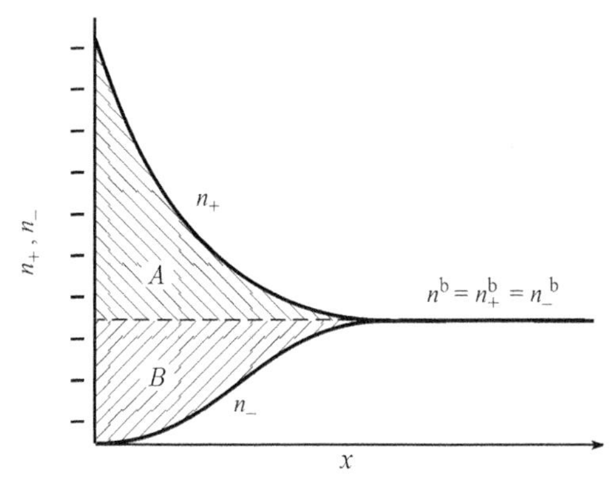

图 5.3　扩散双电层中的过量反离子和同离子

图 5.3 中面积 A 表示与体相相比双电层中过量的反离子，面积 B 表示双电层比体相少的同离子。这样，A 与 B 的加和代表总的扩散电荷。根据电中性原则，其大小一定与胶体表面所带的电荷相等，但符号相反。

下面我们首先讨论表面电荷和表面电势。在 5.7 节中，我们将定量分析双电层中的电势衰减。

5.5　离子吸附造成表面荷电

胶体的电荷是决定双电层性质的核心物理量。在第 8 章我们将看到电荷的存在对胶体的稳定性至关重要。胶体表面电荷的形成有多种途径，所有这些途径都可看成是离子吸附。

1. 解离或结合质子

如果胶体表面含有酸性或碱性基团，那么其表面电荷是由质子转移获得的。在这种情况下，H^+ 或 OH^- 可视为吸附离子。例如，二氧化钛表面的羟基 (—TiOH) 能够与 H_3O^+ 或 OH^- 按下式反应：

$$\text{—TiOH} + H_3O^+ \rightleftharpoons TiOH_2^+ + H_2O$$
$$\text{—TiOH} + OH^- \rightleftharpoons \text{—TiO}^- + H_2O$$

在强酸溶液中，TiO_2 胶体粒子表面会带正电；而在碱性溶液中，其表面会带负电。同样地，氧化铁表面具有 —FeOH，也可以根据溶液的 pH 带上正电或负电。大多数无机氧化物都具有类似的性质。

乳胶粒子 (由不溶性高分子形成的胶体粒子) 通常含有弱酸性 (—COOH) 或强酸性 ($—SO_3H$) 基团。这是由氧化或制备高分子时加入的引发剂造成的。含有这样基团的粒子通常带负电。

2. 难溶盐晶体吸附离子

这些离子本身是胶体粒子的组成成分，即胶体粒子不用从外加盐中获得电荷。例如，AgI 胶体中的 Ag^+ 和 I^-。

3. 吸附有机离子

乳状液滴的稳定性依赖于添加或吸附的表面活性剂，如十二烷基硫酸钠 $C_{12}H_{25}OSO_3Na^+$(SDS，阴离子型) 和十六烷基三甲基溴化铵 $C_{16}H_{33}N^+(CH_3)_3Br^-$ (CTAB，阳离子型)。许多离子型的有机染料高分子 (如品红) 也会发生很强的吸附。在牛奶中，带电的蛋白质经常吸附在脂肪球的表面 (这些吸附的有机离子增加了胶体的稳定性)。

4. 吸附无机离子

有些无机离子对特定的表面有很强的亲和力，它们能够发生很强的吸附，因此失去大部分水化层。这种特定的相互作用可能是由范德华 (van der Waals) 力、氢键或化学键引起的。例如，磷酸盐与氧化铁发生很强的结合，氯离子与金结合。金属氢氧化物也经常在很多无机表面发生强烈吸附。

上面列举的吸附离子被称为“电荷决定离子”(即决定表面电荷的离子。在较早的资料中，常称为电势决定离子，参见 5.7 节)。除此之外，在胶体体系中我们还会遇到很多其他离子，它们与胶体表面没有特异的亲和力，并不是电荷决定离子，但它们会影响双电层中电势的衰减。这样的离子称为不相关电解质。在本章中，不相关电解质统称为“盐”。

我们将在 5.6 节进一步讨论吸附平衡。在很多情况下，胶体表面是带正电还是带负电取决于溶液的离子组成。此时，我们可以定义一个零电点 (PZC)。在零电点，胶体表面的正电荷与负电荷数目相等。

5. 同构取代

黏土颗料大多带负电，一方面是因为表面基团的解离，另一方面是因为晶格中 Si^{4+} 被其他离子 (如 Al^{3+}) 取代，而晶格结构并没有受到影响。这样 O^{2-} 的负电荷就不能得到有效补偿，导致负电荷过剩。这种带电机理被称为同构取代。我们还应注意，黏土粒子所带的电荷并不是在颗粒表面均匀分布的：板状粒子*的边缘因吸附 H_3O^+ 带正电，而粒子的平表面带负电。

5.6　表面电荷：由离子吸附实验获得

表面电荷密度 σ_0 [C/m^2]，简称为表面电荷，与粒子表面的电荷决定离子的吸

* 黏土粒子常为板状或盘状。—— 译者注

附量 (也称表面过剩) 成正比。如果离子 i 的表面吸附量为 Γ_i，则表面电荷通常表示为

$$\sigma_0 = F\sum_i z_i\Gamma_i \quad [\mathrm{C/m^2}] \tag{5.3}$$

式中，$F = N_\mathrm{A}e$ 为 Faraday 常量。

(1) 当原始表面仅吸附一种离子时，表面吸附量 Γ 及表面电荷 σ_0 可立即确定。

(2) 当阳离子与阴离子都被表面吸附时，情况比较复杂。例如，对于 AgI 和氧化物来说：

$$\sigma_0 = F(\Gamma_{\mathrm{Ag^+}} + \Gamma_{\mathrm{I^-}}) \quad [\mathrm{C/m^2}] \tag{5.4}$$

$$\sigma_0 = F(\Gamma_{\mathrm{H^+}} + \Gamma_{\mathrm{OH^-}}) \quad [\mathrm{C/m^2}] \tag{5.5}$$

每个 Ag^+ 的电荷为 e，所以 1 mol Ag^+ 的电荷等于 F。这些吸附量的绝对数值是不可测量的，因为我们不知道表面是否处于原始状态。但通过用电极检测溶液中剩余的离子类别，即可知道哪种离子被吸附，进而测得表面吸附量 Γ 及表面电荷 σ_0 的变化。这就是我们在电势滴定实验中所做的。

为了得到表面电荷 σ_0 的绝对值，我们需要知道表面电荷为 0 时，电荷决定离子的浓度。也就是说，我们需要知道 PZC。在 5.8 节中我们将看到，σ_0 的数值取决于溶液中外加盐的浓度。除了在 PZC 外，无机盐的加入将导致离子的释放或吸收。因为在 PZC 时，表面不带电，所以此时表面不受外加盐的影响。这一原理是测量 σ_0 的基础，详见 5.8 节。

5.7 能斯特定律决定表面对离子的吸附

表面对离子的吸附程度是由平衡条件控制的。这意味着离子在溶液中的浓度和表面电荷密度 (决定表面净电荷) 之间存在一种关系。

我们以难溶的 Fe_2O_3(赤铁矿) 为例描述一下它的表面带电情况。在这种矿物表面，H^+ 和 OH^- 均可以发生吸附，但 H^+ 的吸附要强些，所以在中性溶液中 (pH=7)，表面会积累过量的 H^+，使表面带上正电 ($\sigma_0 > 0$)，所以表面电势 φ_0 为正。这种电势会对 H^+ 的吸附产生排斥作用。由于这种电性作用，体系会达到一个平衡，即使表面还有很多空位可以容纳更多 H^+。这种情况与电极和体相溶液的平衡相同，因此可以用能斯特 (Nernst) 方程来描述：

$$\varphi_0 = K_\mathrm{H} + \frac{RT}{F}\ln[\mathrm{H^+}] = K_\mathrm{OH} - \frac{RT}{F}\ln[\mathrm{OH^-}] \quad [\mathrm{V}] \tag{5.6}$$

式中，$F = N_\mathrm{A}e$ 依然为 Faraday 常量。常数 K_H 和 K_OH 分别表示表面对 H^+ 和 OH^- 的亲和度。它们通过我们熟悉的水的解离平衡联系在一起：$K_\mathrm{H} - K_\mathrm{OH} = -(RT/F)\ln K_\mathrm{w}$，这里，室温下 $\mathrm{p}K_\mathrm{w} = -0.43\ln K_\mathrm{w} = 14$。在我们讨论的例子中，离

子在溶液中的浓度决定着表面电势。根据外加盐浓度的不同，表面电荷会有不同的数值。在这个特定的例子中，电荷决定离子也被称为电势决定离子。对于像 FeS 这样的难溶盐来说，电势决定离子为 Fe^{2+} 与 S^{2-}；而对于 AgI，电势决定离子则为 Ag^+ 与 I^-。

如果表面电荷为 0，表面电势也必然为 0。所以 PZC 与 $\varphi_0 = 0$ 相对应。根据式 (5.6)，此时溶液的 pH 必然为固定值，其值取决于 K_H 和 K_{OH}，亦即取决于表面对电荷决定阳离子和阴离子的亲和度。例如，赤铁矿 $\alpha - Fe_2O_3$ 的 PZC 在 $pH^0 = 8.5$。对于 SiO_2 的表面，PZC 约为 $pH^0 = 3$。AgI 的 PZC 用 Ag^+ 与 I^- 的浓度来表示：$pAg^0 = 5.5$(或 $pI^0 = 10.5$，由溶度积得 $pAg^0 + pI^0 = 16$)。玻璃的 PZC 取决于它的组成：当体系含有较多的碱性氧化物时，它的 PZC 移向高 pH。这是因为 H^+ 与这些碱性基团结合能力很强，所以需要较高的 pH(更多的碱) 使体系达到零电荷状态 (PZC)。

根据 PZC 的定义，式 (5.6) 中的能斯特方程可写成另外一种形式。对于氧化物，如果我们把在 PZC 时的浓度写成 $[H^+]^0$ 和 $[OH^-]^0$，由 5.6 可以推出：$K_H = -(RT/F)\ln[H^+]^0 = -2.3(RT/F)pH^0$，以及 $K_{OH} = -(RT/F)\ln[H^+]^0 = -2.3(RT/F)pOH^0$。所以，在 20 ℃时，

$$\varphi_0 = 58(pH^0 - pH) = 58(pOH - pOH^0) \quad [mV] \tag{5.7}$$

这里，我们将 20 ℃时，$2.3(RT/F) = 58$ mV 代入了式 (5.6)。

同样地，我们也可以写出以 Ag^+ 与 I^- 为电荷决定离子时表面电势的公式：

$$\varphi_0 = 58(pAg^0 - pAg) = 58(pI - pI^0) \quad [mV] \tag{5.8}$$

可以推断，对于能斯特型表面，表面电势仅取决于溶液中电荷决定离子的浓度 (或活度)；在 pH 或 pAg 一定的情况下，表面电势与无机盐无关。但是电荷决定离子的活度会因无机盐的加入间接改变!

除了能斯特型材料，许多胶体粒子在电荷决定离子浓度一定时，对离子的吸附受多种因素影响，而不是仅取决于表面电势。特别是当表面的功能基团数目非常少时，基团的比例就显得尤为重要。这时，表面电势非常难以计算，但依然可以通过滴定的方法得到表面电荷。蛋白质和质子化或去质子化受化学反应控制的乳胶粒子就属于这类胶体。

5.8 古伊–查普曼 (Gouy-Chapman) 模型的双电层电势曲线

为了简化数学处理过程，以下讨论围绕近似于理想的平表面的双电层展开。虽然也能得到弯曲表面的双电层方程，如圆柱形与球形，但其数学处理非常复杂，不

过，其中的物理原理与水平表面的在本质上是完全相同的。附录 5.A 回顾了基本的静电理论。

我们从假设离子为点电荷开始，在 5.9 节中将进一步讨论这一假设。此外，我们将忽略此前提到的离子位置的相关性影响，假设每个离子仅受到平均势场的作用。在 5.11 中我们还会对此进行讨论。

本节将讨论的是广为人知的 Gouy-Chapman 理论。该理论用 Poisson 定律 (式 5.44) 描述势能曲线的轮廓。Poisson 定律指出，当电荷存在时，电场强度 E 将发生变化：$\mathrm{d}E/\mathrm{d}x=\rho/\varepsilon$，这里 ρ 为位置 x 处的电荷密度，$\varepsilon=\varepsilon_0\varepsilon_r$ 是介质的介电常数。这样，势能变化可表示为

$$\mathrm{d}^2\varphi/\mathrm{d}x^2=-\rho/\varepsilon\quad[\mathrm{V/m^2}] \tag{5.9}$$

在 x 处的电荷密度为过量的反离子与共存的少量同离子的加和，可以表示为 $\rho=e\sum_i n_i z_i$。这里，n_i 是离子 i 的数量浓度。当电解质为最简单的 1-1 型时，我们得到

$$\rho(x)=ze[n_+(x)-n_-(x)]\quad[\mathrm{C/m^3}] \tag{5.10}$$

将 n_+ 与 n_- 用式 (5.2) 中的 Boltzmann 关系代入，可以得到 ρ 与 φ 之间的关系。与式 (5.9) 联立，可得到下面 φ 的重要微分式，这就是 Poisson-Boltzmann 方程：

$$\frac{\mathrm{d}^2\varphi}{\mathrm{d}x^2}=\frac{zen^{\mathrm{b}}}{\varepsilon}\left(\mathrm{e}^{ze\varphi/(kT)}-\mathrm{e}^{-ze\varphi/(kT)}\right)\quad[\mathrm{V/m^2}] \tag{5.11}$$

可以对方程 (5.11) 进行精确求解，但过程非常复杂。但在 φ 数值很小的情况下，可以作很好的近似处理：e^x 的展开式为 $\mathrm{e}^x=1+x+\frac{1}{2}x^2+\cdots$，舍掉线性关系之后的奇数项 (偶数项互相抵消) 后，即可得到近似解。这就是 Debye-Hückel 近似，它在 $ze\varphi/kT<1$，或 $\varphi<20$ mV 时 ($z=1, 20$ ℃) 成立。这样式 (5.11) 就可表示为

$$\frac{\mathrm{d}^2\varphi}{\mathrm{d}x^2}=\kappa^2\varphi\quad[\mathrm{V/m^2}] \tag{5.12}$$

式中，κ 定义为

$$\kappa^2=\frac{2n^{\mathrm{b}}z^2e^2}{\varepsilon kT}\quad[\mathrm{nm^{-1}}] \tag{5.13}$$

在温度和溶剂一定时，κ 只与盐的价态和浓度有关，它的量纲为长度量纲的倒数。

为了得到电势的表达式，我们需要两个边界条件。第一个条件是：在离表面很远的地方，电势为 0。第二个条件是：在离表面很近的某点，电势为 φ_d。从该点向外到测量位置的距离为 x。我们将在 5.10 节中讨论 $\varphi=\varphi_\mathrm{d}$ 的点的位置。我们也将讨论 φ_d 的意义以及它相对于表面电势 φ_0(5.7 节) 的位置。

这样，我们有如下关系：$\varphi(x)=\varphi_\mathrm{d}$ 及 $\varphi(\infty)=0$。因此，式 (5.12) 的解为

$$\varphi = \varphi_{\mathrm{d}} \mathrm{e}^{-\kappa x} \quad [\mathrm{V}] \tag{5.14}$$

这一公式描述的势能轮廓如图 5.4 中曲线 1 和曲线 2 所示。曲线 1 的盐浓度高于曲线 2。由这条曲线可以立即看出 κ 的物理意义：κ^{-1} 是电势衰减到初始数值的 1/e 的位置到表面的距离。这样 κ^{-1} 是双电层延伸情况的量度。因此，常被称为 "双电层厚度"，也称为 "德拜 (Debye) 长度"。

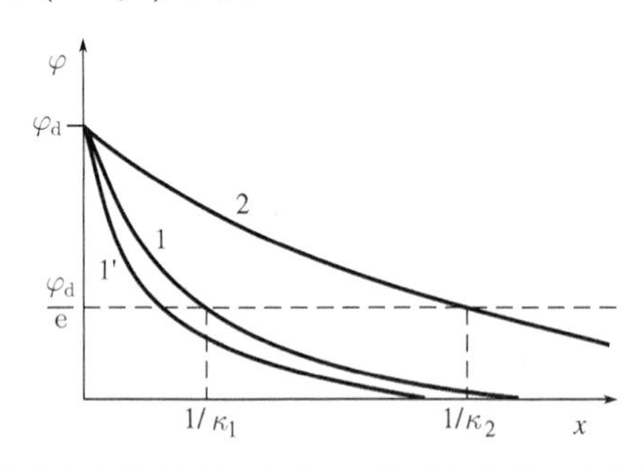

图 5.4　扩散双电层中势能曲线的轮廓。曲线 1′ 表示与曲线 1 相同的盐浓度时精确求解式 (5.11) 得出的曲线 [附录 5.C，式 (5.53)]

由式 (5.13) 可方便地计算出双电层的厚度。对于室温下的水溶液体系，可用如下近似：

$$\kappa = \sqrt{10cz^2} \quad [\mathrm{nm}^{-1}] \tag{5.15}$$

式中，c 的单位为 mol/L。

对于 10^{-5}mol/L 的一价电解质 (如 KNO_3 或 NaCl)，双电层的厚度约为 100 nm；对于 10^{-3}mol/L 电解质体系，双电层厚度为 10 nm；而当电解质浓度为 10^{-1}mol/L 时，双电层厚度仅为 1 nm。对于 2-2 型电解质，如 $MgSO_4$，在同样的浓度下，这些数值都变为原来的 1/2。这样，当盐浓度和价态都较小时，双电层的扩散程度很高。在高盐浓度或高离子价态时，库仑作用范围变小，因此屏蔽效应更为显著。注意，因为体相浓度 n^{b} 出现在 Poisson-Boltzmann 方程中，我们可以把任何形式的 Poisson-Boltzmann 方程重写，改用 κ 表示。这样，κ 的物理意义就适用于一般情况，而不局限于低电势的近似计算了！

对平表面 Poisson-Boltzmann 方程的精确求解见附录 5.C。在附录中也可看到对球形表面的近似求解。

5.9　总的扩散电荷和表面电荷

溶液中单位面积的电荷 σ_{d}，即扩散电荷，是所有反离子电荷的加和：

$$\sigma_{\mathrm{d}} = \int_0^\infty \rho \mathrm{d}x \quad [\mathrm{C/m^2}] \tag{5.16}$$

将式 (5.9) 中 x 处电荷密度 ρ 的 Poisson 规则，即 $\rho = -\varepsilon \mathrm{d}^2\varphi/\mathrm{d}x^2$，代入式 (5.16)，我们发现溶液中的电荷与 $(\mathrm{d}\varphi/\mathrm{d}x)_{x=0}$ 有关，即粒子表面的电场强度。这也遵从式 (5.40)。这样我们得到 $\sigma_\mathrm{d} = -\varepsilon\left[\mathrm{d}\varphi/\mathrm{d}x\right]_0^\infty = \varepsilon(\mathrm{d}\varphi/\mathrm{d}x)_{x=0}$。当表面电势很低时，我们使用式 (5.14)，因此，

$$\sigma_\mathrm{d} = -\varepsilon\kappa\varphi_\mathrm{d} \quad [\mathrm{C/m^2}] \tag{5.17}$$

由于包含表面电荷的整个双电层必须为电中性，我们可以建立一个电荷守恒关系。假设仅有表面电荷与扩散分布的反电荷，则 $\sigma_\mathrm{d} = -\sigma_0$。这样意味着表面电荷 σ_0 在电势恒定的情况下随盐浓度的增加而增加。式 (5.17) 比式 (5.14) 的适用范围要小，仅在表面电势 φ_0 <25 mV 时合理。

这样，当表面电势很低时，即在 PZC 附近由表面电荷 σ_0 对电势 φ_d 的函数曲线的斜率可得到 $\varepsilon\kappa$。习惯上，将双电层看做一个电容器，其极板单位面积上的电容定义为 C/A。对电容器而言，电容 C 为电荷 Q 与电势 φ 的比值：$C = Q/\varphi$。对于面积为 A 的平板，当两板距离为 d、介质的介电常数为 ε 时，电容器的电容表示为 $C = \varepsilon A/d$。对于扩散双电层，扩散电容可定义为 $\sigma_0/\varphi_\mathrm{d}$。这样，由式 (5.17) 可以看出，这个扩散电容等于 $\varepsilon\kappa$。当然，这适用于表面电势 φ_0 <25 mV 的情况。

当然，也可以定义总电容 $C_\mathrm{tot} = \sigma_0/\varphi_0$。在很多体系中可以通过实验来测定 C_tot。对于能斯特型表面 (5.6 节)，电势完全由 pH(或 pAg, pS 值) 决定，所以表面电荷与表面电势之间的关系是已知的。表面电荷随 pH 的变化关系遵从式 (5.3) 所示的离子的质量守恒定律。图 5.5 给出了一个这样的例子。

可以看到，在较高的盐浓度下，曲线变得更加陡峭。这说明在给定的 pH 下，表面电荷增多。而且，所有的曲线都通过一个共同的点，这一点一定为 PZC，因为这是唯一不受盐浓度影响的点。PZC 附近曲线的斜率为体系的电容 $\varepsilon\kappa$，这一数值与 $c_\mathrm{z}^{1/2}$ 成正比。远离 PZC 时，曲线偏离简单线性关系 [附录 5.D，式 (5.57)]；低电势近似在这一范围内不再适用。

当向一带电粒子溶液中加入盐的时候，增加表面电荷 σ_0 所需要的电荷决定离子只能从溶液中获得。因此，溶液中这种离子的浓度将发生变化。在稀溶液中 (粒子具有较小的表面积)，这种浓度变化很小，所以 φ_0 几乎不变。如图 5.5(b) 中的实线箭头所示。但是，在浓溶液中，电荷决定离子的浓度将发生显著变化，这使得表面电势的变化能够测量出来，如图 5.5(b) 中虚线箭头所示。

可能有人会质疑为什么当表面电荷发生变化时，表面电势依然保持恒定。为了回答这个问题，我们要考虑溶液与表面之间存在的平衡。这里，我们假设溶液中电荷决定离子的浓度是给定的。在表面，吸附亲和力会导致电荷积累，而离子间的静电斥力则不利于电荷的进一步积累，但这种斥力会在更高浓度的不相关外加盐的存在下消失，即发生静电屏蔽效应。在较高浓度下，很多离子将因具有表

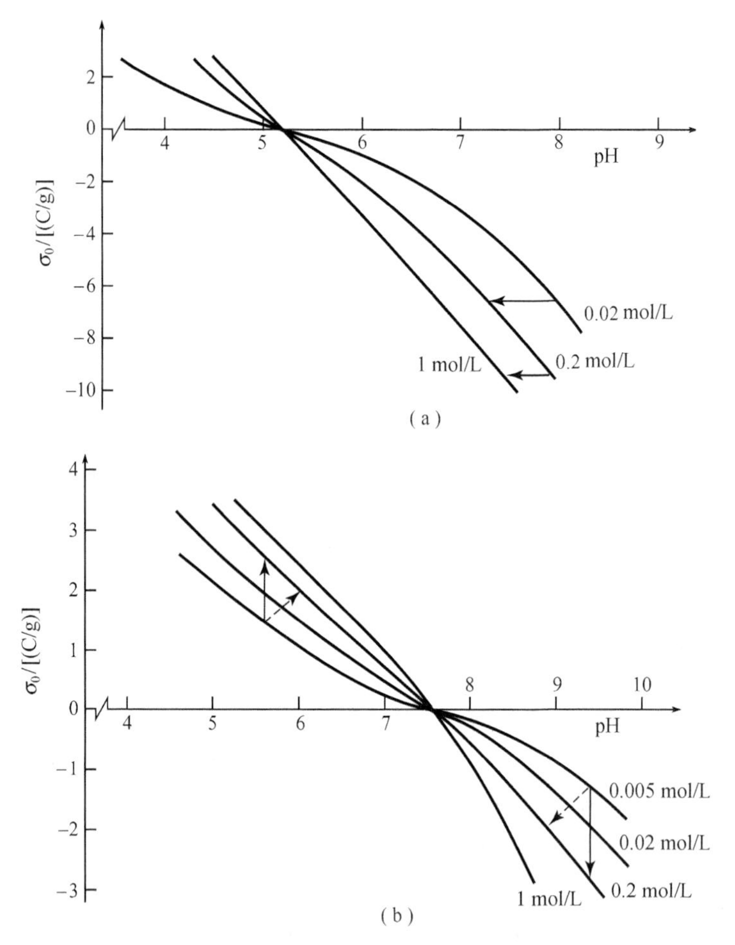

图 5.5 不同外加无机盐浓度下锐钛矿 (TiO_2) 与赤铁矿 (Fe_2O_3) 表面电荷密度 σ_0 与 pH 之间的关系。(a) 锐钛矿，50 ℃；(b) 赤铁矿，60 ℃。(b) 中的箭头表示当外加盐 KNO_3 浓度增加到 0.2 mol/L 时，在高低两种 pH 时稀溶胶 (实线线箭头) 与浓溶胶 (虚线箭头) 的 pH 与表面电荷密度的变化

面亲和性而受益，因此表面电荷密度增加。这种情况一直继续到离子间的相互排斥能增大到未加入不相关无机盐时的数值。这时它们的化学势与低盐浓度时相同。

5.10 斯特恩 (Stern) 模型

在前一部分中，我们假设离子是没有体积的。在稀溶液中，这种假设是合理的，但在非常靠近带电粒子表面的地方就不正确了。这可以用式 (5.2) 进行验证。当表面电势为 300 mV 时，假设体相中盐浓度为 0.01 mol/L，就会发现粒子表面处盐浓度

高达 1600 mol/L! 很显然，这是不可能的。这个不现实的数值是由于我们假设了扩散电势能够如此之大。事实上，在远离 PZC 的位置应用能斯特规则时，我们是可以假设表面电势取这个数值的。这使我们不得不由此得出这样的结论：反离子永远不能如此靠近粒子表面；这是由于它们具有体积的缘故。所以，有必要对上述理论进行修正。

Stern 做了这项工作。他引入了一个厚度为 δ 的紧密层，δ 数值等于一个水化离子的半径。那里可能有水，但不会有电荷。一个离子的电荷被认为正好在离子中心，但这个中心与粒子表面的距离不会小于 δ。所以，我们将选择的零点移动一个距离 δ。这样，这个 $-\delta < x < 0$ 的没有电荷的区域被称为 Stern 层。

双电层中的电势轮廓如图 5.6 所示。在 Stern 层里，电势由 φ_0 线性降至 φ_d。后者现在被称为扩散层的电势或 Stern 电势。曲线在 Stern 层里是线性的，因为层中没有电荷。根据式 (5.9)，场强 $d\varphi/dx$ 必为常数。从 $x = 0$ 向外为扩散层，这里曲线成指数形式衰减 [式 (5.14)]。

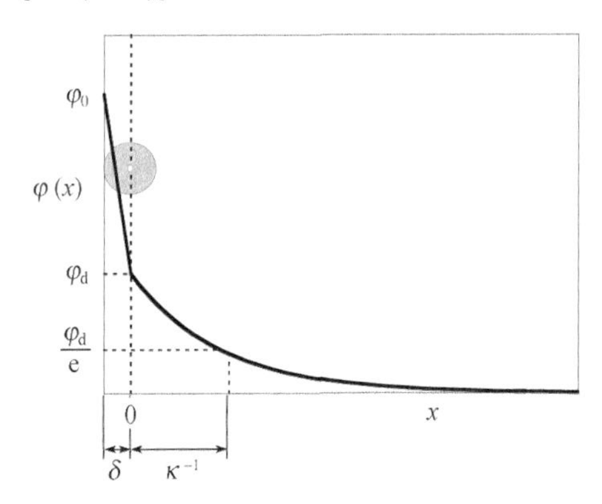

图 5.6　(非扩散) 双电层的表面电势轮廓曲线，包含一个 Stern 层 ($-\delta < x < 0$) 和一个扩散层 ($x > 0$)。图中给出了一个接触表面的水化离子的示意图

最后，我们注意到在许多情况下，即使 φ_0 较高，但因为 φ_d 足够低，以上关于低电势近似模型依然合理。这样，我们仍然能够使用式 (5.17) 计算表面电荷。关于 Stern 模型的详细讨论见附录 5.D。

5.11　双电层中的熵与能

如本章开始所述，扩散双电层是离子平均分布的倾向 (熵 S_{el}) 与粒子表面电场对离子做功 (离子的势能 U_{el}) 综合作用的结果，见图 5.1。根据 Gouy-Chapman 理论，这两个量都是可以计算的。这里我们不讨论计算过程，仅图示说明。

在图 5.7 中，U_{el} 与 $-TS_{el}$ 及它们的加和 (Helmholtz 自由能 $A_{el} = U_{el} - TS_{el}$)

分别对参数 $\sinh[ze\varphi_d/(2kT)]$ 作图。其中，U_{el} 与 S_{el} 分别为单位面积内每个离子的势能与熵，以 kT 为单位。$\sinh[ze\varphi_d/(2kT)]$ 是双电层强度的量度 [附录 5.C，$\sinh x = (e^x - e^{-x})/2$]。$A_{el}$ 的数值为正，因为把电荷引入带电的表面需要做 (可逆) 功。为了使这种带电过程发生，我们需要一个负值项的贡献，即来自溶液的吸附能；这一贡献在图 5.7 中没有给出。从图的右侧可以看出 Stern 电势 (及表面电荷) 在增加。我们可以清楚地看到在低电势区，即线性规则适用区间，U_{el} 与 TS_{el} 两项的数值相等。在较高电势区域，U_{el} 成为常数保持不变，而 $-TS_{el}$ 继续增加，以至于主导 Helmholtz 自由能的增加。这是因为每一个吸附电荷都带来一个结合紧密的反离子。当双电层变得更紧时，这些反离子失去越来越多的熵，此时它们具有几乎最低的自由能 (非常靠近粒子表面)，所以它们对 U_{el} 贡献很少。如果在这种情况下降低 φ_d，如加入无机盐，离子的能量几乎不变；主要的影响就是离子释放导致的熵变。对于电荷密度很高的胶体，紧密结合的反离子司空见惯。例如，离子型表面活性剂胶束，以及主链上含有很多距离很近的带电基团的聚电解质。

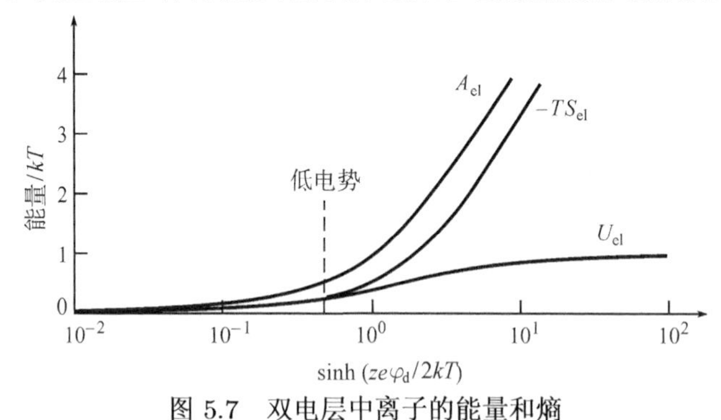

图 5.7　双电层中离子的能量和熵

5.12　离子的特异性吸附可以使表面电荷发生反转

对于电解质来说，正离子和负离子交替出现时体系的能量最低。然而，如果离子独立地随机分布，则体系的熵将最大。在一定温度下，电解质溶液中的实际情况介于这两种极端状态之间：离子所占据的位置既不是完全任意的，也不是完全相关的。

建立在 Poisson-Boltzmann(PB) 方程基础上的 Gouy-Chapman 理论是一个近似处理方法。它忽略了离子位置的相关性。这种相关性在模拟计算中应予以考虑，每个离子的位置都能够被跟踪。如果将结果进行比较，可以发现对于室温下 1-1 型电解质的水溶液，如 NaCl 与 KNO_3，PB 方程适用得非常好。对于高价离子，因库仑 (Coulomb) 作用非常强，实际结果与由 PB 方程计算值相比有较大偏离。这样，势能曲线就不再遵从式 (5.14) 所描述的单指数形式，而是衰减得更快，而且可能在电势衰减到零之前发生符号反转，称为电荷反转。这样，在粒子表面，我们会发现反离子层外面紧紧跟着一层同离子。这种正负电荷交替的现象很像无机盐的晶体结构。

Gouy-Chapman 理论和这种理论模拟之间的差异仅是由于离子价态的不同造成的，而与离子的化学本质无关。这种影响对 Ca^{2+}、Pb^{2+}、Mg^{2+} 和 SO_4^{2-} 等来说强度是相同的，因此被称为“本征的”特性。除了这种影响，实验结果表明离子的化学本性也起了重要作用。这种影响被称为“特异性”。

这两种性质都可能是导致实验结果与 Gouy-Chapman 理论预测结果不一致的原因。在实际体系中，很难简单判断哪种性质起主导作用 (特异性或本征性)。但是，因为多价反离子非常容易累积 (被吸附)，所以胶体粒子的表面电势衰减非常快，以至于发生电荷反转。

图 5.8 表示当不相关电解质 (非特异性吸附离子) 浓度恒定时，AgI 胶体的表面电势在不同浓度的 $Al(NO_3)_3$ 溶液中的表现。在一定的 pH 范围内，Al^{3+} 发生水解，产生能够强烈吸附的复合多价离子，如 Al_2OH^{5+}，$Al_4(OH)_6^{6+}$ 等。在图 5.8 中，为了简单起见，我们假设不相关离子的水化半径与部分水化的吸附离子的半径相同，如果不这样做，靠近粒子表面处的势能曲线将更加复杂。

应该注意到，“电荷反转”指的是双电层的扩散层部分。粒子的表面电荷 σ_0 主要源于电荷决定离子的吸附。当某种离子发生吸附时，电荷决定离子的吸附也经常增加，这是屏蔽效应增加的缘故。这样，由于强烈吸附反离子，溶液中电荷决定离子的浓度将发生很大变化，尤其是当表面积很大的时候。

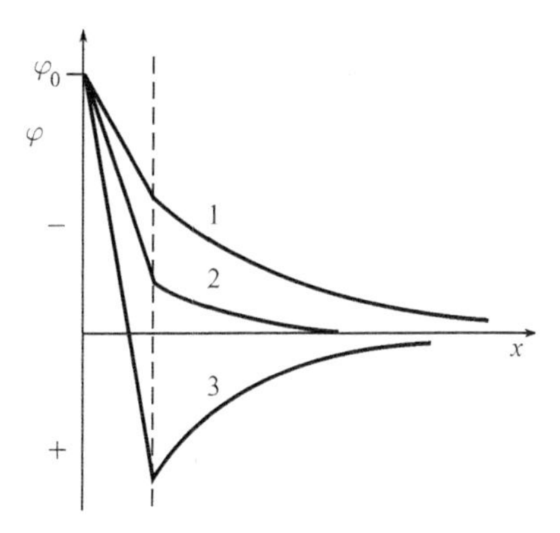

图 5.8　$Al(NO_3)_3$ 浓度不同时，特异性吸附离子 Al^{3+} 在带负电的 AgI 表面的电势。曲线 1 中 $Al(NO_3)_3$ 浓度最低；曲线 3 最高

5.13　带电粒子的排盐效应

通过前面的介绍，我们知道扩散层是这样一个区域：其中的反离子浓度增加而同离子浓度降低。由此可以得到一个重要结论：没有同离子的地方可能没有盐！这意味着盐能到达的范围被减小了；用术语来说就是盐被“排出”了。同理，盐也可能从具有带电表面的小孔中排出。这就是压力迫使水分子进入带电膜中，而盐却得以保留在外的原因。这个过程称为反渗透。

图 5.3 用面积 B 的大小表示单位面积上排出电荷的量，这就是图 5.9 中的阴影部分的面积。为了计算这一数值，我们必须在整个扩散层 (从 $x=0$ 到无穷远处)

范围内积分 $n_+ - n^b$。

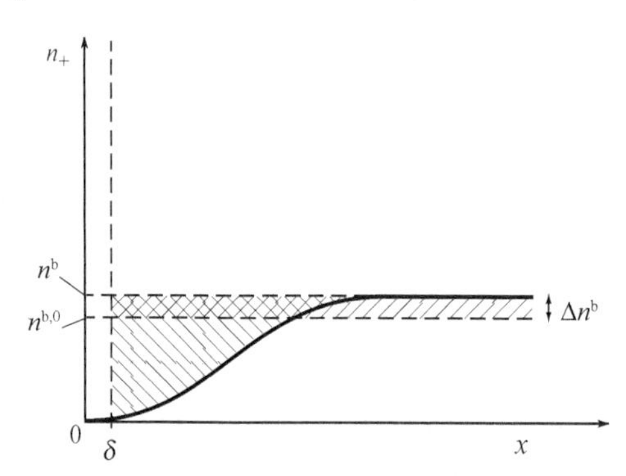

图 5.9　同离子的浓度 (n_+) 曲线及正电表面的排盐效应

下面我们计算一下排出的盐量。为了简化，我们仅考虑低电势的情况。对于一个带正电的表面 (含有 Stern 层)，排出的盐可用下式表达：

$$\Gamma_+ = \frac{n^b}{N_A}\int_0^\infty \left(\frac{n_+}{n^b} - 1\right)dx = c\int_0^\infty [e^{-ze\varphi/(kT)} - 1]dx \quad [\text{mol/m}^2] \tag{5.18}$$

这里，我们将 n_+ 用 Bolzmann 方程 [式 (5.2)] 代入。展开指数式并舍弃线性项以后诸项，可以得到

$$\Gamma_+ = -c\int_0^\infty \frac{ze\varphi(x)}{kT}dx \quad [\text{mol/m}^2] \tag{5.19}$$

式中，c 为盐浓度；$\varphi(x) = \varphi_d e^{-\kappa x}$[式 (5.14)]。积分得

$$\Gamma_+ = -\frac{ze\varphi_d}{kT\kappa}c \quad [\text{mol/m}^2] \tag{5.20}$$

由此可知单位面积排出的盐的量 (这是同离子对扩散电荷的贡献) 为

$$\sigma_+ = zF\Gamma_+ = -\frac{z^2e^2n^b}{kT}\frac{\varphi_d}{\kappa} = -\frac{\varepsilon\kappa\varphi_d}{2} \quad [\text{C/m}^2] \tag{5.21}$$

式中，$F = N_A e$，并使用了式 (5.13)。如果将此式与全部电荷 $\sigma_d = -\varepsilon\kappa\varphi_d$[式 (5.17)] 相比，我们发现在低电势情况下，正好有一半电荷是来自于同离子排出，另一半来自于反离子累积。

如果在体积 V 中有一定量总表面积为 A 的胶体粒子，总的排盐量为 $\Gamma_+ A$。排出的盐进入连续相，并将那里的盐浓度由 $n^{b,0}$ 升至 n^b。这样，物质的量浓度从 c_0 增加至 c，增量为

$$\Delta n^b \cdot N_A = \Delta c = -\Gamma_+ A/V = \frac{A}{V}\frac{ze\varphi_d}{kT\kappa}c \quad [\text{mol/m}^3] \tag{5.22}$$

注意：$c = c_0 - \Delta c$；当与 c_0 相比 Δc 很小时，可以近似认为 $c = c_0$。在比表面积很高的浓溶胶中 (很大的 $A/V\rho$)，浓度改变就很容易测量出来。这是一种测量比表面

积 S 的原理 $[S = A/V\rho$，参见 2.6 节或式 (2.15) 及式 (2.16)]。当 c_0 较高时，相对增量 $\Delta c/c_0$ 变小，其值与 $1/k$ 成正比，亦即与 $c_0^{-\frac{1}{2}}$ 成正比。

附录 5.F 给出了在高电势下也适用的多种通用表达式。

5.14 可视为膜平衡的排盐现象 —— 唐南 (Donnan) 效应

排盐现象不只在粒子表面带电时发生，凡是体系中部分离子不能进入或离子能进入的溶液空间受限时均可发生排盐现象。原因可能是这些离子吸附在胶体粒子表面，也可能是它们通过化学键连接到一个受限的网络或附于膜后的高分子链上，所以它们不能在整个溶液空间中自由移动。每个这样的体系均可视为由两个腔室组成，这两个腔室由真实或虚拟的膜隔开，膜仅允许水分子或小离子通过。在这种情况下，两个腔室中的盐浓度也会不同。这称为 Donnan 效应。上面讨论的双电层和周围环境之间的平衡可以视为两个腔室之间的 Donnan 平衡，即一室为与粒子紧密相邻的区域 (双电层)，另一室为远离胶体粒子，离子连续分布的体相连续相。对于 Donnan 平衡体系，人们已经推导出一些简单的公式，这些公式建立的前提都是假设所有自由离子都处于理想状态。

我们以 NaCl 溶液中的聚电解质 Na_zR 为例，具体了解一下 Donnan 效应引发的效应平衡 (图 5.10)。室 I 含有物质的量浓度为 c_k 的 Na_zR，浓度为 c_I 的 NaCl；室 II 仅含有浓度为 c_{II} 的 NaCl。如果聚电解质完全解离，在室 I 中 Na^+ 的浓度为 $c_I + zc_k$，在室 II 中为 c_{II}。Cl^- 的浓度分别为 c_I 与 c_{II}。

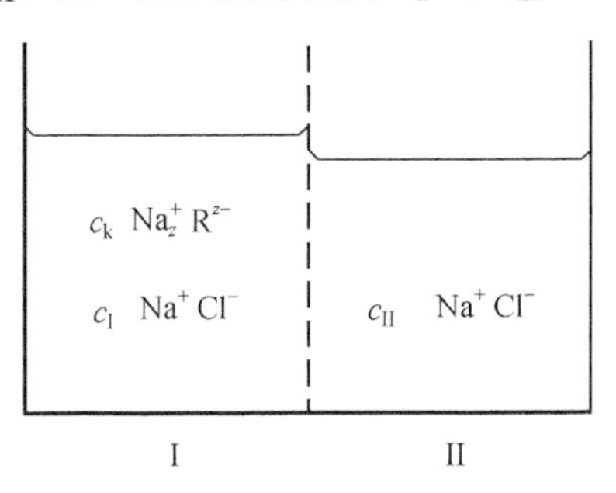

图 5.10 Donnan 膜平衡

如果 c_I 与 c_{II} 相等 (左右两侧 Cl^- 浓度相等)，由于电中性原则，$[Na^+]_I > [Na^+]_{II}$。如此一来，Na^+ 就会倾向于从室 I 扩散到室 II。体系保持电中性的结果是每有一个 Na^+ 从室 I 扩散到室 II，就会同时带走一个 Cl^-。这样，当室 I 中过量的 Na^+ 数量降低时，就会在室 II 中会出现过量的盐。这里，我们又一次看到了胶体排盐 (此时胶体指的是聚电解质 Na_zR)。

当体系达平衡时，物质的净迁移量为零；这时，离子从左向右迁移的速率一定

与从右向左迁移的速率相等。由于电中性的离子对整体迁移，平衡条件可以表示为

$$[\mathrm{Na}^+]_\mathrm{I}[\mathrm{Cl}^-]_\mathrm{I} = [\mathrm{Na}^+]_\mathrm{II}[\mathrm{Cl}^-]_\mathrm{II} \quad [(\mathrm{mol/m^3})^2] \tag{5.23}$$

对于含有单价离子的盐来说，也可以表示为

$$(c_\mathrm{I} + zc_\mathrm{k})c_\mathrm{I} = c_\mathrm{II}^2 \quad [(\mathrm{mol/m^3})^2] \tag{5.24}$$

式 (5.23) 是一个近似表达式：我们假设小离子在室 I 中均匀分布。这样，我们忽略了反离子实际上紧密结合在聚电解质周围这样一个事实。这种假设等于认为室 I 与室 II 中小离子的活度系数与在简单的盐溶液中相同。对很多胶体而言，这种近似是不合理的，尤其当反离子紧密结合的时候。

如果我们用无量纲的量 $x = c_\mathrm{I}/zc_\mathrm{k}$、$y = c_\mathrm{II}/zc_\mathrm{k}$，即分别将两室中的原始盐浓度除以聚电解质的电荷浓度，就可以将式 (5.24) 写成一个二元二次方程 $x^2 + x - y^2 = 0$。如果知道体系中盐的总浓度，我们就有足够的信息来计算 c_I 与 c_II。

式 (5.24) 可变形为 $zc_k = (c_\mathrm{II}^2 - c_\mathrm{I}^2)/c_\mathrm{I}$。这样，当浓度差别很小时，上式可近似为 $zc_k = (c_\mathrm{II} - c_\mathrm{I})(c_\mathrm{II} + c_\mathrm{I})/c_\mathrm{I} \approx 2(c_\mathrm{II} - c_\mathrm{I})$。现在我们可以将这一结果与我们在胶体体系中得到的排盐量进行比较 [参见式 (5.62)]。每个胶体粒子可以被视为一个带 z 个电荷、浓度为 c_k 的大离子，这样 zc_k 为胶体所带的总电荷。距离粒子较远处盐浓度的增加 $\Delta c = c_\mathrm{II} - \langle c \rangle$ 等于 $(V_\mathrm{I}/V_\mathrm{tot})(c_\mathrm{II} - c_\mathrm{I})$，这里，$V_\mathrm{I}$ 表示这样一个体积：其中不能自由移动的电荷 (表面电荷) 可被看成局域化。这样，结合电荷 (表面电荷) 的总数目为 $zc_\mathrm{k}V_\mathrm{I}$。这里，如果我们将简化式 $zc_\mathrm{k} = 2(c_\mathrm{II} - c_\mathrm{I})$ 代入，可以发现 $\Delta c = (V_\mathrm{I}/V_\mathrm{tot})(zc_\mathrm{k}/2)$。我们得到这样一个结论：排出的总盐量 $\Delta cV_\mathrm{tot} = V_\mathrm{I}zc_\mathrm{k}/2$，即正好是胶体所带电荷的一半。我们在式 (5.21) 中在低电势情况下得到同样的结论。由此可见，Donnan 平衡是低电势时的一种近似情况。

上面的例子中是有盐存在的。如果不是这样，即 $\mathrm{Na}_z\mathrm{R}$ 溶于纯水中，从室 I 向室 II 迁移的 Na^+ 只能带 OH^- 一起迁移以保持电中性。这导致室 II 中的 pH 高于室 I。这种效应会影响无外加盐或外加盐很少时，溶胶或悬浊液的 pH 测量 (悬浊效应)。

渗透压：因为在室 I 与室 II 中粒子的数目不同，可以预测两室之间有一个渗透压 $\Pi = RT\Delta c$。由 Donnan 平衡引起的渗透压有时被称为 “胶体渗透压”。我们可以根据 van't Hoff 规则估算：

$$\Pi = RT[(z+1)c_\mathrm{k} + 2(c_\mathrm{I} - c_\mathrm{II})] \quad [\mathrm{N/m^2}] \tag{5.25}$$

如果我们使用归一化的浓度 x 与 y，并利用式 (5.24) 消去 x，就会得到下面的表达式，式中 $y = c_\mathrm{II}/zc_\mathrm{k}$：

$$\Pi = RTc_\mathrm{k}\left[1 + z\left(\sqrt{1+4y^2} - 2y\right)\right] \quad [\mathrm{N/m^2}] \tag{5.26}$$

当盐浓度很低时 ($y \ll 1$)，上式简化为 $\Pi = RTc_{\mathrm{k}}(z+1)$。这是没有排盐发生时的"常规"渗透压。当盐浓度很高时 ($y \gg 1$)，我们得到 $\Pi = RTc_{\mathrm{k}}$，这是不带电胶体或高分子的渗透压。与外加盐相比，由高分子产生的 Na^+ 可以忽略不计。当外加盐浓度适中时，即 $0.1 < y < 10$ 时，渗透压当然也是适中的，见图 5.11。

我们必须再次注意，上面的处理中，忽略了所有的活度与维里效应，也没有考虑反离子与聚电解质的结合。因此，上面的计算仅是初级近似。

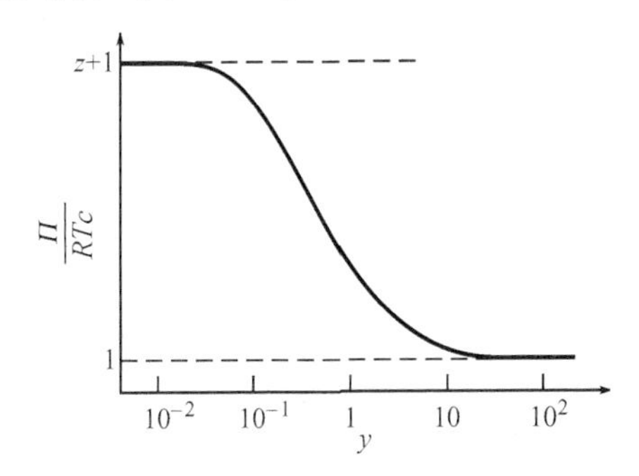

图 5.11　Donnan 模型的胶体渗透压。在很低的离子强度下 ($y \ll 1$)，所有的反离子都对渗透压有贡献。当离子强度很高时，扩散电荷对渗透压的贡献可忽略不计

练习　当粒子半径为 10 nm, 分别计算 $\kappa^{-1} = 0.1R$(扩散层很薄), $\kappa^{-1} \approx R$, $\kappa^{-1} = 10R$(扩散层很厚) 时体系的离子强度 c(mol/L)。

思　考　题

1. 对于氧化铁而言，除了 H^+ 与 OH^- 外，其他离子有可能是电荷决定离子吗?

2. 图 5.3 中的面积 A 与 B 与表面电荷 σ_0 的关系如何?

3. 若 I^- 浓度增加到 10 倍，AgI 粒子的表面电势将如何变化? 这时表面电荷 σ_0 如何变化? 这些变化与离子强度 (盐浓度) 有关吗?

4. 利用式 (5.13) 及下列数据验证式 (5.15) 中的因子 10 是正确的: 水的 $\varepsilon_{\mathrm{r}} = 80$，$\varepsilon_0 = 8.84 \times 10^{12}\mathrm{C/(V \cdot m)}$; $e = 1.60 \times 10^{-19}\mathrm{C}$; $kT = 4 \times 10^{-21}\mathrm{J}$，$N_{\mathrm{A}} = 6\times10^{23}$。验证 κ 的单位，并通过计算结果验证式 (5.15) 后面给出的例子。

5. 证明：当电势为 25 mV 时，$e\varphi/(kT) = 1$。

6. 在计算 κ 时应该将电荷决定离子的浓度包括在内吗?

7. 式 (5.17) 中的负号正确吗?

8. 电荷密度 ρ 的单位是什么? 为式 (5.10) 验证之。

9. 在高温下，你认为一个双电层的扩散程度如何变化*? (注意 ε 有温度依赖性)

10. 当 φ_0 加倍时，双电层的厚度如何变化?

11. 为什么球形粒子表面的电势随距离的衰减比平板粒子更快?

---

* 即双电层厚度的变化。—— 译者注

12. 证明当 KNO_3 浓度为 10^{-2} mol/L，$\varphi_0 = 300$ mV 时，应用简单 Gouy-Chapman 理论得到的表面离子浓度为 1600 mol/L。在这一浓度下，物理上能够接受的表面离子浓度上限是什么？

13. 非特异吸附到表面的不相关离子与表面的接近程度 (到表面的距离) 与特异性吸附离子与表面的距离相同吗？

14. 证明没有电荷的 Stern 层内的电场强度为常数。

15. 为什么在没有特异性吸附的时候 $\sigma_0 + \sigma_d = 0$，而当特异性吸附发生时则不为 0？

16. 能否说 H^+ 是磺酸根稳定的乳胶粒子的电荷决定离子？

17. AgI 的溶度积可用下式表示：$[Ag^+][I^-]= 10^{-16}$。从 PZC 是 $pAg^0 = 5.5$ 而不是 $pAg^0 = 8$ 的事实中你能得出什么结论？

18. 如果向玻璃配方中分别加入更多的 Al_2O_3 或 CaO 时，玻璃的 PZC 会向哪个方向移动？

19. 由于活度的原因，表面电势 φ_0 在某种程度上受不相关离子浓度的影响。试讨论这意味着什么。

20. 画出在 pI 恒定时，AgI 粒子的 φ_d 随 $Al(NO_3)_3$ 浓度的变化。

21. 1 L 10^{-4} mol/L $Na_{10}R$ 与 1 L 10^{-3}mol/L NaCl 通过一个半透膜相接，半透膜允许水和盐透过。在平衡时，请计算：

(1) 每一侧 NaCl 的浓度；

(2) 渗透压差异。

22. 有人测量 AgI 溶胶中的 Ag/AgI 电极与参比电极的电势差。在溶胶放置沉降一段时间后，重新测量上述电势差，这次 Ag/AgI 电极是置于上清液中。请问两种情况下得到的结果一致吗？请讨论。

23. 1%阿拉伯酸钠 ($M = 100$ kg/mol) 通过半透膜与 NaCl 溶液在 25 ℃下达平衡。两个腔室内的电势通过 Ag/AgCl 电极与饱和甘汞参比电极测出 (以氢标准电极为参比，饱和甘汞电极的电势为 $E_{cal} = +246$ mV)。一个人得到 $E_I = +157$ mV，$E_{II} = +127$ mV。计算膜两侧 NaCl 的浓度，聚阴离子的价态 z，以及胶体的渗透压 Π。已知 $E^0_{Ag/AgCl} = +223$ mV。

附　　录

5.A　静电作用的相关公式

5.A.1　基础知识

位置 x 处的电势 φ 是每单位正电荷在 x 处相对于一个参比位置的势能；这个参比位置通常是在 $x = \infty$ 处。换句话说，势能 $e\varphi(x)$ 是将一个单位正电荷从无穷远处移到 x 处所需要的功。

电荷 q 在势场 φ 中的势能 U 可表示为

$$U = q\varphi \quad [\mathrm{J}] \tag{5.27}$$

式中，U 与 q 均为标量。

场强 $\boldsymbol{E}$ 为向量，其长度与在 x 处电场线的密度有关。场强给出了一个单位正电荷受到的电场力。作用于电荷 q 上的电场力 $\boldsymbol{F}$ 为

$$\boldsymbol{F} = q\boldsymbol{E} \quad [\mathrm{N}] \tag{5.28}$$

E 与 φ 之间有一个简单的关系 (相应的，F 与 U 之间也有对应的简单关系)。如果 E 仅沿着 x 变化，我们可以写出

$$E = -\mathrm{d}\varphi/\mathrm{d}x \quad [\mathrm{V/m}] \tag{5.29}$$

或者，等同地，

$$\varphi = -\int_{\infty}^{x} E\mathrm{d}x \quad [\mathrm{V}] \tag{5.30}$$

式 (5.30) 不过是“功 = 力 × 距离”的数学表达式。之所以取负号是由于 x 减小时所做的功为正。F 与 U 之间的关系于是为

$$F = -\mathrm{d}U/\mathrm{d}x \quad [\mathrm{N}] \tag{5.31}$$

$$U(x) = -\int_{\infty}^{x} F(x')\mathrm{d}x' \quad [\mathrm{J}] \tag{5.32}$$

最后两个方程适用于一般情况；并不仅限于电场力。

5.A.2 点电荷的电场

在介电常数为 ε 的均匀介质中，一个点电荷在距离 r 处的电势可用式 (5.33) 表示：

$$\varphi(r) = q/(4\pi\varepsilon r) \quad [\mathrm{V}] \tag{5.33}$$

式中，ε 为绝对介电常数或介电透过率，它可以写成相对介电常数 ε_r 与真空介电常数 ε_0 之积的形式：

$$\varepsilon = \varepsilon_\mathrm{r}\varepsilon_0 \quad [\mathrm{C/(V \cdot m)}] \tag{5.34}$$

式中，真空中的介电常数 $\varepsilon_0 = 10^7/(4\pi c^2)$ $[\mathrm{C/(V{\cdot}m)}]$；c 为光在真空中的速率 ($3\times 10^8\mathrm{m/s}$)。ε_0 的数值等于 $10^{-9}/(36\pi) = 8.84\times10^{-12}\mathrm{C/(V{\cdot}m)}$。相对介电常数是一个无量纲量，对大多数物质来说，其范围在一到几百之间。室温下，水的相对介电常数为 80。

从式 (5.29) 和式 (5.33) 可以得出点电荷周围的场强，表示为

$$E = q/(4\pi\varepsilon r^2) \quad [\mathrm{V/m}] \tag{5.35}$$

两个点电荷 q_1 与 q_2 间的作用力可以用下式计算：

$$F = q_1q_2/(4\pi\varepsilon r^2) \quad [\mathrm{N}] \tag{5.36}$$

这就是著名的库仑定律。我们也能够通过现有方程式 (5.27) 和式 (5.33) 计算 U，然后通过式 (5.31) 得出力 F，从而得到库仑定律。

5.A.3　任意电荷分布的一般公式

将式 (5.29) 推广到一般情况就是

$$\boldsymbol{E} = -\mathrm{grad}\,\varphi \quad [\mathrm{V/m}] \tag{5.37}$$

电势 φ 的梯度定义为

$$\mathrm{grad}\,\varphi = \frac{\mathrm{d}\varphi}{\mathrm{d}\boldsymbol{i}} + \frac{\mathrm{d}\varphi}{\mathrm{d}\boldsymbol{j}} + \frac{d\varphi}{d\boldsymbol{k}} \tag{5.38}$$

式中，$\boldsymbol{i}$、$\boldsymbol{j}$、$\boldsymbol{k}$ 分别为沿着 x、y、z 方向的单位向量。梯度操作 (grad) 将一个标量转化为向量。

Gauss 公式 (麦克斯韦第一定律的一个特例) 给出了定积分 $\oint E_{\mathrm{n}}\mathrm{d}O$ 的数值与一个定量电荷 q 周围封闭表面 O 之间的关系。

$$\oint E_{\mathrm{n}}\mathrm{d}O = q/\varepsilon \quad [\mathrm{V\cdot m}] \tag{5.39}$$

式中，E_{n} 为垂直于封闭表面的表面积 $t\mathrm{d}O$ 方向的场强*。式 (5.39) 的物理意义是从一个封闭面积穿出的电力线的数量与这一面积中封闭的电荷 q 成正比。式 (5.39) 实际是式 (5.35) 的一般形式。对于一个点电荷 q 周围半径为 r 的圆球，根据式 (5.39)，$\oint E_{\mathrm{n}}\mathrm{d}A = E_{\mathrm{n}}\cdot 4\pi r^2 = q/\varepsilon$，这与式 (5.35) 完全相同。

我们也可以把 Gauss 公式应用于电解质溶液中带电的平板。我们使底面积为 A 的圆柱的封闭表面平行于平板。这样，我们得到 $\oint E_{\mathrm{n}}\mathrm{d}A = E_{\mathrm{n}}\cdot A = Q/\varepsilon$，这里 Q 为表面 A 上所带有的电荷。如果我们定义表面电荷密度 $\sigma_0 = Q/A$，立即可以得到

$$E = -\mathrm{d}\varphi/\mathrm{d}x = \sigma_0/\varepsilon \quad [\mathrm{V/m}] \tag{5.40}$$

在电荷密度为 ρ 的连续电荷分布中，每个体积元 $\mathrm{d}V$ 含有的电荷量为 $\rho\mathrm{d}V$。对于这种情况，我们需要将式 (5.39) 右侧换成 $\int_V (\rho/\varepsilon)\mathrm{d}V$。

可利用 Gauss 定理对式 (5.39) 的左侧进行改写。对于体积 V 周围，场强向量为 $\boldsymbol{P}$ 的一个封闭表面 O，Gauss 定理为

$$\oint_O P_{\mathrm{n}}\mathrm{d}O = \int_V \mathrm{div}\boldsymbol{P}\mathrm{d}V \tag{5.41}$$

式中，向量 $\boldsymbol{P}$ 的梯度定义为

* 与 dO 法线方向一致的场强。—— 译者注

$$\mathrm{div}\boldsymbol{P} \equiv \partial P_x/\partial x + \partial P_y/\partial y + \partial P_z/\partial z \tag{5.42}$$

微分操作 div 将向量转化为标量。如果 E 仅沿着 x 方向变化，我们可以表示为 $\mathrm{div}\boldsymbol{E} = \mathrm{d}E/\mathrm{d}x$，所以式 (5.39) 变形为

$$\int_V (\mathrm{d}E/\mathrm{d}x)\mathrm{d}V = \int_V (\rho/\varepsilon)\mathrm{d}V \tag{5.43}$$

这意味着

$$\mathrm{d}E/\mathrm{d}x = \rho/\varepsilon \quad [\mathrm{V/m^2}] \tag{5.44}$$

或者，由式 (5.29) 得

$$\mathrm{d}^2\varphi/\mathrm{d}x^2 = -\rho/\varepsilon \quad [\mathrm{V/m^2}] \tag{5.45}$$

这是一维空间的 Poisson 公式。如果推广到一般的三维空间，我们将得到

$$\mathrm{div}\boldsymbol{E} = \rho/\varepsilon \quad [\mathrm{V/m}] \tag{5.46}$$

根据式 (5.37)，可以得到

$$\mathrm{div\ grad}\,\varphi = -\rho/\varepsilon \quad [\mathrm{V/m^2}] \tag{5.47}$$

根据梯度与微分的定义，不难发现

$$\mathrm{div\ grad}\,\varphi = \partial^2\varphi/\partial x^2 + \partial^2\varphi/\partial y^2 + \partial^2\varphi/\partial z^2 \equiv \Delta\varphi \tag{5.48}$$

符号 $\Delta = \partial^2/\partial x^2 + \partial^2/\partial y^2 + \partial^2/\partial z^2$ 称为 Laplace 算符。

这样，对于任意几何形状，Poisson 方程的一般式变为

$$\Delta\varphi = -\rho/\varepsilon \quad [\mathrm{V/m^2}] \tag{5.49}$$

思考题: 如果不使用微分概念，能够从式 (5.39) 推导出式 (5.45) 吗？通过在垂直于平板的封闭圆柱体系中应用式 (5.39) 来验证之。

5.B 能斯特 (Nernst) 定律

一个电极反应一般可表示为 $\mathrm{Red} = \mathrm{Ox} + z\mathrm{e}^-$ 的形式。发生这样反应的电极的电势遵守能斯特定律。在电化学中，我们经常用 E 代替 φ_0，并表示为

$$E = E^0 + (RT/zF)\ln[\mathrm{Ox}]/[\mathrm{Red}] \tag{5.50}$$

式中，E^0 为以标准氢电极为参比的标准电势。

由此立即可以得出式 (5.6)，但电势的标准不同，即在式 (5.6) 中的标准是等电点 PZC。因此，常数 K_{Ag} 与 K_{I} 不是标准电势。

能斯特定律也可以从热力学推导而来。我们以 Ag^+ 与 I^- 在 AgI 表面的吸附为例。对于 $AgNO_3$ 溶液中的 AgI，达平衡时，溶液中 Ag^+ 的化学势与在表面的 Ag^+ 化学势相等。定义溶液中电势为 0。这样，化学势仅取决于浓度：

$$\mu_{\mathrm{Ag^+sol}} = \mu^0_{\mathrm{Ag^+sol}} + RT\ln[\mathrm{Ag^+}] \tag{5.51}$$

表面上的离子也有类似的关系式，但因为表面电势与体相存在差值 φ_0 还有一个额外的、与功有关的项 $zF\varphi_0$。因为 AgI 为纯物质，固体 AgI 中 Ag^+ 与 I^- 的活度为常数。这样，我们有

$$\mu^*_{\mathrm{Ag^+surf}} = \mu^0_{\mathrm{Ag^+surf}} + zF\varphi_0 \tag{5.52}$$

上面两式中的 μ^0 为常数，称为标准化学势。令 $\mu_{\mathrm{Ag^+sol}} = \mu_{\mathrm{Ag^+surf}}$，我们即可得到式 (5.6)。这说明 K_{Ag} 和 K_{I} 与 μ^0 有关。

在上述分析中，我们没有考虑的是：表面化学势 μ_{ion} 不仅取决于电势，还与表面的解离基团和未解离基团 (或正负电荷) 的比例有关。但是，如果表面基团的密度非常大，即使是电势变化很大时，这一数值也基本为一常数。这时，这一比例的变化对吸附过程没有影响，能斯特定律依然适用。氧化物通常属于这一类。对蛋白质和乳胶来说，表面基团的密度要小得多。在那种情况下，不仅是电势，解离度也决定被吸附离子的化学势，此时能斯特定律不再适用！

5.C　泊松–玻耳兹曼 (Poisson-Boltzmann) 方程的不同求解

5.C.1　平板；精确求解

5.11 中平板的 PB 方程的精确解可以通过将式 (5.11) 的右侧变形为双曲线 $[\sinh x = (\mathrm{e}^x - \mathrm{e}^{-x})/2]$ 得到。这一方程的解可以通过合适的取代法获得，最后的形式为

$$\gamma = \gamma_0 \mathrm{e}^{-\kappa x} \quad [-] \tag{5.53}$$

这里 γ 与 γ_0 分别为 φ 与 φ_0 的函数，其形式如下：

$$\gamma = \tanh\frac{ze\varphi}{4kT} = \frac{\mathrm{e}^{[ze\varphi/(2kT)]}-1}{\mathrm{e}^{[ze\varphi/(2kT)]}+1} \quad [-] \tag{5.54}$$

图 5.12 给出了 $\tanh(x)$ 曲线的示意图。当 $x < 0.5$ 时，$\tanh(x)$ 能够很好地近似为 x，当 $x > 2$ 时，$\tanh(x)$ 趋近渐近线 $\tanh(x) = 1$。这说明当电势不是很高时 $[ze\varphi/(kT) < 2]$，可以预测式 (5.53) 简化成式 (5.14)。当 γ_{d} 数值更高时，表面附近的电势比图 5.4 中曲线 1 所示的简单指数形式衰减得更快。当距离更远时，曲线回归到指数形式。对于电荷，也可以得到一个比式 (5.44) 更精确的公式。这些公式都仅适用于平板表面。

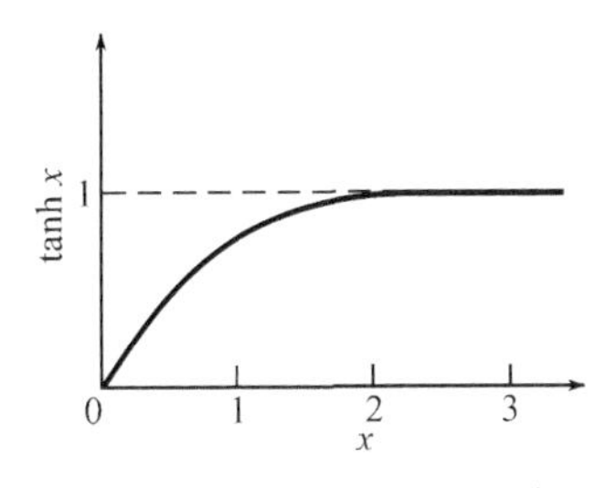

图 5.12 tanh x 函数图像

5.C.2 低电势的球形粒子

在低电势下，对球形粒子来说，PB 方程的解为

$$\varphi = \varphi_{\mathrm{d}} \frac{a}{r} \mathrm{e}^{-\kappa(r-R)} \quad [\mathrm{V}] \tag{5.55}$$

式中，R 为离子距离球形粒子表面的最近距离；r 为球形粒子的半径。这一表达式说明球形粒子周围的电势比平板周围衰减得更快，正如我们预计的一样。

式 (5.55) 仅适用于低电势的情况。球形表面的精确求解只能通过数学方法获得，但并不能得到类似式 (5.53) 那样的精确形式。

在低电势下，也可以对圆柱形表面进行精确求解。其解是以 Bessel 函数的形式给出的。这里我们不做阐述。

5.D 斯特恩 (Stern) 模型

Stern 层中 $\mathrm{d}\varphi/\mathrm{d}x$ 的数值由表面电荷决定：$-\mathrm{d}\varphi/\mathrm{d}x = -(\varphi_0 - \varphi_{\mathrm{d}})/\delta = \sigma_0/\varepsilon_{\mathrm{s}}$，这里 ε_{s} 是 Stern 层的介电常数。在已知 Stern 层的厚度 δ 和介电常数 ε_{s} 的情况下，一旦通过实验测得表面电荷，就可以通过下式计算出 $-\varphi_{\mathrm{d}}$：

$$\varphi_0 - \varphi_{\mathrm{d}} = \sigma_0 \delta/\varepsilon_{\mathrm{s}} \quad [\mathrm{V}] \tag{5.56}$$

因为水的偶极子在表面附近有可能高度定向，可以预测 ε_{s} 比体相中水的介电常数要小得多。一个合理的估计认为，Stern 层的相对介电常数 $\varepsilon_{\mathrm{s,r}}$ 小于 10，而水的相对介电常数则为 80。

σ_0 与 φ_{d} 之间还有另外一种关系。由于体系一定是电中性的，即 $\sigma_0 = -\sigma_{\mathrm{d}}$，根据式 (5.44)，在低电势 φ_{d} 下，有如下关系：

$$\sigma_0 = -\sigma_{\mathrm{d}} = \varepsilon\kappa\varphi_{\mathrm{d}} \quad [\mathrm{C/m^2}] \tag{5.57}$$

现在我们可以合并式 (5.46) 与式 (5.49)，并由比例 $\delta/\varepsilon_{\mathrm{s}}$ 中得到一些重要的信息。

当然，上面给出的 Stern 模型是一种理想情况。实际上，扩散层与 Stern 层之间不会通过一个清晰的边界分隔开。而且，表面也很难像我们这里讨论的这样光滑平整。无论如何，在参数 δ 和 ε_{s} 合理时，我们这里描述的模型能够合理解释很多实验结果。在很多情况下，可以发现最大的电势降发生在 Stern 层内，所以 Stern 电势 φ_d 比表面电势 φ_0 低很多。在第 8 章中我们将看到，憎液胶体的稳定性主要取决于 φ_d。在第 7 章我们将讨论如何通过实验获得近似的 φ_d 值。

5.E 双电层中能量和熵的计算

在势场中位于 x 处的粒子的电能的增量可用 $1/2\times$(x 处的电势 $\times$ 离子所带的电荷) 表示；将扩散层中所有离子的能量相加 (但要减去所有电荷都分布在表面时的能量) 就得到 U_{el}。而与水和离子在全部溶液中均匀混合时相比，熵的减少可通过将位于 x 处的某一离子的浓度取对数并对体系中所有离子的熵进行加和 (此即理想混合熵)，然后减去同样数目的离子在均匀盐溶液中的熵获得。这一计算可参考 Evans 与 Wennerström 的著作，见 120~123 页。

5.F 平板附近的同离子排出效应

排出盐的数量用下式表示 (5.13 节):

$$\Gamma_+ = c\int_\delta^\infty [\mathrm{e}^{-ze\varphi/(kT)} - 1]\mathrm{d}x \tag{5.58}$$

其中积分部分 (用 I 表示) 可以通过将积分变量改写而变形:

$$I = \int_\delta^\infty (\mathrm{e}^{-ze\varphi/(kT)} - 1)\mathrm{d}x = \int_{\varphi_d}^0 \frac{[\mathrm{e}^{-ze\varphi/(kT)} - 1]\mathrm{d}\varphi}{\mathrm{d}\varphi/\mathrm{d}x} = \int_{\varphi_d}^0 \frac{2\mathrm{e}^{-(ze\varphi/(2kT))}\sinh\left(\dfrac{ze\varphi}{2kT}\right)}{\mathrm{d}\varphi/\mathrm{d}x} \tag{5.59}$$

(sinh 的定义参见附录 5.C)

这里，$\mathrm{d}\varphi/\mathrm{d}x$ 为场强，它有精确的表达式

$$\frac{\mathrm{d}\varphi}{\mathrm{d}x} = -\frac{2k}{z}\sinh\left(\frac{ze\varphi}{2kT}\right) \tag{5.60}$$

有了这一关系，积分 I 变为

$$I = \frac{z}{\kappa}\int_{\varphi_d}^0 \mathrm{e}^{-[ze\varphi/(2kT)]}\mathrm{d}\varphi = \frac{2}{\kappa}[\mathrm{e}^{-ze\varphi_d/(kT)} - 1] \tag{5.61}$$

当电势很低时，$\mathrm{e}^{-ze\varphi/(2kT)} \approx 1 - \dfrac{ze\varphi_d}{2kT}$，由此可以得到

$$\Gamma_+ = cI \approx c\frac{2}{\kappa}\left(1 - \frac{ze\varphi_d}{2kT} - 1\right) = -\frac{ze\varphi_d}{kTk}c \quad [\mathrm{mol/m^2}] \tag{5.62}$$

所以，又出现了式 (5.22) 的形式。电势很高时，指数项可被忽略，上式简化为

$$\Gamma_+ = -\frac{2c}{\kappa} \quad [\mathrm{mol/m^2}] \tag{5.63}$$

第6章 流 变 学

6.1 流变学描述物质在外力作用下的流动和形变行为

液体的流动，固体的形变，以及各种或多或少软一些的物质的形变都是流变学研究的对象。胶体体系具有丰富的流变学行为。这也正是在特殊情况下使用胶体的原因。反过来，我们可以通过流变学，从研究内部相互作用的角度来研究特定体系的动态行为。当一个材料发生形变时，会在材料内部产生一个应力。接下来会发生什么则取决于材料的种类。我们可以区别两种极端情况：

(1) 弹性材料。当施加一个力时，材料发生形变；而当外力停止作用时，材料又回到原来的状态。这种形变通常与施加的外力成正比 [胡克 (Hooke) 定律]。金属弹簧和橡胶球均是典型的弹性材料。从分子层次上来看，弹性行为就是材料通过形成一种具有更高 Gibbs 能量密度的结构储存了能量。只要外力存在，这种状态就会得以保持，如橡胶中伸展的链、钢质弹簧中变形的晶格结构，等等。当外力消失时，材料释放出储藏的能量，形变消失。

(2) 黏性材料。只要施加一个外力，材料就会以一定的速率发生形变。当外力消失时，形变并不消失，而是继续保持。所有低相对分子质量的液体均是典型的黏性材料。从分子水平上来看：当施加外力时，分子移动到一个新的位置。它们彼此滑过时，伴随着旧键的不断断裂和新键的不断生成。这一过程中消耗的能量产生了热。这意味着提供给材料的能量没有得到储藏，而是转化成了热。其对微观图像的影响，就是分子结构迅速松弛 (图 6.1)。

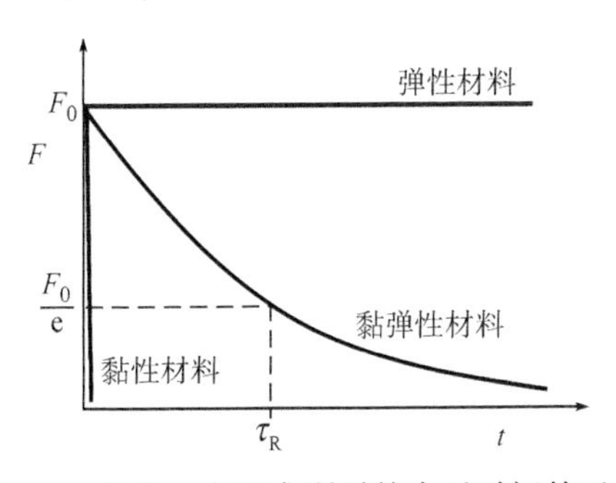

图 6.1 维持一定形变所需的力对时间的函数

有很多材料同时具有弹性和黏性，这些被称为黏弹性材料。黏弹性材料往往同时表现出永久形变和可恢复的形变。许多浓的胶体体系、高分子溶液及凝胶都是黏弹性的。

在黏弹性材料中，有部分外界供给的能量被储藏在体系中 (弹性成分)，另一部分能量则被消耗掉 (黏性成分)。例如，在没有永久交联的凝胶中，链能够滑过彼此，但在这一过程中会产生弱的交联和缠绕，所以链需要一定的时间来断开那些交联以允许流动发生。从这个例子可以看出，时间尺度对流变过程的结果非常重要。若在一定时间内没有连接 (键) 断裂，形变得以保持，则材料是弹性的。但如果在这一段时间内所有的连接都能断裂，材料就是黏性的。那些比键的寿命短的形变对键没有影响 (弹性行为)，但持续较长的作用时间会导致材料流动。这样，可以定义一个特征时间，即松弛时间，来反映键的寿命。松弛时间是施加的外力在材料中松弛的容易程度的量度。

考虑以下几点后，松弛时间的物理意义就会非常清晰。为了维持一个固定的形变，我们需要一个力，它通常随时间进行指数衰减 (图 6.1)。在一个纯粹的弹性体系中，没有键被打断，当时间变化时力恒为常数 (不随时间变化)。在黏性体系中，键快速断裂，并且力在非常短的时间内衰减到零。在黏弹性材料中，键慢慢断裂，因此力 F 随时间慢慢衰减。我们把力衰减到原来大小的 1/e 时所需要的时间 τ_{r} 定义为松弛时间。

这样，我们立即知道弹性材料的 τ_{r} 非常大 (对橡胶来说需要几年，而对钢来说需要几个世纪)，而黏性材料的 τ_{r} 非常小 (许多简单液体在 10^{-10}s 数量级)。因此黏性与弹性的区别就成为一个时间尺度的问题。如果你考虑的时间足够长，石头是黏性的；在地质时间中山脉在巨大的外力作用下会流动。相反，如果形变时间极短，典型液体则表现出弹性。“Silly putty” 是介于上述两个极端情况之间的一个典型实例。它是一种松弛时间约为 1 min 的硅基高分子。用这种材料制成的球从地板上弹起，但在自身重力作用下又像液体一样落下。

本章中我们将讨论一些黏弹性行为，但我们将着重讨论黏性。

流变性质经常用现象学模型描述，此模型由弹簧和黏壶组成 [图 6.2(b)]。弹簧是弹性成分，在外力作用下具有一长度 x。根据 Hooke 定律：$x - x_0 = \alpha F$。这里，x_0 是弹簧在未施加外力时的长度，α 是弹簧常数，它与弹性模量有关。黏壶则是浸于充满液体的圆筒中的活塞。活塞的位移用式 $\mathrm{d}x/\mathrm{d}t = \beta F$ 表示，这里，比例系数 β 与黏度 η 的倒数成正比。

最简单的黏弹性材料的模型是一个黏壶与一个弹簧串联，即所谓的 Maxwell 基元 [图 6.2(c)]。

对于一个 Maxwell 基元，很容易证明维持弹簧特定长度所需的力随时间呈指数衰减 (图 6.1)。这一基元长度变化的速率是两项的加和，其中一项为黏壶项，另一项为弹簧项：$\mathrm{d}x/\mathrm{d}t = \alpha \mathrm{d}F/\mathrm{d}t + \beta F$。维持一个固定长度所需的力 ($\mathrm{d}x/\mathrm{d}t = 0$) 即为微分方程 $\alpha \mathrm{d}F/\mathrm{d}t + \beta F = 0$ 的解。这个解为 $F = F_0 \exp[-(t/\tau_\mathrm{r})]$，这里 $\tau_\mathrm{r} = \alpha/\beta$。这说明 Maxwell 基元具有一个随时间呈指数衰减的力。我们也能看出，弹性材料的 τ_r 非常大 ($\alpha \gg \beta$), 而对于黏性材料则正好相反。当多个黏壶和弹簧合并 (并联和串联) 在一起时，就可以构建大量模型来描述特定种类的流变行为。我们在这里不再进行详细讨论。

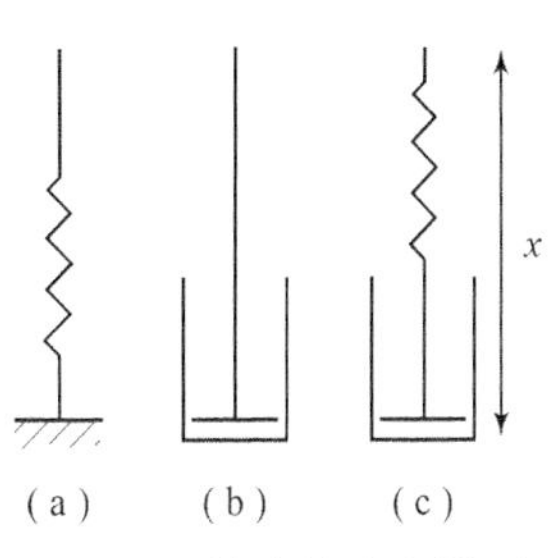

图 6.2 简单的流变模型

6.2 流动是通过剪切速率和剪切应力之间的关系来表征的

为了表征材料的流动性质，我们首先考虑层流情况。在这种流型中，液体可以看成是由在彼此表面上滑动的薄层组成。我们将不考虑湍流。为了让两个薄层以一定的速度滑过彼此 (图 6.3)，需要一个力 F 来补偿由体系内部的耗散过程引起的摩擦力。当然，这种力与两液层之间的接触面积成正比。每单位面积上的力 F/O 称为剪切应力 τ*。相应的两层之间的速度差 $\mathrm{d}v/\mathrm{d}x$(在垂直速度方向上的速度梯度) 称为剪切速率 $\dot{\gamma}$，其单位为 s^{-1}。

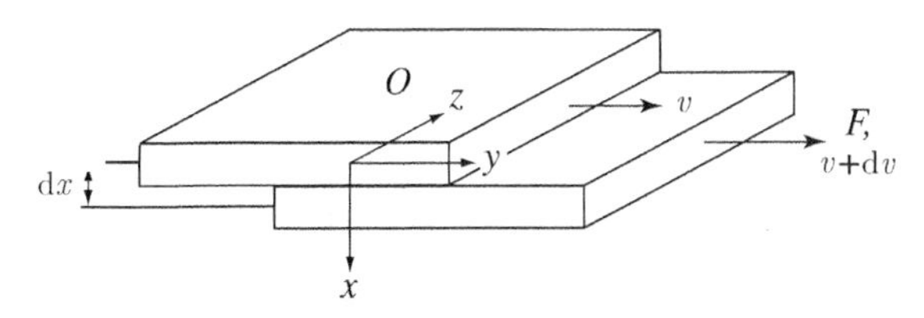

图 6.3 在力 F 作用下两个厚度为 $\mathrm{d}x$，接触面积为 O，速度梯度为 $\mathrm{d}v$ 的液体基元之间的剪切

牛顿 (Newton) 发现，对于简单液体，剪切速率与剪切应力成正比 (图 6.4)：

$$\tau = \eta \dot{\gamma} \quad [\mathrm{N/m^2}] \tag{6.1}$$

这里，比例系数 η 称为 (动态) 黏度。

液体流动越慢，维持一定剪切速率所需要的剪切应力越大，液体的黏度和耗散速率也越大。水在室温下的黏度约为 1 mPa·s，糖浆 (70%蔗糖水溶液) 的黏度约为 500 mPa·s。式 (6.1) 可被看成黏度的定义：$\eta = \tau/\dot{\gamma}$。当 η 不是常数时，这一定义也适用，这时 $\dot{\gamma}$ 与 τ 不成正比。

---

* 剪切应力原文为 shear stress。—— 译者注

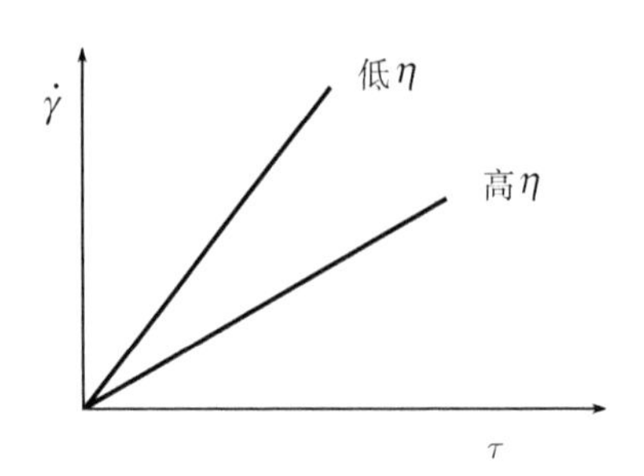

图 6.4　牛顿流体的 $\dot{\gamma}$-τ 关系图

适用牛顿关系的体系被称为牛顿流体 (Newtonian fluid)。对于这样的体系，$\dot{\gamma}$ 对 τ 是一条直线，直线的斜率为黏度的倒数。$\dot{\gamma}$ 对 τ 不呈线性关系的体系被称为非牛顿 (non-Newtonian) 流体。我们将在 6.5 节讲到这些内容。

6.3　泊肃叶 (Poiseuille) 定律描述牛顿流体在管中的流动

为了使液体在管中流动，需要一个力来克服液体内部的摩擦。通常施加一个压强降 Δp。管中液体的流动可以视为液体的同心层彼此滑动。每一层在距离管的轴线 r 处都具有自己的流动速度 $v(r)$；函数 $v(r)$ 被称为速度分布。对于在长度为 l、半径为 R 的圆筒中流动的牛顿流体来说，当它在压强差 Δp 作用下流动时，Poisseuille 首先计算出其速度分布；很容易由式 (6.1) 推导出 (见本章附录) 这一结果为

$$v(r) = \Delta p(R^2 - r^2)/(4\eta l) \quad [\mathrm{m/s}] \tag{6.2}$$

式中，r 为液层到轴线的距离。在管壁处 ($r = R$) 液体并不流动；在管中心 ($r = 0$) 液体的流速最大。在实践中，我们需要知道在给定的时间内有多少液体流过管子。这个物理量称为流量，可以通过积分，从流速分布曲线得到

$$J = \pi\Delta pR^4/(8\eta l) \quad [\mathrm{m^3/s}] \tag{6.3}$$

由式 (6.3) 可以看到，流量强烈依赖于管径；如果管径减小一半，流量将减小至 1/16! 可以预测当液体同时流经不同管径的平行管道时，几个大的管道将承载几乎所有的流量。

6.4　测量黏度的两种方法

这里我们简要地讨论两种测量黏度的方法。Ostwald 型毛细管黏度计是基于式 (6.3) 的。由于水的静态压 $\Delta p = \rho gh$，这里 ρ 是液体的密度，h 是液柱的高度，由

此即知流过毛细管的体积 V。液体流经毛细管所需的时间与流量成反比，因此，根据式 (6.3) 可知，流出时间与黏度成正比：$\eta/\rho = At$。仪器常数 A 取决于毛细管的尺寸和体积。通常情况下，通过测量已知黏度和密度的液体流经毛细管所需的时间来测量仪器常数 A。

毛细管黏度计在测量流量上是非常精确的，但给不出速度分布的物理内涵。如在本章附录中所见到的，在流经毛细管时，τ 在横截面上不是常数。如果黏度随 τ 以一种未知的方式变化，就会导致其在毛细管中因位置的不同而变化，所以我们不知道测量的是哪一个黏度。因此毛细管黏度计不适合测量非牛顿流体的黏度*。

转筒黏度计：如图 6.5(b) 所示的转筒黏度计可以用来测量非牛顿流体的黏度。将液体置于两个同心圆筒的缝隙之间，一个圆筒 (通常是外面的) 以一定的角速度 ω(rad/s) 旋转，而另一个悬挂在扭力线上。由于液体内部的摩擦力，液体在转动的圆筒带动下流动时，会在另一个圆筒上产生一个力 F，这个力可以通过扭力线的形变来测量。两筒之间的缝隙宽度 Δ 与其半径 R 相比非常小。剪切速率表示为 $\dot{\gamma} = \mathrm{d}v/\mathrm{d}x = \omega R/\Delta$。缝隙内部剪切应力大小各处相等，其表达式为 $\tau = F/(2\pi Rl)$。由这些表达式可以得到每个剪切速率 $\dot{\gamma}$ 对应的剪切应力 τ(反之亦然)。通过这种方式可以把流动行为充分地表示出来。因为黏度总是遵从式 (6.1) 的定义，所以牛顿流体的黏度为常数；而非牛顿流体的黏度与剪切应力有关，所以黏度表示为 $\eta(\tau)$。

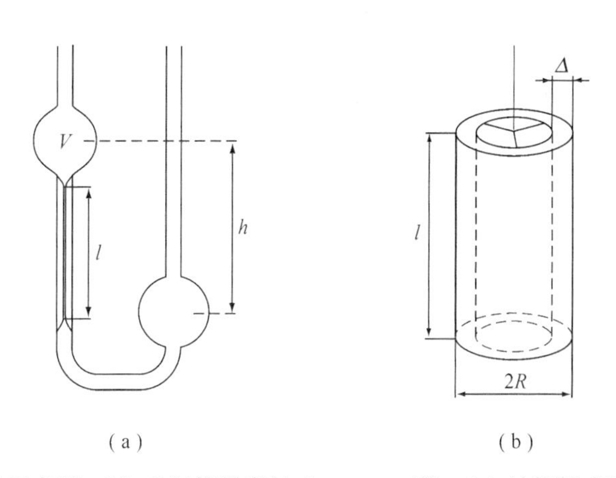

图 6.5　黏度计示意图：(a) 毛细管黏度计 (Ostwald 型)；(b) 转筒黏度计 (Couette 型)

6.5　非牛顿行为的分类

低相对分子质量的液体，稀的稳定溶胶及乳状液通常都是牛顿流体。高浓度的

* 只适用于牛顿流体。—— 译者注

胶体、乳状液及悬浊液等胶体体系则多为非牛顿流体。油漆、黏土、药剂，以及布丁、果酱、土豆泥、蛋黄酱等食品都是非牛顿流体。当讨论非牛顿行为时，应该区分静态与非静态行为。对于前一类，$\dot{\gamma}$ 与 τ 的关系与剪切应力的作用时间没有关系，即黏度 η 不依赖于样品被剪切的时间。但对于后者，时间对 $\dot{\gamma}$ 与 τ 及 η 都有影响：即样品的“历史”影响测量结果。

另一个重要的参数是屈服应力。经常发现当剪切应力很小时，液体并不流动。但剪切应力有一个阈值，超过这个阈值后流体开始流动。这一阈值就成为屈服应力 τ_B。显然，体系中存在某种结构，只要施加的力小于特定的阈值，这一结构就能承受住外力而不会断裂。

6.5.1　静态行为

这类流变行为中最重要的是切稀性 [包括塑性、假塑性及 Bingham(宾厄姆) 型流体] 和切稠性 (这类流体也称为胀流体，即膨胀型流体)。相应 $\dot{\gamma}$ 与 τ 的关系如图 6.6 所示。

塑性流体有一个特征屈服应力 τ_B，如图 6.6(a) 所示。在流动发生之前，必须打破体系中存在的某种结构，而这需要一个最小的剪切应力。在较大外力作用下，剪切应力增加，体系的表观黏度变小，因此更容易流动。陶土就是一个典型的切稀型流体的例子。在重力作用下，这种物质并不流动，因此保持一定的形状。但是在制陶工艺中，它的形状就会发生改变，因为应用的外力大于屈服应力。

宾厄姆 (Bingham) 流体：很多塑料类物质属于此类。其 $\dot{\gamma}$ 与 τ 之间的关系如图 6.6(b) 所示*，当 $\tau > \tau_B$ 时，剪切速率是剪切应力的线性函数：$\tau > \tau_B = K_B\dot{\gamma}$。在这个方程中，$1/K_B$ 是直线的斜率。当剪切应力很高时，体系的黏度趋近于 K_B**。

假塑性流体：这种流体黏度也随剪切速率的增加而降低，但屈服应力为 0[图 6.6(c)]。许多高分子浓溶液为假塑性流体；另一例子是 V_2O_5 溶胶。这些体系的共同特征是，其中的粒子为线形。这些细线能够在流动作用下定向。当定向程度增加时，它们更容易滑过彼此，所以黏度下降。

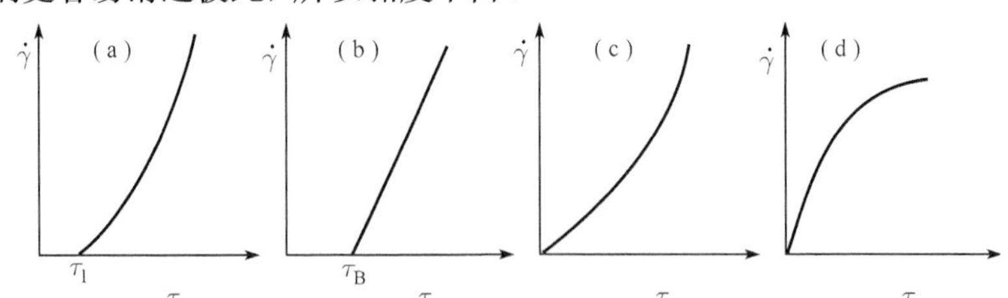

图 6.6　几种流体的 $\dot{\gamma}$ 与 τ 的关系示意图：(a) 塑性流体；(b)Bingham 流体；(c) 假塑性流体；(d) 胀流体

* 即受到外力作用时并不立即流动。只有当外力增大到屈服应力时才开始流动。—— 译者注

** 表现为牛顿流体。—— 译者注

胀流体 (膨胀型流体)：在膨胀型流体中，随着剪切应力的增加，其流动变得越来越难 [图 6.6(d)]。切稠现象经常发生在较大粒子的浓的悬浊液中 (虽然也有其他例子)。只要剪切应力很小，这些粒子之间能够保持一定距离，因此可以容易地滑过彼此；一旦施加很大的剪切应力，这些粒子被压至近距离接触，以至于滑移变得非常困难。40%的淀粉颗粒分散在水中时属于这种情况。海滩上的湿砂子也表现出膨胀流体性质。

6.5.2 非静态行为

这一类流变行为中最重要的是触变性 (图 6.7)。在触变体系中，黏度在恒定剪切应力下随时间变化。增加剪切应力，黏度下降，在经过一段时间后达到一个静止状态。当剪切应力降低时，黏度再次增大，一段时间后达到一个新的静止状态。

如果在每一个剪切应力下，使体系经过足够长的时间达到静止状态后 ($\dot{\gamma}$ 恒定) 测量体系的剪切速率，就会发现，触变体系中 $\dot{\gamma}$ 与 τ 的关系与切稀体系非常相似。当达到静态 1(图 6.7) 后，剪切应力立即降到 τ_2，体系就转变成具有同样黏度的状态 2。如果 τ_2 保持不变，体系内部就会形成某种结构，导致黏度增加，最后形成一个新的静态 2′。类似地，如果从状态 3 开始增加剪切应力，体系起初向状态 4 转变，并慢慢演化直到达到状态 4′。当实验中剪切应力缓慢发生变化，其时间与体系达到稳态所需的时间相比非常小时，会达到中间态 4″。这样，一个塑性体系可被视作快速达到稳态的触变体系 (比实验中 τ 的变化更快)。

通过简单摇动，凝胶触变体系可以迅速转变成容易流动的溶胶 ($\tau > \tau_1$)。如果立即停止扰动 (没有剪切)，体系需要一定的时间回到初始状态。有很多这样的例子。水中 9%的 Fe_2O_3 在含有少量盐时，在静止状态下为固态凝胶。但摇动后变为液体。斑脱土具有类似的行为。轴承需要的油脂也必须是触变性的：当轴承静止时，屈服应力使油脂停留在里面。而当机器运转起来时，油脂必须呈液态。同理，油井用的钻井液也必须是触变性的。对油漆来说，触变性也是非常有用的性质：刷漆时，油漆必须容易流动；但刷完后就不希望它过分流动。如果希望得到一个光滑的表面，恢复时间必须刚好足够使刷痕消失；而如果希望看到 "结构影响"，恢复时间要非常短才行。船体喷的漆也必须有很短的恢复时间，否则厚厚的漆层会很容易流下。

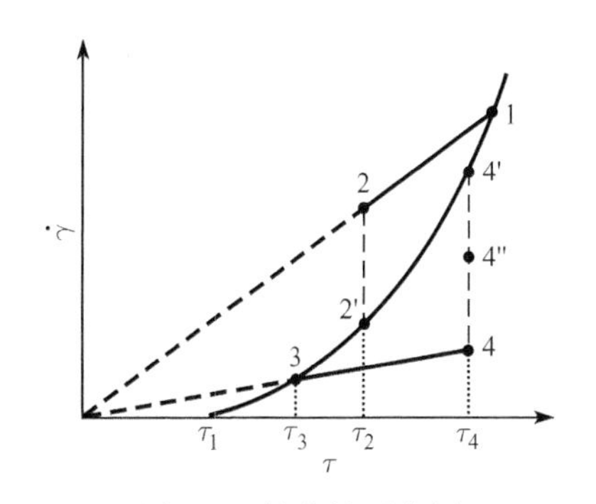

图 6.7 触变性示意图

胀流体系也会有一个恢复时间。例如，当摇动时，吸附了高分子的硅溶胶变成类似凝胶的样子；而当摇动停止后，体系慢慢回到初始的液体状态。

6.6　分散的粒子增加体系黏度

加入到液体中的粒子会阻碍对液体的剪切。这使得体系的黏度随加入粒子的增多而增加。为了分析黏度的增加，我们比较一下分散体系的黏度与纯溶剂的黏度。这样，我们定义如下物理量：

相对黏度：

$$\eta_{\mathrm{r}} = \eta_{\mathrm{s}}/\eta_0 \quad [-] \tag{6.4}$$

增比黏度：

$$\eta_{\mathrm{sp}} = (\eta_{\mathrm{s}} - \eta_0)/\eta_0 = \eta_{\mathrm{r}} - 1 \quad [-] \tag{6.5}$$

比浓黏度 (又称为黏数)：

$$\eta_{\mathrm{sp}}/C \quad [\mathrm{m}^3/\mathrm{kg}] \tag{6.6}$$

特性黏度：

$$[\eta] = \lim_{C\to 0} \eta_{\mathrm{sp}}/C \quad [\mathrm{m}^3/\mathrm{kg}] \tag{6.7}$$

注意，这些物理量的单位与黏度本身不同！在上面的公式中，C 是溶质的质量浓度。增比黏度是由于粒子的加入使体系黏度相对增加的量。比浓黏度是每单位质量溶质引起的增比黏度 (增加的相对黏度)。有时候，后者与浓度无关，但通常不是由粒子的相互作用引起。这可以从与渗透压 (3.1 节) 和浊度 (3.6 节) 对浓度的依赖性的比较中看出来。通过外推到浓度为 0 处，可以区别出这种相互作用与单个粒子的关系。特性黏度 $[\eta]$ 的单位为 m^3/kg 或 L/g；在早期的文献中经常使用 dL/g。

6.7　亲液溶胶的黏度仅取决于粒子的体积分数，而与粒子大小无关

溶胶的黏度总是高于溶剂。这是因为在粒子内部剪切是不可实现的；所以体系仅有部分体积可以被剪切，即没有粒子存在的部分。因此，必须施加一个更大的剪切应力来使整个体系达到同样的剪切速率。这个过程是非常复杂的，因为粒子在剪切场中可能旋转；对于球形粒子，旋转不会造成能量的耗散；但对于同质异构的粒子，旋转会造成能量的耗散。

对于不可压缩的中性粒子在不可压缩溶剂中形成的悬浊体系，Einstein 推导出层流情况下的黏度表达式如下：

$$\eta_{\mathrm{r}} = 1 + k\phi \quad [-] \tag{6.8}$$

式中，ϕ 是粒子的体积分数，假定粒子远远大于溶剂分子，ϕ 定义为粒子所占据的体积除以体系的总体积；k 为无单位常数，其值与粒子形状有关，对于球形粒

子，$k = 2.5$，对于非球形粒子，k 值要大些。当然，式 (6.8) 表示的黏度与体积分数之间的线性关系与可被剪切部分体积的降低有关，但方程的精确推导非常复杂。式 (6.8) 仅适用于粒子间没有相互作用的情况；因此是低浓度时的一种极限情况。当体系浓度很高时，我们可以将式 (6.8) 写成维里级数形式：

$$\eta_{\mathrm{r}} = 1 + k\phi + k'\phi^2 + k''\phi^3 + \cdots \quad [-] \tag{6.9}$$

式中，k'、k'' 与粒子间的相互作用有关。注意，这里的维里系数与热力学公式，如渗透压和浊度等表达式中的维里系数不同。这是因为我们在流变学中考虑的相互作用有一部分是由粒子在流动场中的运动引起的 (所谓的流体动力学相互作用)。

6.7.1 非溶胀粒子

对于不吸收溶剂的粒子，式 (6.8) 与式 (6.9) 中的体积分数 ϕ 直接与质量浓度 C 相关，关系式为 $\phi = C/\rho_{\mathrm{d}}$。式中，$\rho_{\mathrm{d}}$ 是形成粒子的材料的密度。这样，我们可以表示为 $\eta_{\mathrm{sp}} = (k/\rho_{\mathrm{d}})C + (k'/\rho_{\mathrm{d}}^2)C^2 + (k''/\rho_{\mathrm{d}}^3)C^3 + \cdots$。由此，我们得到特性黏度：

$$[\eta] = k/\rho_{\mathrm{d}} \quad [\mathrm{m^3/kg}] \tag{6.10}$$

图 6.8 给出了比浓黏度 η_{sp}/C 随浓度变化示意图。对于 $k' = 0$ 的理想情况，我们得到曲线 1；当有效体积分数高于 C/ρ_{d} 时，例如，当粒子表面吸附上一层高分子时，特性黏度 $[\eta]$ 比 k/ρ_{d} 大。如果知道粒子的 “裸” 半径，由体积分数的增加可以得出吸附层的厚度。

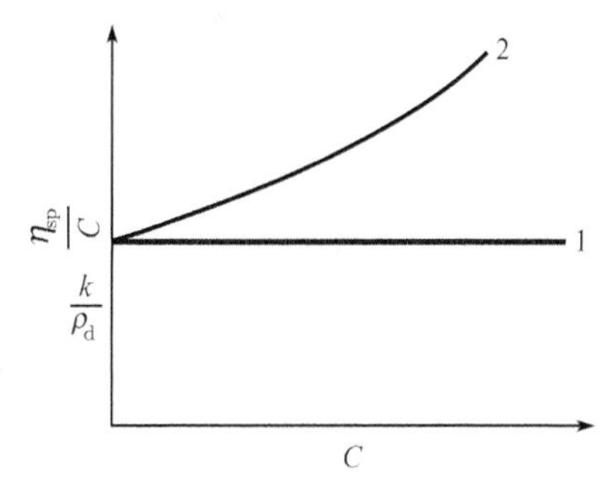

图 6.8 非溶胀粒子的比浓黏度与浓度的关系

在许多情况下，k' 不为零。于是我们得到图 6.8 中的曲线 2。这时，我们必须通过外推至 $C = 0$ 得到 $[\eta]$。Batchelor 计算出简单硬球体系的系数 $k' = 6.2$(硬球的定义参见第 3 章 1.3 节)。粒子间的相互作用可以是由粒子周围的液体流动引起的，因为一个粒子周围的液体流动导致相邻粒子周围液体流型的变形 (这就是流体动力学作用)。但也可能是由粒子所带的电荷，或吸附层之间的相互作用等引起的。Batchelor 没有考虑这种直接相互作用。

Einstein 方程揭示的一个重要性质是特性黏度与粒子大小无关，仅取决于被分散物质所占据的总的有效体积。在体积分数相同的情况下，许多小粒子和几个大粒子对黏度具有相同的影响。这意味着不可能通过黏度测定憎液溶胶粒子的大小或质量。

对于具有紧密结构的高分子来说 (其密度恒定)，如球状蛋白，Einstein 公式 [式 (6.8), 式 (6.9)] 仍然适用。但必须注意，粒子可能是非球形的 (这时 $k > 2.5$)，也可能有一层水化外壳。我们能够从黏度测量中得出的物理量是粒子的密度 ρ_d。因为这一密度与粒子大小 (或质量) 无关，所以我们还是不能由此得到粒子的质量。

6.7.2 非溶胀型粒子的浓溶液

低剪切速率下浓溶胶的黏度通常用经验公式描述；目前，精确的理论分析还不可得。两个经常使用的经验公式为

$$\eta_r = \exp\left(\frac{k\phi}{1-\phi/\phi_m}\right) \quad \text{(Mooney)} \tag{6.11}$$

$$\eta_r = \left(1-\frac{\phi}{\phi_m}\right)^{-k\phi} \quad \text{(Krieger-Dougherty)} \tag{6.12}$$

式中，ϕ_m 为粒子可能达到的最大体积分数；对于单分散球形粒子，这一数值为 0.67。在高剪切速率下，由于粒子之间强烈的相互作用，体系表现出非牛顿流动行为。

6.8 溶胀的粒子：低剪切速率下的不带电高分子溶液

线形高分子在良溶剂中具有稀薄的线团结构 (4.4 节)。如果我们认为这样的粒子没有恒定的密度，但在相对分子质量很高时变得更加稀薄 (4.5 节)，我们也可以对此情况应用 Einstein 公式。这使得从黏度测量摩尔质量成为可能；而对于密度恒定的紧密粒子，则不存在这种可能性。

根据式 (6.10)，$[\eta] = k/\rho_d = kV/m$，式中，V 为粒子体积；$m = M/N_A$ 是其质量。因为高分子线团的体积表达式为 $V \sim h_m^3$，我们得到 Flory 公式

$$[\eta] = \varPhi h_m^3/M \quad [m^3/kg] \tag{6.13}$$

式中，h_m 为均方根末端距 [式 (4.5)]。在这个公式中，$\varPhi$ 是普适常数。假设在流动时，高分子线团表现为直径等于 h_m 的硬球，可以发现 $\varPhi = 2.5\times10^{23}\ mol^{-1}$($[\eta]$ 单位为 m^3/kg, h_m 的单位为 m, M 的单位为 kg/mol)。

根据式 (4.11)，$h_m = \alpha h_{m,0}$，而由 4.5 节可知，$h_{m,0}$ 正比于 $M^{1/2}$。这样，我们得到

$$[\eta] = \alpha^3 M^{1/2} \quad [m^3/kg] \tag{6.14}$$

式 (6.14) 表明，对于 Θ 溶剂，$[\eta]$ 正比于 $M^{1/2}$。因此，可以得出

$$[\eta]_\Theta = K_\Theta M^{1/2} \quad [m^3/kg] \tag{6.15}$$

在良溶剂中，线团溶胀 ($\alpha > 1$)。而且，α 随浓度增加而增加。在 4.6.2 小节中我们曾推导出在良溶剂中的长链，极限 $\alpha \sim M^{0.1}$ 成立。这样，可得到下式：

$$[\eta] = \varPhi \frac{h_{\mathrm{m}}^3}{M} = \varPhi \frac{\alpha^3 h_{\mathrm{m},0}^3}{M} \sim \frac{M^{(0.3+1.5)}}{M} = M^{0.8} \tag{6.16}$$

在中间情况下，指数会小些。因此，我们可以写成通式：

$$[\eta] = K' \left(\frac{M}{M_0}\right)^{\alpha} = KM^{\alpha} \quad [\mathrm{m}^3/\mathrm{kg}] \tag{6.17}$$

式中，指数 α 在 0.5~0.8 变化。随溶剂溶解能力的提高，α 数值增大，但其下限为 0.5，上限为 0.8。在式 (6.17) 中，常数 K' 与 $[\eta]$ 具有相同的量纲；而 K 的量纲取决于 α。式 (6.17) 即为著名的马克–豪温克 (Mark-Houwink) 关系式，该公式首次报道时是以经验式的形式出现的。式中，常数 K 和 α 与高分子的摩尔质量 M 无关，但取决于高分子的种类与溶剂。

在上面的推导中，我们假设高分子线团为不可压缩的硬球，Einstein 公式对其适用。这看起来有点特别，因为高分子线团是稀薄的，且含有大量溶剂。不过，它们被视为非排液球体。然而，我们必须意识到，虽然高分子线团非常稀薄，每个溶剂分子都在一个纳米或小于几个高分子链段的距离内。这使得溶剂分子的速度与高分子链段相比要小，所以高分子线团的确不排出溶剂，除非线团特别稀薄。详细的计算支持这一观点。

一旦知道了 K 与 α，我们可以利用式 (6.17) 测量高分子的相对分子质量。对于多分散的高分子，我们得到的是一个平均的相对分子质量，这就是黏均相对分子质量 (2.4.2 节)，其定义为

$$M_{\mathrm{v}} = \left(\frac{\sum\limits_i C_i M_i^{\alpha}}{\sum\limits_i C_i}\right)^{1/\alpha} \quad [\mathrm{kg/mol}] \tag{6.18}$$

这个表达式的推导非常容易。我们分别以如下两种方式将增比黏度 η_{sp} 写成单个组分贡献加和的形式，$\eta_{\mathrm{sp}} = KM_{\mathrm{v}}^{\alpha}\sum\limits_i C_i$，以及 $\eta_{\mathrm{sp}} = \sum\limits_i \eta_{\mathrm{sp},i} = K\sum\limits_i C_i M_i^{\alpha}$。将这两个关系式联立，即得出式 (6.18)。

黏均相对分子质量 M_{v} 的数值介于 M_{n} 与 M_{w} 之间，但更接近 M_{w}；当 $\alpha = 1$ 时 (接近 0.8)，可以发现 $M_{\mathrm{v}} = M_{\mathrm{w}}$。而当 $\alpha = -1$ 时 (不现实)，会发现 $M_{\mathrm{v}} = M_{\mathrm{n}}$。除了测量相对分子质量外，在 Θ 溶剂中，还可以通过黏度测量高分子链的持续长度 l_{eff}。在那种情况下，可以利用式 (6.13) 求出 $h_{\mathrm{m},0}$，然后通过式 (4.8) 或式 (4.9) 计算出 l_{eff}。如果将这些数值与在良溶剂中得到的结果相比较，也可以得到线性扩张因子 α。

到目前为止，我们的讨论仅关注特性黏度 $[\eta]$。在实践中，这也需要外推到浓度为零，如图 6.8 所示。η_{sp}/C 对 C 曲线的初始斜率与两高分子之间的相互作用有关，即与链段的第二维里系数有关 (4.6.2 小节)。可以证明，在 Θ 溶剂中，第二维里系数为零。

6.9　低剪切速率下的聚电解质溶液

上一节给出的公式对聚电解质体系也适用，但由于静电作用，黏度高于中性高分子体系。此外，K 与 α 数值也大些。当高分子链带电时，由于电黏效应，体系的黏度将升高。我们可以区别如下两种相互作用：

(1) 分子内效应。由于分子内带电基团间的斥力，高分子链扩张，使得有效体积分数增加，因此体系黏度增加。但在黏度增加的同时，高分子线团的排液能力也在增加，以至于抵消黏度的增量。这种分子内效应也被称为第一电黏效应，也将增大溶剂与高分子之间的摩擦，因此增大体系的特性黏度。高度荷电的聚电解质链可能极度扩张，使其 Mark-Houwink 指数达到 1。

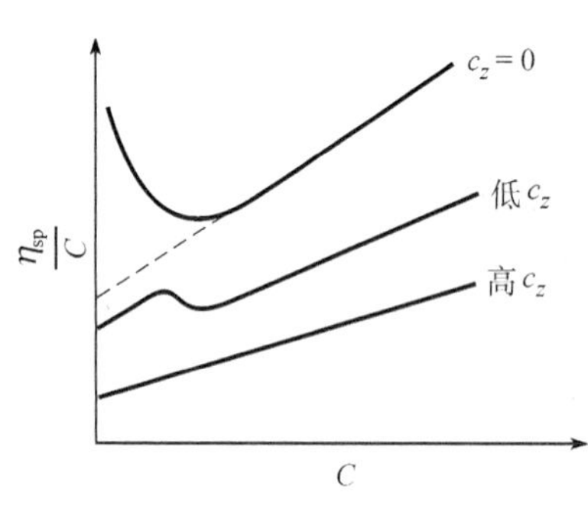

图 6.9　聚甲基丙烯酸钠的电黏效应

(2) 分子间效应。由于不同分子间的静电斥力 (双电层重叠)，黏度将随浓度增加而增大。分子间效应也称为第二电黏效应，体现在 K' 数值上。

外加电解质影响：电解质压缩高分子电荷周围的双电层 (第 5 章)，因此既削弱分子内相互作用又削弱分子间作用。所以，盐可以削弱两种电黏效应。图 6.9 是盐对黏度影响的例子。图中给出了聚甲基丙烯酸钠在中性与恒定 pH 的水溶液中的情况。由此图可得出如下几点结论：

① 随盐浓度的增加，高分子在高浓度区曲线的斜率减小，说明分子间相互作用变小。这是因为在较高的盐浓度 c_z，分子间排斥作用减弱。并且由于链扩张程度降低，分子间互相穿透减弱。此为分子间效应。

② 随 c_z 的增加，特性黏度 $[\eta]$ 变小。这是分子内效应 (一个分子内电荷间的相互作用)。

③ 在低盐浓度和低高分子浓度下，斜率不规律。$c_z = 0$ 时，稀释会使总电解质浓度降低，因为聚电解质本身也是电解质。由于屏蔽效应的降低，链的扩张增强，导致在低浓度下比浓黏度增加。

④ 当 c_z 值中等大小时，比浓黏度 η_{sp}/C 出现极大值。极大值发生在这样一个

聚电解质浓度下，即由外加盐带来的离子浓度与由聚电解质产生的盐浓度大致相等。在极值的左侧，外加盐主导，曲线基本正常；右侧由于聚电解质产生的离子浓度足够高，双电层被压缩。在极值附近中等聚电解质浓度区域，情况非常复杂，我们在本书中不详细讨论。如果稀释过程中所加入的盐恰好使总的离子强度保持恒定 (等离子稀释)，在整个浓度 C 范围内又可以得到一条直线。

外加盐时黏度的降低是由于压缩双电层的缘故。因此，可以预测高价离子的效应更为显著 (第 5 章)。实验结果的确如此，如图 6.10 所示。

作为初级近似，所有相同价态的反离子对黏度具有相等强度的影响。这清楚地说明这种效应是本征的 (与化学物种无关)。对于两性聚电解质，如蛋白质，情况比较复杂。但 pH 和盐对黏度的影响可以用同样的方式解释。图 6.11 显示了在不相关电解质浓度相同情况下，比浓黏度与 pH 的函数关系。对这一结果的解释非常简单：当 pH>PZC 时，阳离子为反离子，所以 $Ba(NO_3)_2$ 效应最强。因此，$Ba(NO_3)_2$ 比 KNO_3 降低黏度效果显著，而 K_2SO_4 与 KNO_3 效果一样。在低 pH 下，正好相反：阴离子成为反离子，所以 K_2SO_4 效果最强。

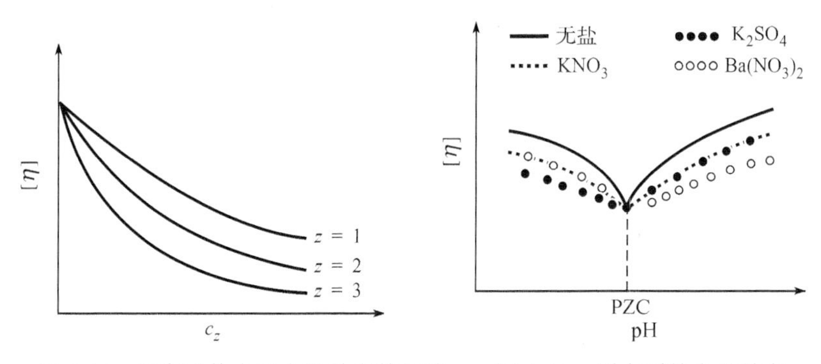

图 6.10　反离子价态对电黏效应的影响　　图 6.11　蛋白质的电黏效应

6.10　形变与粒子间相互作用导致非牛顿行为

对牛顿行为的偏离通常是由于粒子间的强烈相互作用引起的。当粒子互相吸引时，会发生接触，阻碍流动。这样流变测量能够提供粒子间相互作用、连接的寿命及体系的结构的信息。另一个导致非牛顿行为的原因是粒子本身形变。高分子通常都非常柔软，因此大的无规线团在流动体系中能够轻松伸展开，导致黏度下降。

6.11　高剪切速率下的高分子溶液的黏度

稀薄的高分子线团容易变形。Gauss 线团的伸展导致熵减小：一个含有 N 个链段的完全自由的链具有最大数目的可能构象，但完全伸展的构象可认为只有一个。如在附录 4.C 中推导的，理想 Gauss 链的 Gibbs 自由能随伸展程度的平方的增加而增加。这与简单弹簧的原理 (Hooke 定律) 相同，只是力很小而已。

当这样的一个链置于剪切流动中，链的不同部分受到不同速度的拉伸，因此产生一个伸展力。链上的两点被分开得越远，它们所经历的速率差就越大，拉伸力也就越大。这样每个链段所受的摩擦力从链的中部到链尾近似于线性增加，液体施加的总摩擦力 (我们可以通过积分获得) 随伸展程度的平方的增加而增加，而弹性力则线性增加。

如果剪切力场足够强，链有沿着流动定向的倾向。结果是流动对链的控制增加，伸展的倾向提高。这种“正反馈”效应使得在一定临界剪切速率之上，链会突然强烈伸展，并沿着流动方向定向，使剪切变得更容易。这种效应使得黏度下降。因此，高分子溶液会有一个临界剪切速率 $\dot{\gamma}_c$，在此值之上体系表现出假塑性行为。

图 6.12 给出了一个例子。在低剪切速率下，黏度为恒定值，称为牛顿平台。在剪切速率大于 10 s^{-1} 时，黏度急剧下降，体系表现为假塑性。当浓度增加时，体系的黏度增加，假塑性行为在较低的剪切速率下出现。

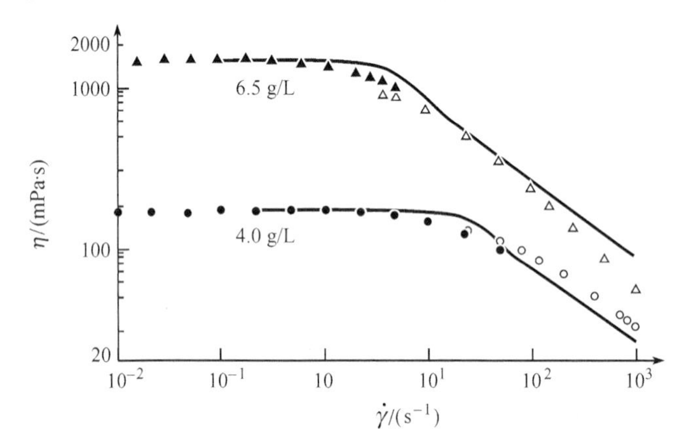

图 6.12　高分子溶液的假塑性行为。在低剪切速率下，黏度为恒定值 (牛顿平台)，但当剪切速率 $\dot{\gamma}_c$ 在 1~10 s^{-1} 时，黏度 η 开始下降

思　考　题

1. 你认为交联和未交联的凝胶的弹性行为会有不同吗？

2. 分别画出弹簧、黏壶及 Maxwell 基元的长度 x(图 6.2) 随时间的函数。假设在时间 $t = t_1$ 突然施加一个恒外力；而在 $t = t_2$ 时外力突然撤走。

3. 正丁醇与乙醚有同样的相对分子质量。你能解释为什么正丁醇的黏度比乙醚黏度的 10

倍还大吗?

4. 用物理机制分析为什么通过毛细管中心的流量 J 对管径的依赖性要大于对流速的依赖性?

5. 讨论在不用已知黏度的液体校正的情况下，能否用毛细管黏度计准确测量黏度。

6. 能否通过毛细管黏度计判断一种流体是否为牛顿体?

7. 画出 Bingham 流体在毛细管中的流速分布。

8. 为什么稳定的溶胶不可能是塑性体 (有屈服值)?

9. 假塑性 V_2O_5 溶胶在加盐后具有触变性。请解释原因。

10. 触变性的斑脱土悬浊液可以通过摇动变成液体。而轻轻敲打瓶壁会固化。你能解释这一现象吗?

11. 当 τ 从 0 缓慢增加至定值，然后保持恒定一段时间，再缓慢降为 0 时，如何在 $\dot{\gamma}$-τ 曲线上寻找触变体系?

12. 讨论 Einstein 定律对乳状液体系是否适用。

13. 根据 Einstein 定律，特性黏度 $[\eta]$ 与胶体粒子的大小无关。当粒子表面有一层厚 20 nm 的高分子层时，这是否也适用?

14. 在关系式 $\phi = C/\rho_\mathrm{d}$ 中，三个物理量的单位分别是什么?

15. 你能解释为什么没有吸附层的溶胶的 $[\eta]$ 与粒子大小无关，但在一定浓度 C 时，比浓黏度 η_sp/C 与粒子大小有关吗?

16. 计算式 (6.13) 中的 Φ，假设线团可视为半径为 $r_\mathrm{g} = h_\mathrm{m}/\sqrt{6}$ 的紧密的不可渗透的粒子。如何解释该结果与教材中给出的 Φ 值的差异?

17. 如何解释根据式 (6.10)$[\eta]$ 与相对分子质量 M 无关，但将此式应用到高分子线团中时，$[\eta]$ 却有相对分子质量依赖性?

18. 如何通过比较 $[\eta]$ 与 $[\eta]_\Theta$ 得到 α?

19. 式 (6.17) 中的 K 和 α 与温度有关吗?

20. 为什么式 (6.17) 中的 α 有一个最低下限 0.5?

21. 分别画出比浓黏度 η_sp/C 在 Θ 溶剂与在良溶剂中对浓度 C 的关系图。

22. 对刚性链段来说，$[\eta] = KM^2$。由此你能推出聚电解质的 Mark-Houwink 指数 α 为多少?

23. 如何根据实验数据将分子间与分子内效应区别开来?

24. 在零电点，蛋白质的第二维里系数通常为负。这在物理上意味着什么? 你如何解释? 画出两种情况下的 η_sp/C 对浓度 C 的关系图，其中一种是高 c_z 情况，另一种是低 c_z 情况。

附 录

泊肃叶 (Poiseuille) 方程的推导

为了推导式 (6.2) 与式 (6.3)，我们考虑图 6.13 中的圆柱形毛细管的横截面。施加在内筒的力 $F = \pi r^2 \Delta p$。在这个力 F 作用下的剪切应力用分隔开内筒与外筒的

单位表面积上所受的力表示；该面积等于 $2\pi rl$。所以有

$$\tau = \frac{-F}{A} = \frac{-\pi r^2 \Delta p}{2\pi rl} = \frac{-r\Delta p}{2l} \tag{6.19}$$

这是一般表达式，适用于牛顿流体和非牛顿流体。我们也有 $\dot{\gamma} = \mathrm{d}v/\mathrm{d}r$；这样，$\mathrm{d}v = \dot{\gamma}\mathrm{d}r$。式中，$\mathrm{d}v$ 为未知 r 与 $r + \mathrm{d}r$ 处的速率差。将这个关系式代入牛顿定律 [式 (6.1)]，得到

$$\mathrm{d}v = -[r\Delta p/(2\eta l)]\mathrm{d}r \tag{6.20}$$

利用边界条件 $r = R$ 处 $v = 0$(非滑动边界条件) 积分式 (6.20)，立即得到式 (6.2)。

通过面积为 $\mathrm{d}O = \pi \mathrm{d}r^2$的圆环的流量 $\mathrm{d}J = v\mathrm{d}O = \pi v\mathrm{d}r^2$。这样，总流量 $J = [\pi\Delta p/(4\eta l)]\int_0^R (R^2 - r^2)\mathrm{d}r^2$。这一积分得到式 (6.3)。

如果液体沿着边界滑动，Poiseuille 方程就不成立了。这时，需要使用滑动边界条件。为此需要更多的信息。

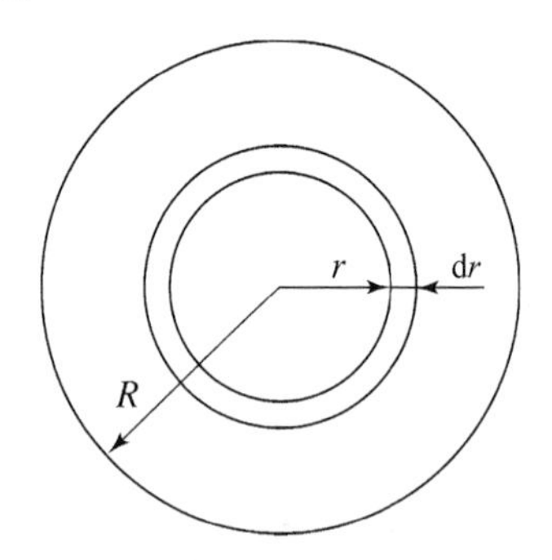

图 6.13　圆柱形管 (半径为 R) 的横截面积。图示出了厚度为 $\mathrm{d}r$ 的一层液体，内部的圆柱 (半径为 r) 滑过外面的圆柱 (半径为 $r + \mathrm{d}r$) 时的情况。

第7章　电　动　学

7.1　液体通过带电表面时产生电动现象

在第 5 章我们讨论了双电层，在第 6 章处理了液体中剪切力与速度梯度之间的关系。在本章，我们学习流动与双电层之间的关系。我们将会看到 (反) 离子的运动和液体沿着带电表面的运动是结合在一起的。离子带动液体，液体拖动离子。这种作用的结果是沿着带电表面的流动能产生电现象，如电流和电压，并产生电场，对液体或胶体粒子的运动产生机械影响。电动学研究的就是这些结合在一起的过程。

进行电动实验的方式有多种。例如，我们可以选择施加一个电势，使液体相对于固体表面发生运动；或者可以选择通过机械 “势”(压力差) 使液体发生运动，然后测量由此产生的物理量，如电流和电压。这两类实验都可以对相对于液体发生移动的胶体粒子施行，或者对相对于静止的表面 (如管壁) 发生移动的液体施行。下面我们在表 7.1 中对这几种可能进行分组。

表 7.1　电动现象

现象	推动力	流动相	测量的参数	静止相
电渗	电场	液体	液体的移动	多孔塞或毛细管
电泳	电场	粒子	粒子的移动	液体
流动电势	压力差	液体	势差	多孔塞或毛细管
流动电流	压力差	液体	电流	多孔塞或毛细管
离心电势	离心场	粒子	势差	液体
沉降电势	重力	粒子	势差	液体

测量电渗的实验装置与测量流动电势及流动电流的装置有很多相似之处，如图 7.1 所示。

当测量流动电势和流动电流时，关闭 3,3′，开启 4,4′，装置仅半充满。在 4 或 4′ 处施加一个压力。当 A 为伏特表时，测得的是流动电势；而当 A 为电阻很小的安培表时，得到的是流动电流。中间的毛细管可以被填充了多孔塞或胶体粒子的管子所取代。而当测量电渗流体的流量时，关闭 4,4′，开启 3,3′，装置全部充满，A 为电源。

测量电泳和沉降电势需要不同的装置。我们将在 7.5 节讨论电泳，本书不讨论沉降电势。

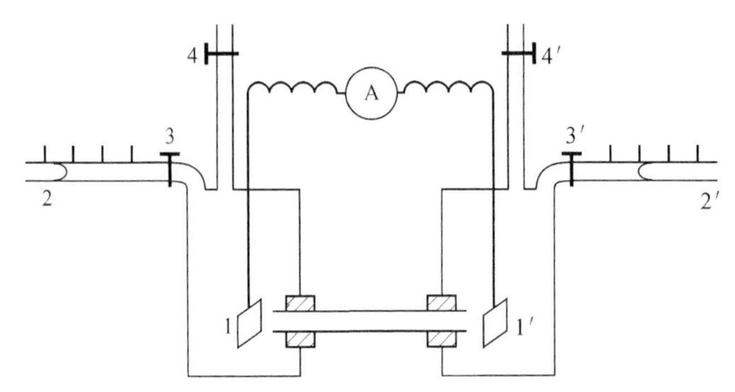

图 7.1　测量电渗、流动电势、流动电流的实验装置。1,1′：电极。2,2′：测量毛细管；3,3′ 与 4,4′：活塞

7.2　剪切平面是流动液体和带电表面之间的边界

当液体与表面相切地流过时，总会有一个厚度仅为几个分子的薄层不随液体流动，保持静止状态。可以通过定义一个剪切平面将静止的液体与流动的液体分开。这样也就分开了静止的离子和运动的离子。剪切平面处的电势称为电动电势或 ζ 电势。它的绝对值通常低于表面电势。带电表面附近的电势曲线如图 7.2 所示。在图 7.2 中，虚线示意出剪切平面的位置。通常认为这一静止层的厚度与 Stern 层厚度相近。由于较大幅度的电势降发生在 Stern 层中 (5.10 节)，又因为扩散层的电势降落缓慢，所以 φ_{d} 与 ζ 差别不大。在很多情况下，ζ 电势被认为是 Stern 电势 φ_{d} 的一个很好的近似结果。所以 (至少对简单的硬表面) 可以通过测量 ζ 电势估计 Stern 电势 φ_{d}。

虽然实验装置差异很大，但是适用于电渗和电泳的理论大体相同。

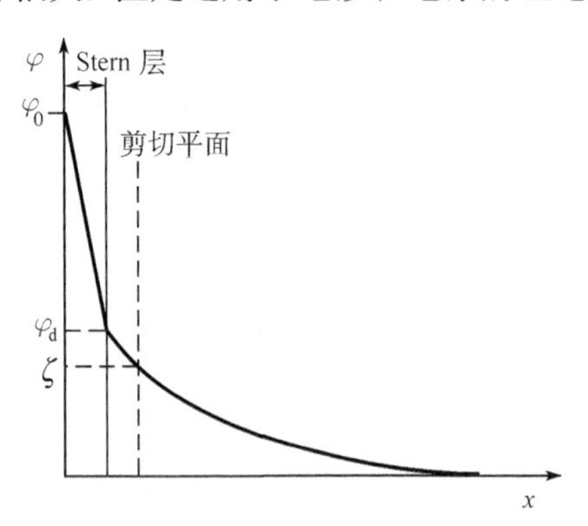

图 7.2　Stern 电势和 ζ 电势示意图

7.3　离子拖动液体：电渗

我们考虑一个带电的毛细管，里面装满电解质溶液 [图 7.3(a)]。在毛细管的两端施加一个电势，在液体中就会产生一个强度为 E 的电场。假设毛细管壁带负电，则在扩散双电层中含有过量的正电荷。这些电荷受到静电力 F_{el} 的作用，发生运动 [图 7.3(b)]。离子拖动液体，使其也产生运动，但这种运动在黏稠液体中产生摩擦力 F_{fr}。当黏滞力与静电力达平衡时，离子开始静态运动 (匀速)，其速度场随与管壁的距离的变化而变化。一个体积元中的静电力与其中的电荷成正比，因此通过 Poisson 公式 [式 (5.9) 或式 (5.45)] 与势能曲线联系起来。我们假设与管壁相比，双电层非常薄，因此管壁可以视为平表面。摩擦力 F_{fr} 与液体的黏度成正比，并在径向方向上取决于速度梯度 $\mathrm{d}v/\mathrm{d}x$。

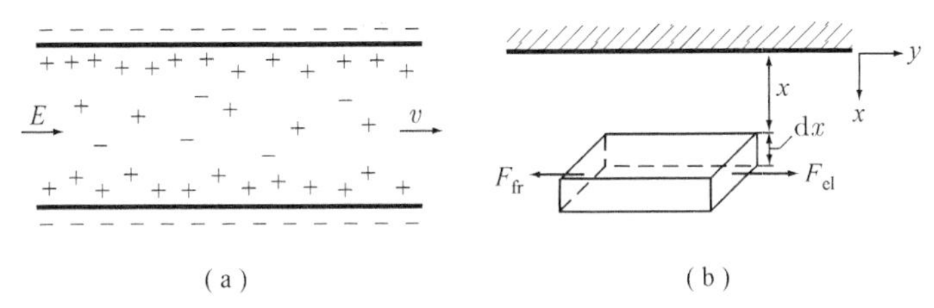

图 7.3　电渗原理。(a) 毛细管中的离子分布；(b) 液体基元所受的力

现在可知，液体运动必须满足下面的微分方程：

$$\frac{\mathrm{d}^2v}{\mathrm{d}x^2}=\frac{\varepsilon E}{\eta}\frac{\mathrm{d}^2\varphi}{\mathrm{d}x^2}\quad [1/(\mathrm{m}\cdot\mathrm{s})] \tag{7.1}$$

式中，x 为与管壁间的距离；$v(x)$ 为 x 处的速度。运用近似边界条件 (附录 7.A) 对式 (7.1) 进行二次积分，得到如下的速度表达式：

$$v=\frac{\varepsilon E}{\eta}(\varphi-\zeta)\quad [\mathrm{m/s}] \tag{7.2}$$

因此，速度分布与电势分布相同：在管壁处，速度为 0；远离管壁处，电势为 0，而速度最大，数值为 $-\varepsilon E\zeta/\eta$。这使得整个管中的流动分布如图 7.4 所示。在整个管中，电渗速度 v_{eo} 表示为

$$v_{\mathrm{eo}}=-\varepsilon E\zeta/\eta\quad [\mathrm{m/s}] \tag{7.3}$$

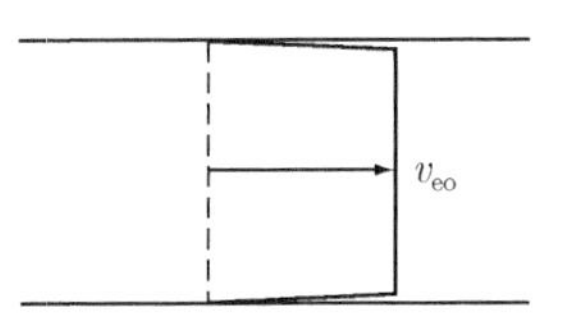

图 7.4　电渗的流动分布

通过测量 v_{eo}/E 可得到 ζ 电势。一般地，不直接测量 v_{eo} 与 E，而是测量电渗流量与电流 i。如果 O 为管子的横截面积，流量表示为 $J_{\mathrm{eo}}=v_{\mathrm{eo}}O$。由欧姆定律知

$V = iR$ 或 $El = i(l/(O\kappa_{\mathrm{sp}}))$，式中，$V$ 为电压；R 为电阻；l 为玻璃管的长度；κ_{sp} 为液体的特性电导率。由此可得

$$i = EO\kappa_{\mathrm{sp}} \quad [\mathrm{C/s}] \tag{7.4}$$

将 $J_{\mathrm{eo}} = v_{\mathrm{eo}}(i/(E\kappa_{\mathrm{sp}}))$ 与式 (7.3) 合并，得到

$$J_{\mathrm{eo}} = \varepsilon\zeta i/(\eta\kappa_{\mathrm{sp}}) \quad [\mathrm{m^3/s}] \tag{7.5}$$

图 7.1 给出了测量 J_{eo} 的实验装置。当我们希望测量胶体粒子的 ζ 电势时，需要先将这些粒子装在一个容器中以制成一个 “多孔塞”。这样的 “塞子” 可看成是一些管壁电势为待测的 ζ 的毛细管的集合。

实用建议：对于直径较宽的管子，电渗速度分布达到平衡需要一定时间。流动从远离管壁、驱动液体运动的双电层处开始。由于黏性流动的 “拖动” 特点，离管壁远些的液体的速度逐渐增加。对于半径约为 1 mm 的管子，大约需要 1 s 方能使速度达平衡。

7.4 液体沿着带电表面的流动引起的电流或电压：流动电流或流动电势

当液体在压差 Δp 作用下在毛细管中发生流动时，其中的离子随它一起移动。当管壁带电时，溶液中管壁附近的扩散反电荷也跟着一起移动。这样，就由于机械原因 (Δp) 产生了电效应 (电流)。如果我们在毛细管的两侧连上电阻很小的电极，就可以测量流动电流。然而，如果我们连上电阻很大的电极 (就像在伏特表中一样)，电流一定会流回溶液，在毛细管横截面两侧积累出电势，这就是流动电势。

图 7.1 给出了测量流动电流和流动电势的方法。

流动电流 i_{s} 与 ζ 电势之间的关系可以推导如下。如果横截面内液体的流动速度 v 和电荷密度 ρ 是恒定的，单位时间内流过的体积为 vO，这一体积中所含的电荷为 $vO\rho$。实际情况是 v 与 ρ 均不恒定，它们都与 r 有关。速度可用 Poiseuille 公式 [式 (6.2)] 表示；而电荷密度仅在双电层中才不为 0。这样，我们可以将电流写成如下的微分式：$\mathrm{d}i = \rho(r)v(r)\mathrm{d}O$(附录 7.C)。根据 Poisson 公式 [式 (5.45)]，电荷密度与电势分布相关。这样，我们必须在整个毛细管内积分，得到 (附录 7.C)

$$\frac{i_{\mathrm{s}}}{\Delta p} = \frac{\varepsilon O\zeta}{\eta l} \quad [\mathrm{C_s^{-1}\cdot N^{-1}\cdot m^2}] \tag{7.6}$$

根据式 (7.6)，我们可以由测得的电流 i_{s} 得到 ζ 电势。

由式 (7.6) 可以非常容易地推导出流动电势 V_{s} 的表达式。当外加电路电阻很大时，流动电流不能流过电路，而是积累起电势。由于这个电势的存在，溶液中产

生一个补偿电导电流。在静止状态，i_c 在数值上一定等于 i_s，即 $i_c + i_s = 0$。根据欧姆定律 [式 (7.4)]，我们现在有 $i_c = -i_s = (V_s/l)O\kappa_{sp}$，因为场强 $E = V_s/l$。由此立即可以得到

$$V_s/\Delta p = \varepsilon\zeta/(\eta\kappa_{sp}) \quad [\text{V} \cdot \text{m}^2/\text{N}] \tag{7.7}$$

式 (7.6) 与式 (7.7) 仅在双电层厚度远小于毛细管半径时成立 ($\kappa R \gg 1$)。

原则上，这里给出的方程也适用于流过活塞的液体，只要孔径远大于双电层厚度。如果不是这样，情况将变得非常复杂，需要各种校正。

实践中常见的流动电势的实例是长途输油管道中原油的流动。由于原油是不良导体，容易积累起很高的电势。这是一种非常危险的情况，因为产生的火花容易引起石油燃烧。

表面电导率

将电泳或流动电势数据转化为 ζ 电势时会产生很复杂的问题，这就是表面电导率的产生，即由积累在双电层中的离子贡献的额外的电导率。特别是当扩散双电层的体积与整个溶液体积具有可比性时，这种效应变得非常显著。对于毛细管来说，当双电层的厚度 κ^{-1} 与管径 R 相比不可以忽略时就属于这种情况。这时在式 (7.7) 中不能简单使用体相电导率 κ_{sp}；在电导电流中必须使用体相电流与表面电流的加和 i_c。如前文所述，体相电流用式 $(V_s/l)O\kappa_{sp}$ 表示。通过双电层的额外电流与双电层的横截面积成正比，即毛细管横截面的周长 $2\pi R$ 乘以双电层厚度 κ^{-1}。如果我们用 κ^σ 表示双电层的平均特性电导率 ($\Omega^{-1}\cdot\text{m}^{-1}$)，可以证明额外电导电流为 $(V_s/l)2\pi R\kappa^{-1}\kappa^\sigma$。由关系式 $i_b + i_c = i_s$，最后可以得到

$$\frac{V_s}{\Delta p} = \frac{\varepsilon\zeta}{\eta(\kappa_{sp} + 2\kappa^\sigma/\kappa R)} \quad [\text{V} \cdot \text{m}^2/\text{N}] \tag{7.8}$$

当然，物理量 κ^σ 将强烈依赖于扩散双层中的过量电荷，进而依赖于表面电荷。这一问题并不影响流动电流的测定，因为在这种测量中不存在电导电流。

7.5　胶体粒子在电场中的运动：电泳

电泳是胶体粒子在电场中的运动。本节我们将讨论电泳理论。电泳速度的测量将在 7.6 节中讨论。

我们都知道带电粒子所受的电场力用 qE 表示，这里 q 为粒子所带的电荷；粒子所受的摩擦力由 Stokes 定律给出 [式 (3.10)]，该定律指出，对于球形粒子，其所受到的摩擦力为 $6\pi\eta Rv$。这样，静态速度 (平均速度) 表达式为 $qE/(6\pi\eta R)$。对于电量为 ze 的单个离子，这种论断完全正确。然而，对于胶体粒子，其运动速度要慢

得多，因为粒子被大量与胶体粒子运动方向相反的反离子包围，会产生一个向后拖的力。这种现象称为电泳延迟。可以想象，当粒子很小，扩散层电荷分布体积很大时 (双电层很厚)，电泳延迟现象还不是很显著，表达式 $qE/(6\pi\eta R)$ 是正确的。可以看出，半径为 R 的球形粒子周围的运动电荷 $q = 4\pi\varepsilon R(1+\kappa R)\zeta$。因为这里我们讨论的是 $R \ll \kappa^{-1}$ 的情形，上式可简化为 $q = 4\pi\varepsilon R\zeta$。将此式代入速度表达式，得到

$$v_{\mathrm{ef}} = 2\varepsilon E\zeta/(3\eta) \quad [\mathrm{m/s}] \tag{7.9}$$

当粒子半径增加时，q 也增加。对于很大的粒子，电荷的表达式与表面积的近似：$4\pi\varepsilon R^2$。这意味着胶体粒子的运动速度将随 R^2 的增加而增大。但事实上并没有观察到这样的结果。实际上，电泳延迟非常显著。如在电渗中一样，为了得到电泳延迟的一个近似方程，我们考虑单位体积液体所受的力。这时，电场线基本与粒子表面平行，图 7.3(b) 可以很好地描述这种情况。所以，式 (7.1) 在此适用。使用与电泳相关的边界条件 (附录 7.A~7.C)，我们立即得到电泳速度 v_{ef}：

$$v_{\mathrm{ef}} = \varepsilon E\zeta/\eta \quad [\mathrm{m/s}] \tag{7.10}$$

这与式 (7.3) 非常相似。

这样，双电层很厚 ($\kappa R \ll 1$) 的小粒子的电泳速度几乎为双电层很薄的 ($\kappa R \gg 1$) 大粒子速度的 2/3。实践中，κR 经常在这两种极限之间，我们可以写出一般表达式：

$$v_{\mathrm{ef}} = f(\kappa R)\cdot\varepsilon E\zeta/\eta \quad [\mathrm{m/s}] \tag{7.11}$$

这里数学因子 $f(\kappa R)$ 介于 2/3 与 1 之间。Henry 计算了当双电层厚度为中间情况时 f 的数值，如图 7.5 中曲线 1 所示。由 Henry 的计算结果可以看出，式 (7.10) 适用于 $\kappa R > 300$ 的情况，而式 (7.9) 在 $\kappa R < 0.5$ 时正确。

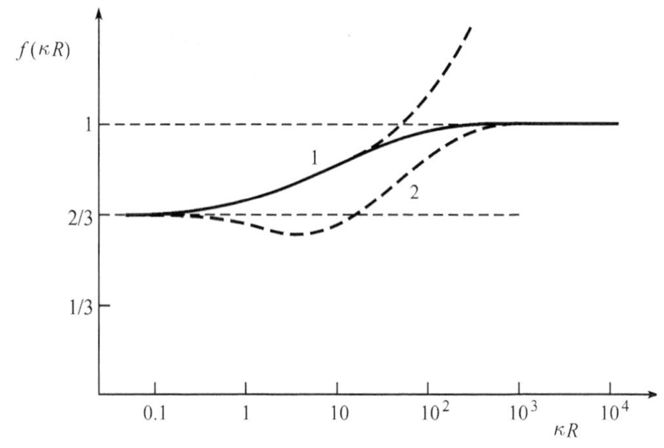

图 7.5　函数 $f(\kappa R)$。曲线 1，没有松弛效应；曲线 2 为 1-1 型电解质的松弛效应

除了源于流体力学效应的电泳延迟，还有第二个因素使电泳速度降低。这种效应纯粹是电学的，称为松弛效应。松弛效应的原理示于图 7.6。对于静止的粒子 [图 7.6(a)]，正负电荷中心重合。当电荷运动时，反离子和粒子运动方向相反 [图 7.6(b)]，所以粒子的电荷中心与扩散电荷中心发生偏移。这导致粒子受到一个与外电场方向相反的电场的作用，即为松弛效应。松弛效应是非常复杂的，事实表明，当双电层厚度介于极薄与极厚之间时，是在薄与厚双电层极限的中间区域，校正系数 $f(\kappa R)$ 比 Henry 计算的结果要小。图 7.5 曲线 2 即为此例。然而，我们必须意识到，松弛效应及随之而来系数 $f(\kappa R)$ 均强烈依赖于 ζ 电势和电解质类型 (1-1、2-1、3-1 等)。因此，确定 ζ 电势的最好方法是利用现有的 $f(\kappa R)$ 表或进行数学计算。

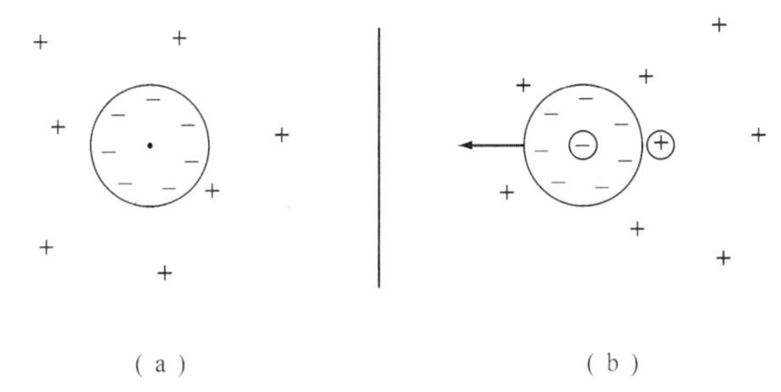

(a)　　　　(b)

图 7.6　松弛效应原理：(a) 静止的粒子；(b) 粒子朝左侧运动

7.6　电泳速度的测量

我们介绍三种方法：

(1) 界面移动法；

(2) 显微电泳；

(3) 高频方法。

7.6.1　界面移动法

这种经典的方法依赖于测量胶体分散系与其连续相之间的界面的移动速度。该方法测量的是许多粒子的平均速度，是一个宏观方法。该方法的关键是获得清晰的界面，这可以在 Burton 管或 Tiselius 管中实现 (图 7.7)。在 Burton 装置中，先在装置左面的单管中装入溶胶，在右边的双管中装入辅助液，然后小心打开阀门。当阀门再次关闭时，在两电极间施加一个电压，测定界面位置随时间的变化。在 Tiselius 装置中 [图 7.7(b)]，装置的部分管路可水平滑动。当这个可以滑动的部分与一个 U 形管连通时，装置中装满溶胶。然后，将可滑动部分移向左方 (使溶胶与装置上部分隔开)，之后向上部装入辅助液。最后，将滑动部分回归原位，开始测量。Tiselius

装置常用来测定蛋白质和其他亲液胶体的电泳。界面的移动常用 Schlieren 光学器件 (3.4.4 小节) 测量。现代的改进装置是通过反射光跟踪界面的移动。

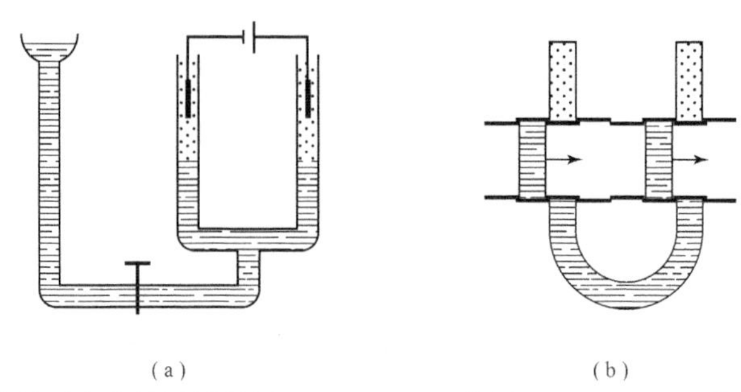

图 7.7　移动界面电泳的测量装置。(a) Burton 装置；(b) Tiselius 装置的中心部分

7.6.2　微电泳法

这些方法基于测量单个胶体粒子的移动速度，通常与超显微镜联用 (参见 3.7)。例如，可以使用图 7.1 中的装置，然后将显微镜聚焦在毛细管上。通常在完全封闭的体系中进行测量 (图 7.1 中所有的阀门都关闭)。显微镜应具有一个校正栅格，以便测定一定时间内某粒子移动的距离。但电渗现象常使这种方法复杂化。因为毛细管壁通常带电，所以在外加静电场下，通常会产生电渗流动，如图 7.8(a) 所示。因为体系是密闭的，液体必须流回来，回流的液体变为 Poiseuille 型流动 (图 6.2)。

$$v = \Delta p(R^2 - r^2)/(4\eta l) \quad [\mathrm{m/s}] \tag{7.12}$$

根据这一公式，回流的液体具有双曲线型速度分布，如图 7.8(b) 所示。最后的速度分布如图 7.8(c) 所示；这一速度将与粒子的电泳速度叠加到一起。事实表明，在流动体系中存在两个纯液体的流速为 0 的平面，此平面的位置在距离毛细管中心轴 $(1/2)^{1/2}R$ 处 (大约距离管壁 1/7 直径远)。在这两个平面上，测量的只是粒子的电泳速度*。因此，为了正确测量 v_{ef}，显微镜必须聚焦在一个电中性的平面上。

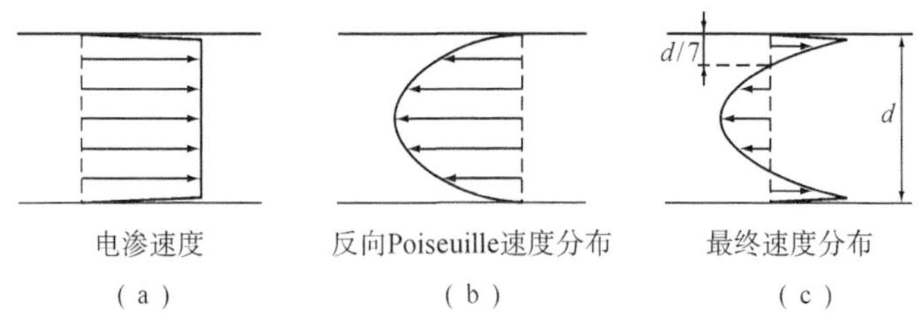

图 7.8　封闭微电泳池中的速度分布

另一个与这种复杂化相关的问题是交变电场的使用。当交变足够快时 (频率 ω 为几十赫兹)，电渗不会在离开管壁处形成有速度的流动 [式 (7.3)]。事实上，在

* 即无电渗干扰。—— 译者注

距离管壁大于 $\delta = \sqrt{2\eta/(\omega\rho)}$($\eta$ 与 ρ 分别为水的黏度与密度；当频率为 100 Hz 时，$\delta \approx 0.1$ mm) 处，液体不发生运动。这样，因为粒子在静态介质中运动，在毛细管的各个不同位置测量的速度将相同，并与电泳数值相等。这一方法的缺点是电场方向转换必须在很短的时间内完成；而在这一短的时间内应能够准确测量粒子的运动速度。对于人眼来说，这是不可能实现的；但借助以光散射为基础的现代测量仪器，做到这一点非常容易。

7.6.3　高频方法

当测量高浓度体系的 ζ 电势时，可以使用高频激发方法，使胶体粒子与介质之间产生相对运动。这种方法的特别之处是通过一个快速改变的电场 (频率约为 10^6 Hz) 使胶体粒子振动起来，在液体中激发出一个超声波，其振幅和相位可以测量。由这些数值就可以计算出 ζ 电势。这被称为电声振幅法。另一种不同的方法正好相反，用高频声波激发粒子，然后测量产生的振荡电势 (胶体振动势)。高频方法的理论是非常复杂的，但在实际应用中，这些方法快速而准确。

7.6.4　利用电泳原理的定性测量方法

除了目前讨论的定量测量电泳的方法外，还有一些利用电泳原理的定性测量方法。这些方法不能用来测定 v_{ef} 与 ζ 电势，但能定性地给出粒子所带电荷的信息。

支持电泳。在这种方法中粒子在外电压下通过孔或支持材料的表面 (固定相)。纸是最常用的支持材料；此外，硅胶、酪蛋白、淀粉或合成高分子，如聚丙烯酰胺等也经常使用。最后一种情况被称为聚丙烯酰胺凝胶电泳 (PAGE)。生物化学家用这种方法分离蛋白质和 DNA 片段。为了提高分离效果，有时在固定相上使用一个 pH 梯度；每一种组分在 pH 等于其等电点时停下 (此时蛋白质分子为电中性)。这就是等电聚焦。在 PAGE 实验中，经常向蛋白质溶液中加入表面活性剂十二烷基硫酸钠 (SDS)，它吸附在蛋白质表面，因而影响蛋白质表面的电荷。因为大的蛋白质比小的蛋白质分子吸附更多的 SDS，所以，与小蛋白质分子相比，大的蛋白质分子通过凝胶的速度慢。这样，分离就转化为尺寸大小问题了。

电泳沉积。这是电泳在工业上应用的一个典型例子。这种方法利用胶体粒子能够在导电的表面沉积的原理，用胶体粒子覆盖导体表面，或者将胶体粒子填入用其他方法很难到达的表面，如汽车架构的空隙处。粒子和基底所带的电荷对粒子在基底表面的附着起部分决定作用。到目前为止，针对这种非常实用的过程的定量分析还没有建立。电泳沉积是非常复杂的。因为胶体粒子所沉积的导电表面本身就是沉积过程需要的用以产生电场的电极，所以导电表面一定会参与电化学反应 (至少在以水为介质的体系中如此)。

7.7　Zeta 电势的解释

如 7.1 中所述，Zeta(ζ) 电势通常不会与 Stern 电势 φ_d 有很大的差异。因此，与 φ_d 一样，也取决于不相关离子和吸附离子的浓度。ζ 电势对各种离子浓度的依赖关系示于图 7.9。图中以 AgI 胶体粒子为例，其电荷决定离子为 Ag^+ 与 I^-。

负电荷决定离子 I^- 的影响示于图 7.9b。在很低的浓度下，ζ 电势为正值，在高浓度下为负值。在中间浓度范围内，曲线与 $\zeta = 0$ 的直线相交，交点称为等电点 (IEP)。在这一点，由定义可知所有的电动学量数值都为 0。在等电点附近，ζ 电势变化最快，并与表面电势 φ_0 变化趋势一致，因为此时的双电层几乎完全是扩散的。当表面电势较高时，Stern 层的电势降增加，所以 ζ 电势和 φ_d 的变化比 φ_0 的变化要小。在图 7.9(b) 中，IEP 与零电点 (PZC) 重合，意味着没有特异性吸附离子。

当电荷决定离子的浓度恒定时，增加不相关电解质会使 ζ 电势降低 [图 7.9(b)]。这种电势降低主要是由 Stern 层的大幅电势降落引起的。反过来，这种电势降落又是由表面电荷的增加造成的 [式 (5.40)]。

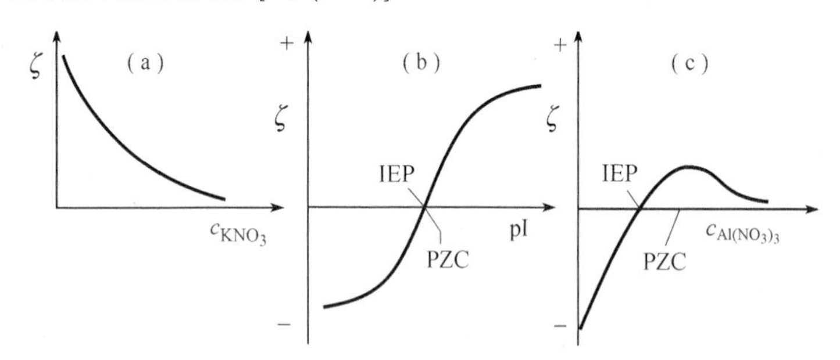

图 7.9　不同离子存在时 AgI 胶体的 ζ 电势。(a) 不相关离子；(b) 电荷决定离子；(c) 特异性吸附离子

图 7.9(c) 为存在特异性吸附反离子 [$Al(NO_3)_3$] 的情况。这可以从图 5.8 中的曲线推导出来。在较低的 $Al(NO_3)_3$ 浓度下，负的 ζ 电势其绝对值变小；到达 IEP 后发生电荷反转，然后正的 ζ 电势绝对值不断增加，直至达最大值。在很高的浓度下，表面电荷反转，NO_3^- 成为不相关离子，ζ 电势如图 7.9(b) 中的一样不断下降。该图的 IEP 与 PZC 不重合，因为 IEP 不是由电荷决定离子决定的，而是由“外来的”Al^{3+} 引起的。Al^{3+} 吸附于表面并使 IEP 偏离 PZC。

思　考　题

1. 与水体系相比，非水溶液中 ζ 电势与 φ_d 的差别是变大还是变小？

2. 你能证明 v_{eo} 和 v_{ef} 均与 E 和 ζ 成正比，而与 η 成反比吗？

3. 根据式 (7.3) 可知，$J_{\mathrm{eo}} = v_{\mathrm{eo}}O = (\varepsilon EO/\eta)\zeta$。由于多孔塞的面积未知，应用这个公式在多孔塞体系会有问题吗？

4. 为什么式 (7.10) 仅适用于大的非导电粒子？

5. 松弛效应对 $\kappa R \ll 1$ 的体系重要吗？对 $\kappa R \gg 1$ 的体系呢？

6. 当松弛效应发生时，我们不能使用函数 $f(\kappa R)$ 了，而必须使用 $f(\kappa R\zeta)$，为什么？

7. 至少用两个原因说明为什么 v_{ef} 取决于不相关电解质的浓度。

8. 你能从图 7.8(c) 看出虚线左边的面积与右边的面积的大小吗？图 7.8(a) 中的速度梯度从管壁延伸到多大距离？

9. 为什么在开放体系中微电泳的精确度低于在封闭体系中的精确度？

10. 在 Burton 电泳中，测量上升和下降界面的结果会有差别吗？这种方法与微电泳方法相比是好还是差？

11. 为什么在式 (7.7) 中出现 κ_{sp}，而在式 (7.6) 中不出现？为什么测量 i_{s} 时表面电导不重要？

12. 与 ζ 相比，V_{s} 对 c_z 的依赖性是强、相等、还是弱些？

13. 在式 (7.7) 中，R 没有出现。然而，却经常发现在 c_z 相等时，V_{s} 在窄的毛细管中总是比宽的管中要小些。你能解释这一现象吗？

14. 当发生表面电导时，能够通过流动电势实验准确测得等电点吗？

附　　录

7.A　电渗方程的推导

式 (7.1) 与式 (7.2) 的推导如下:

根据式 (5.28)，电场力用公式 $F_{\mathrm{el}} = qE$ 表示，其中 $q = \rho A\mathrm{d}x$，而 $\rho = -\varepsilon(\mathrm{d}^2\varphi/\mathrm{d}x^2)$，这可以从式 (5.45) 中看出。这样，$F_{\mathrm{el}} = -\varepsilon E(\mathrm{d}^2\varphi/\mathrm{d}x^2)A\mathrm{d}x$。摩擦力与黏度有关，见 (6.1 节)。在位置 x 处，体积元的上半部分，摩擦力向左: $F_x = \eta A\dot{\gamma}_x$；而在位置 $x + \mathrm{d}x$ 处 (体积元的下半部分)，摩擦力向右:

$$F_{x+\mathrm{d}x} = \eta A\dot{\gamma}_{x+\mathrm{d}x} \tag{7.13}$$

$\dot{\gamma}_x$ 为剪切速率: $\dot{\gamma}_x = (\mathrm{d}v/\mathrm{d}x)_x$。总的摩擦力 F_{fr} 是这两项的加和:

$$F_{\mathrm{fr}} = \eta A(\dot{\gamma}_{x+\mathrm{d}x} - \dot{\gamma}_x) = \eta A(\dot{\gamma}/\mathrm{d}x)\mathrm{d}x = \eta A(\mathrm{d}^2v/\mathrm{d}x^2)\mathrm{d}x \tag{7.14}$$

由 $F_{\mathrm{el}} + F_{\mathrm{fr}} = 0$ 立即可得出式 (7.1)。积分这一结果可以得到

$$\mathrm{d}v/\mathrm{d}x = (\varepsilon E/\eta)\mathrm{d}\varphi/\mathrm{d}x + C_1 \tag{7.15}$$

式中，C_1 是积分常数。在毛细管中心，我们有 $\mathrm{d}v/\mathrm{d}x = 0$，$\mathrm{d}\varphi/\mathrm{d}x = 0$，所以 $C_1 = 0$。

二次积分得到 $v = (\varepsilon E/\eta)\varphi + C_2$。在剪切平面里，$\mathrm{d}v = 0$，$\varphi = \zeta$，所以 $C_2 = -(\varepsilon E/\eta)\zeta$。由此得到式 (7.2)。

注意，在这个推导过程中我们没有使用双电层中的电势分布模型，仅使用了普通的 Poisson 公式。

7.B 大粒子的电泳速度

一次积分的积分常数 $C_1 = 0$ 的边界条件是，在距离粒子很远处，$\mathrm{d}v/\mathrm{d}x$ 与 $\mathrm{d}\varphi/\mathrm{d}x$ 均为 0。在目前的情况下，C_2 也是通过剪切平面中 v 与 φ 的值得到的：$v = v_{\mathrm{ef}}$，$\varphi = \zeta$，所以 $C_2 = v_{\mathrm{ef}} - (\varepsilon E/\eta)\zeta$。这样，液体的速率满足 $v - v_{\mathrm{ef}} = (\varepsilon E/\eta)(\varphi - \zeta)$。因为在很大距离处，$v = 0$，$\varphi = 0$，由此得出式 (7.10)。

7.C 流动电流的计算

式 (7.11) 的推导从 $i_{\mathrm{s}} = \int \rho v \mathrm{d}O = 2\pi \int_0^R \rho v r \mathrm{d}r$(图 7.9) 开始。根据式 (5.45)，电荷密度满足 $\rho = -\varepsilon \mathrm{d}^2\varphi/\mathrm{d}r^2$。这可得出下面的方程:

$$i_{\mathrm{s}} = -2\pi\varepsilon \int_0^R rv(\mathrm{d}^2\varphi/\mathrm{d}r^2)\mathrm{d}r = -2\pi\varepsilon \int_0^R rv\mathrm{d}(\mathrm{d}\varphi/\mathrm{d}r) \tag{7.16}$$

对这个表达式可以进行部分积分 $\left(\int_a^b f\mathrm{d}g = [fg]_a^b - \int_a^b g\mathrm{d}f\right)$。

例中 $[fg]_a^b$ 即为 $[rv\mathrm{d}\varphi/\mathrm{d}r]_0^R$，其值为 0，因为在 $r = R$ 处，$v = 0$，而在 $\mathrm{d}\varphi/\mathrm{d}x = 0$ 时，$r = 0$。这样，上述表达式化简为 $i_{\mathrm{s}} = 2\pi\varepsilon \int_0^R (\mathrm{d}\varphi/\mathrm{d}r)\mathrm{d}(rv)$。我们可以用式 (6.2) 取代 v，由此可以得到 $\mathrm{d}(rv) = [\Delta p/(4\eta l)](R^2 - 3r^2)\mathrm{d}r$。这样，我们发现:

$$i_{\mathrm{s}} = [\pi\varepsilon\Delta p/(2\eta l)]\int_0^R (R^2 - 3r^2)(\mathrm{d}\varphi/\mathrm{d}r)\mathrm{d}r = [\pi\varepsilon\Delta p/(2\eta l)]\int_0^R (R^2 - 3r^2)\mathrm{d}\varphi \tag{7.17}$$

这个积分可以被再次进行部分积分:

$$\int_0^R (R^2 - 3r^2)\mathrm{d}\varphi = [\varphi(R^2 - 3r^2)]_0^R - 3\int_0^R \varphi\mathrm{d}r^2 \tag{7.18}$$

式中，第一项结果为 $-2R^2\zeta$。第二项可表示为 $-6\int_0^R r\varphi\mathrm{d}r$。当 φ 为常数，且在整个毛细管的横截面积上等于 ζ 时，除在双电层中外，这一项的数值为 $-3R^2\zeta$。实际上因为管内几乎所有位置的 $\varphi = 0$，所以与 $-2R^2\zeta$ 相比，第二项的贡献可忽略。这样，我们得出 $i_{\mathrm{s}} = -\zeta(\pi\varepsilon\Delta pR^2)/(\eta l)$。如果不看电流的符号，这与式 (7.6) 相同。

第 8 章　憎液胶体的抗聚结稳定性及 DLVO 理论

8.1　憎液胶体的分散状态并不是热力学平衡

本章的目的是讨论胶体的稳定性，但我们不是要讨论胶体粒子的化学反应稳定性或抗 Ostwald 老化 (第 10 章) 的稳定性，这里的胶体稳定性是指胶体分散系对抗聚集和絮凝的稳定性*。因此，我们将讨论那些决定溶胶中单个胶体粒子是保持分散状态还是聚集在一起的因素。具有液体界面的体系，如泡沫和乳状液的寿命不仅取决于其稳定性，还与其他过程有关 (合并与歧化)。我们将在第 11 章中讨论这一问题。

从许多现象中都可以观察到憎液胶体具有聚集的倾向。这并不奇怪，因为憎液胶体本身定义为不能自发分散成单个分子的物质的分散系 (1.4 节)。分子之间的吸引力太强，以至于分散过程不能发生。由此预测到胶体粒子之间存在一种吸引力是顺理成章的。Kallmann 和 Wilstätter 在 1932 年提出，van der Waals 力是这种吸引力产生的原因。

在 1.4 节中，我们注意到憎液溶胶是热力学不稳定的，但并不会发生许多憎液胶体粒子聚集在一起的情况，因为在达到热力学稳定的聚集状态之前，体系要克服一个活化能。这样，我们也要了解这种活化能的本质是什么。在这个背景下，我们将在这里讨论电荷的作用。在第 9 章中，我们将讨论高分子的影响。

在第 5 章中，我们看到憎液胶体通常是带电的，并且被一层扩散分布的反电荷 (反离子所带的电荷) 所包围。两粒子通过这种反电荷互相排斥；这种排斥力提供了活化能。因为体系中的离子浓度和价态强烈影响双电层的结构，我们可以预测，电解质，即使是不影响表面电荷的不相关电解质，对胶体的稳定性也有显著的影响。事实的确证明，在一定的阈值之上，即临界絮凝浓度 (ccc), 溶胶聚集 (絮凝)；而在这个阈值之下，这一现象并不发生。ccc 强烈依赖于反离子的价态 (8.5 节)。本章中，我们首先在 8.2~8.4 节讨论发展于 1940 年前后的胶体稳定性理论，即 DLVO 理论。DLVO 是这一理论提出者名字首字母的组合，即俄国的 Derjaguin 与 Landau，以及荷兰的 Verwey 与 Overbeek。对于简单模型体系，这一理论符合得相当好。在本章最后，我们研究絮凝过程及其所导致的结构。

---

* 控制胶体的稳定性是很多应用中的基本问题。有时候，我们需要粒子之间存在很强的斥力 (如制备均匀的表面涂层)。也有时候，我们需要使粒子絮凝 (如水的净化)。在医学测试中，胶体的稳定性被用来显示抗体的存在，等等。粒子间相互作用强度的大小决定了絮凝相的外观。

8.2 当胶体粒子之间的距离小于粒子直径时，van der Waals 引力很大

真空中的原子和分子通过 van der Waals 力互相吸引。当原子核周围的电子电荷不是对称分布时，就会产生一个偶极。这些偶极 (永久或瞬时) 彼此吸引。真空中质心距离为 r 的两个原子或 (球形) 分子之间的吸引能通常表示为

$$V_{\mathrm{A}} = -\beta/r^6 \quad [\mathrm{J}] \tag{8.1}$$

这里，我们特别考虑 London-van der Waals 力。对于这些作用力，常数 β 正比于 α^2(α 为原子的可极化度，参见 3.6.2 小节)。在这种情况下，引力的产生是由于相距很近的两个原子的电子的运动有相关性。因此，在任一时刻一个原子总会在另一个原子上诱导产生一个小的瞬时偶极。当 α 较大时，诱导产生的瞬时偶极也较大，吸引力就较强。我们要强调的是，式 (8.1) 在两个原子之间的距离小于电子云所能到达的范围*时不再成立；在距离很小时，非常强的斥力起主导作用 (Born 排斥)。因此，将 $r=0$ 代入式 (8.1) 会导致一个没有物理意义的结果。London-van der Waals 引力是一类弱的作用力。对于一般的原子，参数 β 通常具有这样一个数值：距离为一个原子直径的两个原子之间的相互吸引能在室温下小于 kT。所以，气体只有在足够冷时才能成为液体。

胶体粒子间的吸引作用给我们什么启发？如果我们考虑两个粒子之间的距离为一个粒子直径大小时，这可被视为两个原子体系，只不过它们之间的距离增加了一个 f 因子，但粒子的大小也扩大了 f 倍。这样，粒子的体积就增大到 f^3 倍。所以，对吸引力有贡献的原子对数目增加到 $f^3 \times f^3 = f^6$ 倍，但每一对原子的贡献变小，因为距离增大到 f^6 倍 [式 (8.1)]。这样，单凭经验方法，我们可知相距为一个粒子直径的两个胶体粒子之间的吸引能与两个原子之间的作用能处在同等数量级，即比 kT 略小。但在更小的距离处，原子间的吸引力快速增加。在相似的条件下，胶体体系也如此。可以推导出引力能 V_A 遵从如下公式 (附录 8.A)：

$$V_{\mathrm{A}} = -\frac{A}{12\pi H^2} \quad [\mathrm{J/m^2}] \tag{8.2}$$

式中，A 为 Hamaker 常数 [根据荷兰科学家 H. C. Hamaker(1937~) 的名字命名]，

$$A = \pi^2 \beta n^2 \quad [\mathrm{J}] \tag{8.3}$$

式 (8.2) 为两个平表面之间吸引能的表达式。由式 (8.2) 可见，在板状胶体粒子体系中，引力与距离的关系由原子体系的 r^{-6} 变成平板粒子体系的 H^{-2}。这是因为

* 即两个原子之间的距离小于原子直径。—— 译者注

我们需要积分四次。式 (8.2) 中的 V_A 是单位面积上的吸引能，单位为 J/m^2 或 kT/nm^2；H 为两平表面之间的距离，单位为 m；n 为单位体积中的原子数目。要知道，式 (8.2) 在 $H = 0$ 时不成立。当最外层原子近距离接触时，强烈的 Born 排斥作用使在 H 很小时不可能产生吸引作用。

图 8.1 绘出了当 $A = 4 \times 10^{-20}$ J，亦即约 10 kT 时，由式 (8.2) 得出的吸引能 V_A 与距离之间的关系。此图表明在距离很小时，V_A 变得越来越负；而在距离很大时，V_A 逐渐趋近于零。例如，当 $H = 1.5$ nm 时，$V_A = 0.12kT/nm^2$。这意味着两个边长为 10 nm 的立方体粒子之间的吸引能为 $12kT$(忽略边缘影响)。当距离扩大 5 倍时，吸引能降至原来的 1/25，降低到 0.5 kT。

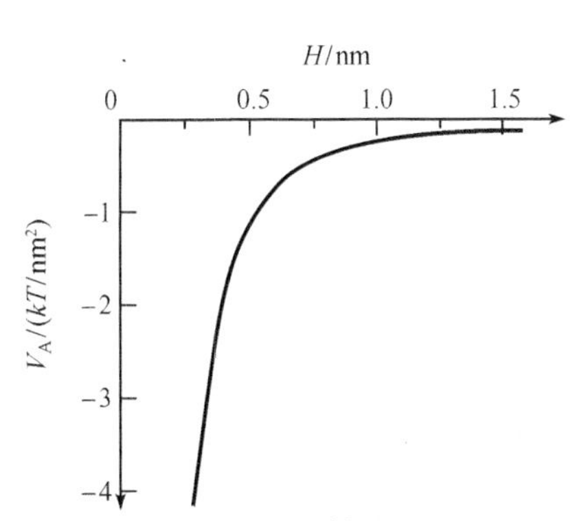

图 8.1　$A = 4 \times 10^{-20}\text{J} = 10kT$ 时由式 (8.2) 计算得到的 V_A 对距离的函数

由式 (8.2) 与式 (8.3) 可见，V_A 的绝对值取决于 Hamaker 常数，它与原子的可极化度的平方成正比，与粒子中原子的密度成正比。反过来，可极化度与介电常数 ε 有关 [每单位体积的可极化度，$C^2/(J\cdot m)$]，因此也与折射率 n 有关 (3.6.2 小节)。

附录 8.A 推导的是真空中两个粒子的情况。在胶体科学中，我们面对的几乎都是液体中的粒子，所以我们不能使用极化度本身，而是使用分散相 (α_1) 与连续相 (α_2) 极化度的差值。可以证明 A 正比于这个差值的平方，因此，不论 $\alpha_1 > \alpha_2$ 还是 $\alpha_1 < \alpha_2$，总会产生吸引力。在几何形状与大小完全相同的情况下，空气中两个水滴之间的吸引力与水中两个气泡之间的吸引力大小完全相同。同样地，肥皂膜 (两个空气体积元之间的一薄层水) 中的吸引力与被一个气体狭缝分隔开的两个水滴之间的吸引力也相同。由此也可以得出，当 $\alpha_1 = \alpha_2$ 时 (或等效地，$n_1 = n_2$)，Hamaker 常数为 0，van der Waals 力消失。

Hamaker 常数很难精确测定。通常采用实验测量与理论预测相结合的方式估算 Hamaker 常数的数量级。表 8.1 给出了几个例子，A 的单位为 10^{-20}J(比较一下，室温 25 ℃下 $1kT = 4 \times 10^{-21}$J)。我们清楚地看到，具有较高密度且原子中有较多电子层的化合物的 Hamaker 常数较高。

对于球形粒子，也可以如附录 8.A 那样进行积分。当距离很小时，球形粒子之间的吸引能为

$$V_A = -\frac{RA}{12H} \quad [\text{J}] \tag{8.4}$$

式中，R 为粒子半径；H 为两个球表面之间的最短距离，如图 8.2 所示。这个近似表达式仅在 $H \ll R$ 时成立。

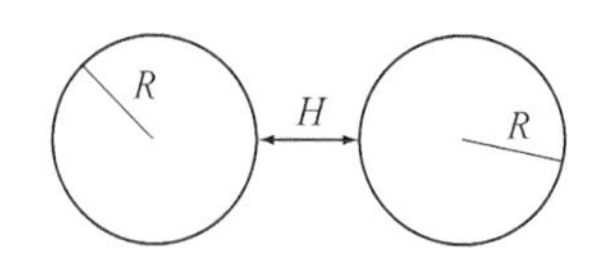

图 8.2　两个表面距离为 H，半径为 R 的球形粒子

表 8.1　几种化合物在真空中和在水中的 Hamaker 常数　　(单位：10^{-20}J)

化合物	真空	水
聚苯乙烯	7.9	1.3
十六烷	5.4	—
金	40	30
银	50	40
铜	40	30
水	4.0	—
戊烷	3.8	0.34
癸烷	4.8	0.46
十六烷	5.2	0.54
水	3.7	—
无定形石英	6.5	0.83
晶体石英	8.8	1.70
硅	6.6	0.85
方解石	10.1	2.23
氟化钙	7.2	1.04
Saffire	15.6	5.32
聚甲基丙烯酸甲酯	7.1	1.05
聚氯乙烯	7.8	1.30
异戊二烯	6.0	0.74
聚四氟乙烯	3.8	0.33
氧化铝	15.2	4.4
碘化银	—	2.6

上面的讨论建立在原子的 van der Waals 力具有加和性这一假设的基础上。假设原子之间的相互作用不受附近其他原子的影响，这时我们可以使用单个原子的 β 常数。在这一假设基础上的理论称为微观理论，因为其始于原子水平的性质。而更多最新的理论 (也称为连续性理论) 表明，这种加和性并不完全适用。最新的 Lifschitz 理论建立在材料中原子的集体行为基础之上，以材料的介电常数来表示。因为原子是波动的偶极，所以一个重要的问题是了解它们在不同频率下的振动幅度。对很多材料来说，式 (8.5) 成立：

$$A=\frac{3}{4}kT\left(\frac{\varepsilon_{\mathrm{d}}-\varepsilon_{\mathrm{m}}}{\varepsilon_{\mathrm{d}}+\varepsilon_{\mathrm{m}}}\right)^2+\frac{3}{16\sqrt{2}}\hbar\omega\frac{(n_{\mathrm{d}}^2-n_{\mathrm{m}}^2)^2}{(n_{\mathrm{d}}^2+n_{\mathrm{m}}^2)^{2/3}}\quad[\mathrm{J}]\tag{8.5}$$

式中，n_{d} 与 n_{m} 分别为粒子和介质的折射率；对于可见光，w 是占主导的光波的吸

收频率 [(1.7~2.4)×10^{16}rad/s]；$\hbar = 2\pi h$，为 Plank 常数；$\varepsilon_{\rm d}$ 与 $\varepsilon_{\rm m}$ 分别是粒子和介质在 0 频率 (静态电场) 时的介电常数。

对于间距很小的粒子，这一连续理论与式 (8.2) 及式 (8.4) 吻合得非常好，尤其是势能对距离的依赖性。但是，Hamaker 常数不能用式 (8.3) 计算，而是应该使用式 (8.5)。当 H 很大时，式 (8.2) 与式 (8.4) 不再成立。原因之一是我们忽略了电磁延迟现象：当粒子间距增加时，电子运动的相关性 [这是式 (8.1) 的基础] 变差，因为连接两个粒子中电子运动的电磁波由一个粒子到达另一个粒子需要一定的时间，所以在 H 很大时，吸引力要比用式 (8.2) 得出的结果弱。因为胶体稳定性主要受距离很小时粒子间相互作用的影响，所以我们将忽略这些细节，仅限于讨论式 (8.2) 与式 (8.4) 等简单的公式。

8.3　同号双电层的重叠导致排斥

当两个具有双电层的胶体粒子互相靠近时，离子氛部分互相穿透，这称为双电层重叠，如图 8.3 所示。

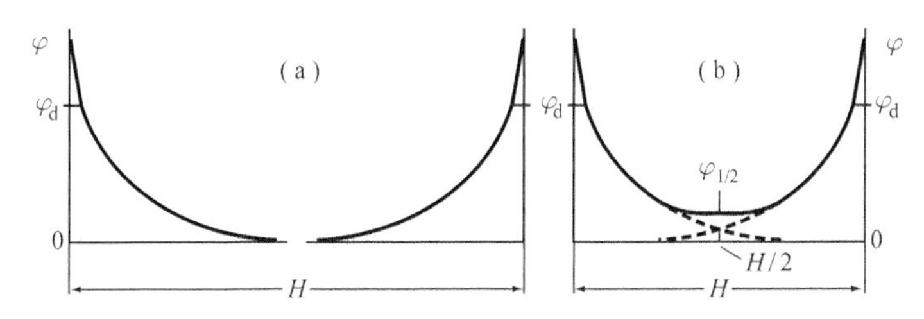

图 8.3　两个相同粒子的电势分布。(a) 在作用范围之外；(b) 双电层重叠时

使双电层重叠需要做功，这意味着产生斥力。之所以需要做功，是因为在本已经存在过剩电荷的重叠区域引入了同号电荷。从另一个角度来看，斥力的产生是由于离子氛的体积减小。离子氛受到压缩，表现为渗透压增加。即使当电中性表面接近带电表面时，也存在这样的压缩，因而产生斥力。

排斥功可以按如下两种方式计算：

(1) 从热力学角度计算。从重叠前后的势能分布，可以计算出重叠发生前后的 Gibbs 自由能，两者之间的差值就是排斥能。

(2) 从渗透压的角度计算。在重叠区域，离子的浓度比体相中要高。这将产生一个渗透压差 $\pi = RT\Delta c$，这一渗透压可被看成每单位面积上将粒子分开的力。Δc 的数值可通过对每一个粒子间距离求解 Poisson-Boltzmann 方程获得。为简单起见，通常认为在相对大的距离内离子的浓度未被扰动，对此进行加和 (重叠近似)。这意味着在图 8.3(b) 中两平板距离一半处的电势 $\varphi_{1/2}$ 近似为 $2\varphi(H/2)$，这里 $\varphi(H/2)$

为一个未被扰动的双电层在距离 $x = H/2$ 处的电势。

针对上述两个平板双电层进行计算，可以得到单位面积上的排斥能 V_R 的表达式：

$$\frac{V_\mathrm{R}}{kT} = 64n^\mathrm{b}\kappa^{-1}\gamma_\mathrm{d}^2\mathrm{e}^{-\kappa H} \quad [\mathrm{m}^{-2}] \tag{8.6}$$

式中，n^b 为体相中离子的数量浓度 $(= c \cdot N_\mathrm{A})$；γ_d 的表达式为

$$\gamma_\mathrm{d} = \tanh\left(\frac{ze\varphi_\mathrm{d}}{4kT}\right) \quad [-] \tag{8.7}$$

(tanh 的意义见附录 5.C)。注意，在这个表达式中我们用的是 φ_d，而不是 φ_0，这是因为决定双电层扩散部分电势的是 φ_d。对于低电势情况，我们可以使用近似表达式 $\tanh x = x$(图 5.12)，代入式 (5.13) 可以得到

$$V_\mathrm{R} = 2\varepsilon\kappa\varphi_\mathrm{d}^2\mathrm{e}^{-\kappa H} \quad [\mathrm{J/m^2}] \tag{8.8}$$

上述结果成立的条件是 Stern 电势不依赖于粒子间距离，保持恒定。这意味着我们已假设 φ_d 像 φ_0 一样，取决于与体相的一些平衡。

然而实验结果表明，相互作用能随粒子间距离 H 的增加呈指数衰减，这也意味着相互作用力 (它是电势对距离的微商) 也是如此衰减。只要 van der Waals 力很弱 (在粒子间距很大时)，总的相互作用也将随距离的增大而呈指数衰减。这已为直接的实验测量所证实，见图 8.4。

当电势较低时 $[ze\varphi_\mathrm{d}/(kT) < 2]$，式 (8.8) 表明 V_R 正比于 φ_d^2，而对于较高的电势 $[ze\varphi_\mathrm{d}/(kT) > 8]$，式 (8.6) 中的因子 γ_d 趋近于 1，所以斥力与 Stern 电势无关。这是由于当 φ_d 连续增加时，电势分布在靠近表面时变得越来越陡，但更远处电势基本相同。只有双电层的外围区域对双电层的重叠有重要影响。但是，我们应指出，实际上电势极高的情况 $(\varphi_\mathrm{d} > 200\ \mathrm{mV})$ 很难发生。

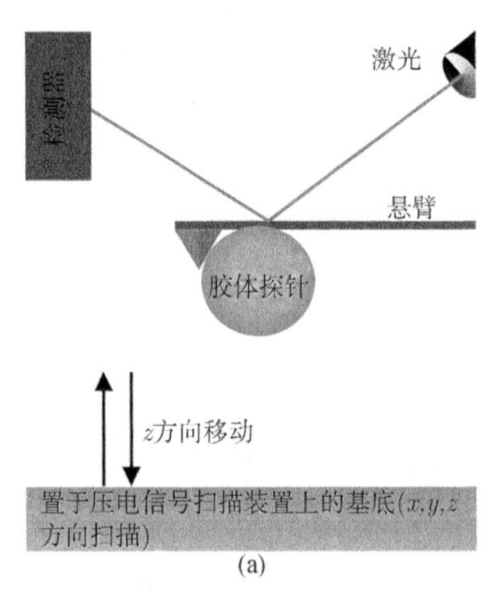

(a)

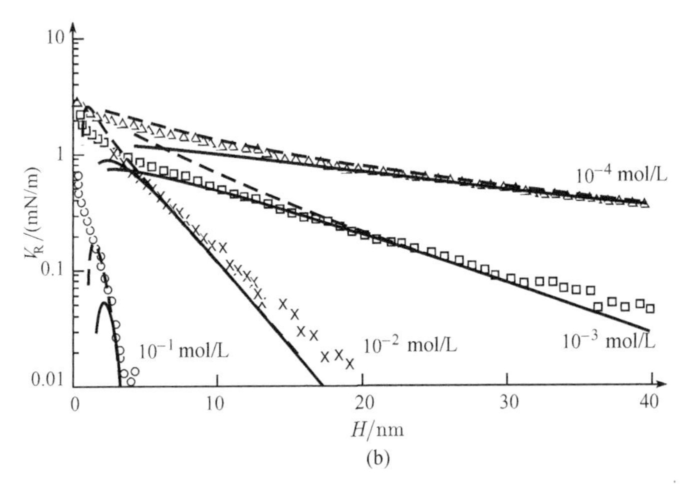

图 8.4　两个硅表面 (硅胶体粒子与平面硅基底) 间的双电层排斥。(a) 胶体探针 AFM 装置示意图，用此装置可测得距离为 H 的两个表面之间的相互作用; (b) 所得 V_R-H 关系曲线。表面弯曲的硅胶体粒子，半径为 R，实验在 NaCl 水溶液中进行。曲线是根据 DLVO 理论计算的结果，其中实线与虚线分别是表面电荷 σ_0 与 φ_d 恒定的结果

对于半径为 R 的两个圆球，排斥能可用类似的方式推导出来：

$$\frac{V_R}{kT} = 64\pi n^b R\kappa^{-2}\gamma_d^2 e^{-\kappa H} \quad [-] \tag{8.9}$$

由式 (8.9) 可得出，当表面电势很低时，

$$V_R = 2\pi\varepsilon R\varphi_d^2 e^{-\kappa H} \quad [J] \tag{8.10}$$

注意，式 (8.9) 和式 (8.10) 中相互作用能的单位为 J/粒子，而不是像平板粒子那样为 J/m^2。

图 8.5 绘出了在 1-1 型电解质水溶液中平板粒子 V_R 的变化。曲线 1 是 $\varphi_d = 50$ mV($\gamma_d = 0.46$)，$c = 25$ mmol/L($n^b = 1.5 \times 10^{25}$ m^{-3}; $\kappa = 0.5$ nm^{-1} $= 5 \times 10^8$ m^{-1}) 时的情况。这时式 (8.9) 变为 $V_R = 0.41 \times e^{-0.5H} kT/\text{nm}^2$，式中，$H$ 的单位为 nm。对于较高的 φ_d，在所有距离下 V_R 数值都较高 (曲线 2)。在较高的盐浓度下，V_R 在较短距离下较大，但在距离增加时下降得更快 (曲线 3)；当距离很大时 (这对稳定性来说至关重要！)，斥力在盐浓度很高时变得很小。这完全在预料之中，因为此时屏蔽效应更为显著。

对于“能斯特”型表面，V_R 数值 (在曲线 1 与曲线 3 中取值相等) 随盐浓度变化。如果盐浓度很高，由于表面电荷也增加，V_R 变小 (第 5 章及附录 5.D)。

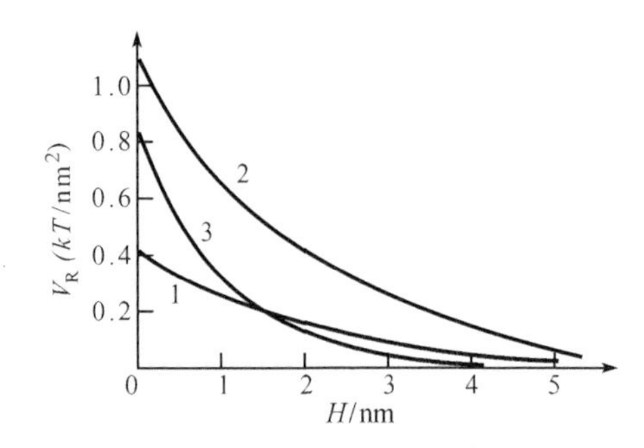

图 8.5　1-1 型电解质水溶液中两个平板粒子之间的排斥能。1. $\varphi_d = 50$ mV，$c = 25$ mmol/L；2. $\varphi_d = 100$ mV，$c = 25$ mmol/L；3. $\varphi_d = 50$ mV，$c = 100$ mmol/L

8.4　总相互作用能有极大值，但在高盐浓度下此值降低

当两个粒子互相排斥时，胶体体系是稳定的；而当它们相互吸引时，体系不稳定。这样，体系是否絮凝取决于 V_A 与 V_R 之间的平衡。比较图 8.1 与图 8.5 可以看出，V_A 与 V_R 处于同一个数量级。因此，一个体系到底是排斥的还是吸引的主要取决于两个曲线的精确形状。

我们考虑体系中盐浓度增加的情况。V_A 不会变化，但 V_R 随盐浓度的变化而变化。这样，总的相互作用能 $V_t = V_R + V_A$ 变小，如图 8.6 所示。

当盐浓度很低时 [图 8.6(a)]，总相互作用能 V_t 曲线的特征是，在距离很小时有一个第一极小值，随后在大一点的距离处是一个极大值。在距离更远时，出现一个较小的第二极小值。第一极小值的产生是由于在 $H \to 0$ 时总相互作用能 V_t 为很大的负值 (但要记住 H 不会真正为 0!)，而 V_R 保持为有限的正值。第二极小值是由于斥力呈指数衰减，其衰减的速度比 V_A 对 H^{-1} 或 H^{-2} 的代数依赖性要快。

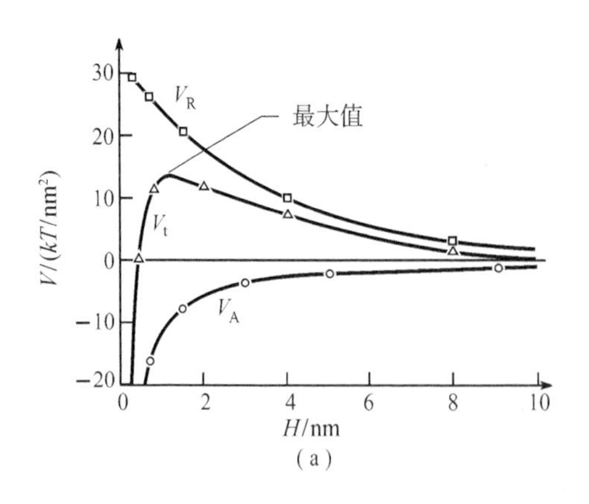

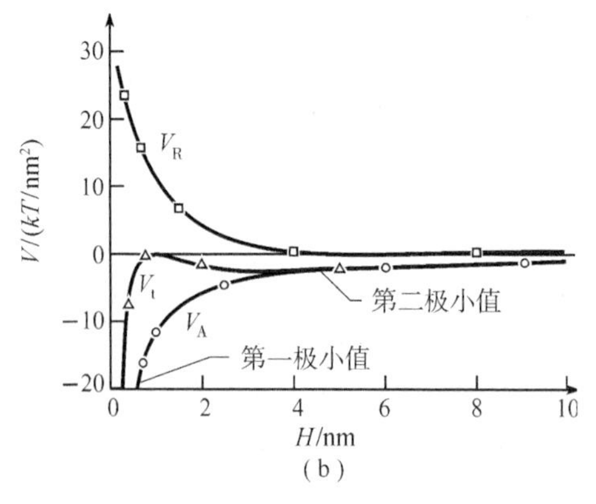

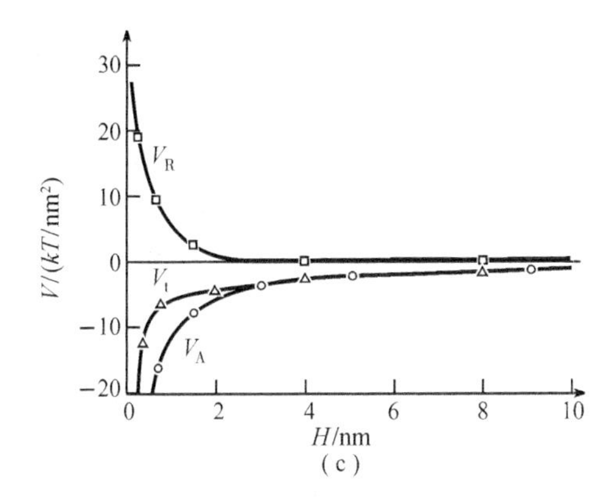

图 8.6　球形粒子的总相互作用能。(a) 稳定的溶胶 ($V_{max} \gg kT$)；(b) 絮凝中的溶胶 ($V_{max} = 0$)；(c) 不稳定的溶胶 (没有 V_{max})。涉及参数：$A/kT = 1.36$；$R = 100$ nm (球形粒子)；$\varphi_d = 17$ mV；盐浓度分别为 (a) 9 mmol/L，(b) 100 mmol/L(平表面)，(c) 300 mmol/L

能垒 (极大值) 的存在使得两个粒子不能靠得很近，因此溶胶是稳定的。

图 8.6(a) 清楚地表明为什么具有胶体稳定性的溶胶是热力学不稳定的：Gibbs 自由能最低的状态是絮凝的溶胶 (在第一极小值附近)，但较高的活化能垒阻碍了这一状态的到达。在聚集动力学中，极大值的作用与化学反应速率中的吸引能的作用相同 (回忆 Arrhenius 方程)。V_{max} 的数值必须大于两个互相碰撞的粒子的平均能量 kT。两个粒子在碰撞时粘在一起 (达到第一极小值) 的概率约正比于 $\exp[-V_{max}/(kT)]$。

与 kT 相比，第二极小值通常是非常小的，至少对于小粒子来说是无足轻重的。但对于很大的粒子则可能非常可观。总相互作用能大致随粒子半径的增加而线性增加。所以，大粒子的第二极小值可达 10～15 kT。因此粒子大小在微米范围内的乳状液滴经常在第二极小值出现絮凝。由图 8.6(b) 可以推出，在聚集体中的粒子不互相接触，而是保持一定的距离。在第二极小值处发生聚集的粒子可以通过摇动或降低盐浓度而再次分散 (再生胶溶)。

当加入更多的盐时，V_{max} 变小，溶胶稳定性降低。图 8.6(b) 表示 V_{max} 正好为 0 时的情况。图 8.6(c) 中盐的加入量是如此之多以至于在任何距离处 V_R 都非常小，所以总相互作用能 V_t 曲线几乎与吸引能 V_A 曲线重合。在这种情况下溶胶当然发生絮凝。

8.5　临界絮凝浓度

由于盐对胶体粒子之间的排斥力有重要影响，我们定义一个能够标记使溶胶稳定或絮凝的盐浓度，这一浓度被称为临界絮凝浓度 (ccc)。从稳定到不稳定溶胶的过渡没有鲜明的界限，而是渐变的。所以 ccc 的选择在某种程度上有一定的任意性。我们必须意识到，尽管盐浓度增加能使活化能垒变低，从而导致絮凝速率增加，但这不会永远持续下去：存在一个最大絮凝速率，即两个粒子之间每次相遇都会产生聚集，因为此时活化能垒消失。因此，当如图 8.6(b) 所示的情况发生时，定义 ccc 就非常清楚和简单了。这样，我们得到

$$V_{\mathrm{t}} = V_{\mathrm{A}} + V_{\mathrm{R}} = 0 \quad [\mathrm{J/m^2}] \tag{8.11}$$

以及

$$\frac{\mathrm{d}V_{\mathrm{t}}}{\mathrm{d}H} = \frac{\mathrm{d}V_{\mathrm{A}}}{\mathrm{d}H} + \frac{\mathrm{d}V_{\mathrm{R}}}{\mathrm{d}H} = 0 \quad [\mathrm{J/m^3}] \tag{8.12}$$

上面两式合并可以得到一个条件：相互作用曲线的顶点刚好接触到 H 轴。把 V_{A} 与 V_{R} 的表达式代入式 (8.11) 与 (8.12)，我们得到 ccc 的表达式，其结果为

$$H_0 = 2\kappa^{-1} \quad [\mathrm{m}] \quad (\text{平板粒子}) \tag{8.13}$$

及

$$H_0 = \kappa^{-1} \quad [\mathrm{m}] \quad (\text{球形粒子}) \tag{8.14}$$

由此可得出数量浓度，表示为

$$n_{\mathrm{vl}} = \mathrm{const}\,\varepsilon^3 (kT)^5 \gamma_{\mathrm{d}}^4 A^{-2} (ze)^{-6} \quad [1/\mathrm{m^3}] \tag{8.15}$$

式中，γ_{d} 的定义参见式 (8.7)。式中的常数对于平板粒子来说等于 $8^5 \times 6^2 (\pi/e^2)^2 = 2.13 \times 10^5$，对于球形粒子则为 0.88×10^5。

式 (8.13) 与式 (8.14) 表明，当两个表面之间的距离与双电层的厚度处于相同数量级时，两者之间的相互作用有极大值，这是双电层厚度的另一种表述。在实际应用中，我们在室温、水溶液及低电势条件下 $[\gamma_{\mathrm{d}} = ze\varphi_{\mathrm{d}}/(4kT)]$ 使用式 (8.15) 的形式，并将离子浓度转化为 mol/L。这里给出 SI 单位表达式：

$$c_{\mathrm{vl}} = 1.86 \times 10^6 z^{-2} \left(\frac{A}{kT}\right)^{-2} \varphi_{\mathrm{d}}^4 \quad [\mathrm{mol/L}] \quad (\text{球形粒子}) \tag{8.16}$$

$$c_{\mathrm{vl}} = 4.6 \times 10^6 z^{-2} \left(\frac{A}{kT}\right)^{-2} \varphi_{\mathrm{d}}^4 \quad [\mathrm{mol/L}] \quad (\text{平板粒子}) \tag{8.17}$$

从式 (8.15) 我们可以推断出 ccc 与离子价态的六次方成反比，因此可以发现对于一价、二价和三价离子的比例为 100:1.6:0.13。但是，这并不完全正确：因为 φ_{d} 也依赖于 z。例如，在低电势情况下，这一理论预测 ccc 对 z^{-2} 有依赖性。回溯到 1900 年，Schulze 与 Hardy 得出了一个经验规则，认为 ccc 随离子价态的降低比线性降低得更快。这也是我们在定量分析中所发现的，但很少见到 ccc 随 z^{-6} 降低的

现象。常见的是 ccc 与离子价态的关系介于 z^{-2} 与 z^{-6} 之间。此外，高价离子经常发生特异性吸附，导致在 φ_d 很高时，ccc 并不与 z^{-6} 成正比。

ccc 之所以随介电常数 ε 的增加而增大 [式 (8.15)]，是因为在介电常数较大的介质中静电力变小。如果完全溶解和电离，盐在水中的屏蔽效应比在弱极性溶剂中的小。因此，当 A 与 φ_d 相同时，水中的 ccc 通常较大。在非极性很强的溶剂中，盐通常完全不发生解离。因为当 ε 很小时，阳离子和阴离子之间的吸引力非常强，以至于不能电离。更进一步地，式 (8.15) 预测 ccc 与 A^2 成反比。这可以定性理解为：当吸引增强时，使溶胶絮凝所需要的盐减少。

最后，ccc 随温度的五次方的变化而变化。但实际上，ε、γ_d 与 A 都随温度变化，因此尚不能得到温度对 ccc 的确切影响。

8.6　絮凝开始时的情况

为了找到 ccc，我们研究一下初始絮凝速率随盐浓度的变化。在絮凝的溶胶体系，粒子数目随时间减少。浓度为 N_1 的初级粒子形成浓度为 N_2 的双聚体，这使得 N_1 降低而 N_2 增大。双聚体进一步长大形成三聚体或四聚体，使得一段时间后，N_2 开始下降。粒子的总浓度 $N(N = N_1 + N_2 + N_3 + \cdots)$ 连续降低。如图 8.7 中所示的 4 个例子，每个“反应”都是双分子的，整个絮凝过程也是如此。因此，我们用二级反应动力学来描述这一过程：

$$\mathrm{d}N/\mathrm{d}t = -KN^2 \quad [1/(\mathrm{m}^3\mathrm{s})] \tag{8.18}$$

式中，K 为絮凝速率常数，它取决于总相互作用能曲线上极大值的数值，因此受盐浓度影响。

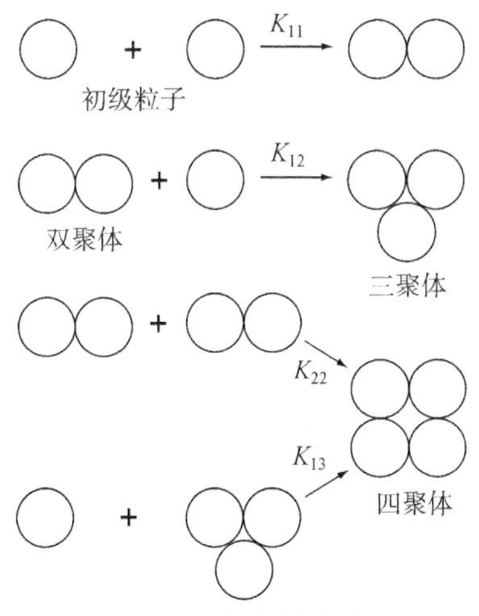

图 8.7　絮凝的溶胶

式 (8.18) 的解为

$$N = \frac{N_0}{1 + KN_0 t} = \frac{N_0}{1 + t/t_{1/2}} \quad [1/\mathrm{m}^3] \tag{8.19}$$

式中，N_0 为 $t = 0$ 时刻粒子的数目 (由溶胶的浓度决定)；$t_{1/2}$ 为半衰期，定义为 $t_{1/2} = 1/(KN_0)$。在 $t = t_{1/2}$ 时，体系中粒子的数目正好为初始数目的一半。

速率常数 K 和半衰期强烈依赖于粒子间的相互作用。只要排斥力非常强，絮凝就非常缓慢，半衰期很长；而没有排斥力的溶胶会快速絮凝。如果根本没有排斥力 ($V_{\max}$ 在所有的距离都为负值)，速率常数会达到一个最大值，该最大值完全取决于粒子偶然相遇的概率。我们把这种情况称为快速絮凝，并把相应的速率常数标记为 K^{s}。Von Smoluchowski 发现，当粒子仅通过扩散作用发生碰撞 (布朗运动) 时，K^{s} 数值等于 K_{Brown}，用下式表示：

$$K_{\mathrm{Brown}} = 8\pi DR \quad [\mathrm{m}^3/\mathrm{s}] \tag{8.20}$$

$$(t_{1/2})_{\mathrm{Brown}} = \frac{1}{K_{\mathrm{Brown}} N_0} = \frac{1}{8\pi DRN_0} \quad [\mathrm{s}] \tag{8.21}$$

式中，D 为初级粒子的扩散系数。注意，这个常数与粒子半径成反比 [式 (3.24)：$DR = kT/(6\pi\eta)$]，因此，对于球形粒子，$K_{\mathrm{Brown}} = 4kT/(3\eta)$。(对于依靠 van der Waals 力相互吸引的粒子来说，絮凝速率常数原则上要大些，因为粒子在相距较远时就能 “感受” 到彼此，但这种影响很小)。当对溶胶进行剪切时 (如搅拌或流经一个管子)，粒子之间的碰撞频率显著增加。剪切 (剪切速率 $\dot{\gamma}$) 对速率常数的贡献表达为

$$K^{\mathrm{s}} = \frac{4}{3}\dot{\gamma}R^3 \quad [\mathrm{m}^3/\mathrm{s}] \tag{8.22}$$

由式 (8.22) 可知，絮凝速率常数也强烈依赖于粒子半径 R。小粒子主要通过布朗运动絮凝，但对大粒子来说，剪切的贡献很快就占主导地位。

当向稳定的溶胶 ($t_{1/2}$ 较大，K 几乎为 0) 中加入盐时，$t_{1/2}$ 降低，K 变大。K 持续增加，直到能垒降为 0。这时，$K = K^{\mathrm{s}}$, 或 $t_{1/2} = t^{\mathrm{s}}_{1/2}$。我们可以将速率常数比定义为稳定常数 W：

$$W = \frac{K^{\mathrm{s}}}{K} = \frac{t_{1/2}}{t^{\mathrm{s}}_{1/2}} \quad [-] \tag{8.23}$$

$1/W$ 可被视为 “粘连概率”，对稳定的溶胶来说，这一数值为 0(碰撞对溶胶没有影响)，而对快速絮凝的溶胶来说，该数值为 1(所有的碰撞都导致粘连)。这样，对于缓慢絮凝的溶胶体系，絮凝速率常数可以看成是碰撞概率 K^{s} 与粘连概率 $1/W$ 之积。*

---

* 由于稳定溶胶的 $1/W$ 很小，而快速絮凝溶液的 $1/W$ 为 1，因此，速率常数的这一分解实际上仅对缓慢絮凝的溶胶具有实际意义。—— 译者注

正如化学反应一样，粘连概率与活化能垒的高度有关：

$$W \sim \exp[V_{\max}/(kT)] \tag{8.24}$$

注意，这个表达式与反应速率的 Arrhenius 方程非常相似。可以证明 W 与盐浓度 c_z 的函数变化如图 8.8 所示。W 对 $\lg c_z$ 的函数由两段近似的直线组成，二者的交点即为 ccc。

8.6.1　絮凝速率的测量

稳定常数 W 可以从絮凝速率常数测量的实验中获得。絮凝速率可以通过光散射跟踪。这里，我们介绍如何通过浊度测量做到这一点。由式 (3.31) 可知，含有小粒子的溶胶的浊度正比于 NV^2(V 为粒子体积)，而这一乘积在絮凝过程中增加。因为 NV 之积保持不变，但 V 的平均值增加。通过跟踪浊度 (或吸光度 A) 随时间的变化 (图 8.9)，我们可以得到 K。起初，曲线为直线 ($\mathrm{d}A/\mathrm{d}t$ 为常数)。可以证明，初始斜率正比于 K，也就正比于 $1/W$，所以 $\lg(\mathrm{d}t/\mathrm{d}A)_{t\to 0}$=lg W+ 常数。以 $\lg(\mathrm{d}t/\mathrm{d}A)_{t\to 0}$ 对 $\lg c_z$ 作图，可得到图 8.8，由图 8.8 可直接读出 ccc。

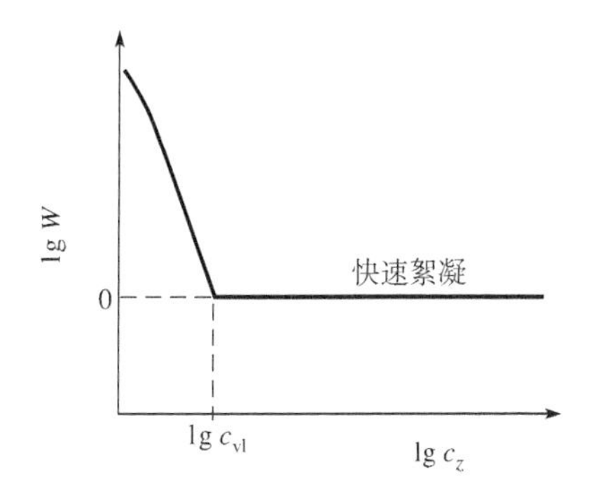

图 8.8　lg W 对 lg c_z 的函数

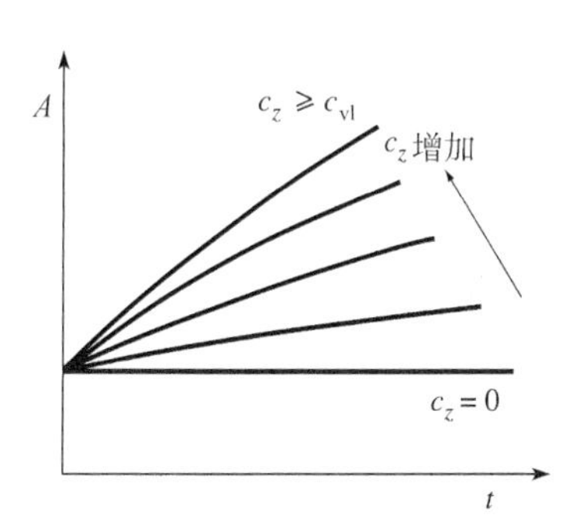

图 8.9　絮凝溶胶的消亡时间曲线

可以将实验测得的 ccc 数值与 DLVO 理论预测的结果进行比较。表 8.2 给出了几个具体实例。

比较 ccc 时可以发现，反离子的影响是最重要的。对于 AgI 溶胶，ccc 基本与 z^{-6} 成正比。这样，由 DLVO 理论可知，γ_{d} 近似为常数，这意味着 φ_{d} 很大，因此与反离子价态关系不大。虽然如此，高价反离子也可以发生一定程度的特异性吸附，并因此降低粒子之间的排斥力。

同离子对 ccc 的影响很小，甚至没有。在表 8.2 所示的体系中也如此。因此，如果 z 为反离子的价态，由非对称电解质导致的絮凝也可以用对称电解质的理论进行描述。

由表 8.2 看出，反离子的种类对 ccc 的影响虽然很小，却有规律可循。当反离子价态固定时，这种变化 (所谓的感胶离子序) 是理论没有考虑的特异效应。这可能与离子的大小有关。Rb^+ 比 Li^+ 的水化半径小，因此能够更靠近表面。在 Stern 模型基础上，可以预测，当反离子为 Li^+ 时比反离子为 Rb^+ 时，粒子的 φ_d 更高，其 ccc 更大。而事实上并没有观察到这一现象，可能是由于 Rb^+ 发生特异性吸附，所以比 Li^+ 有更强的絮凝能力。

表 8.2 絮凝值的例子

溶胶类型	电解质	絮凝值/(mmol/L)
带负电的 AgI 溶胶，pI≈5	$LiNO_3$	165
	$NaNO_3$	140
	KNO_3	136
	$RbNO_3$	126
	$Mg(NO_3)_2$	2.60
	$Ca(NO_3)_2$	2.40
	$Sr(NO_3)_2$	2.38
	$Ba(NO_3)_2$	2.26
	$Zn(NO_3)_2$	2.5
	$Pb(NO_3)_2$	2.43
	$Al(NO_3)_3$	0.067
	$La(NO_3)_3$	0.069
	$Ce(NO_3)_2$	0.069
带负电的 As_2S_3 溶胶	KCl	50
	KNO_3	50
	$\frac{1}{2}K_2SO_4$	66
	氯苯胺	2.5
	结晶紫	0.16
带正电的 Al_2O_3 溶胶	KCl	46
	KNO_3	50
	K_2SO_4	0.30

大的有机离子经常有比据它们的价态预测值低得多的 ccc，因为它们倾向于强烈吸附。这可由表 8.2 中氯苯胺和结晶紫作为反离子的体系得到证实。

8.6.2 聚集体的尺寸分布

通过下面这种方法可以获得絮凝初始阶段更为详细的图像：对样品在不同时间取样，然后大幅度稀释，使盐效应的影响很小，絮凝过程停止，然后对样品进行分析。为了实现这一目的，可用流动超显微镜 (3.7 节) 进行观察。各种聚集体的数量随时间演变的模式不同。图 8.10 给出了一个这样的实例。可以看到，单体 (初级粒子) 的数目随时间降低，而二聚体、三聚体等起初随时间增加，然后达到一个最大值，最后再次下降。图 8.10 给出的结果可以利用图 8.7 所示的一系列反应的速率方程计算而得。

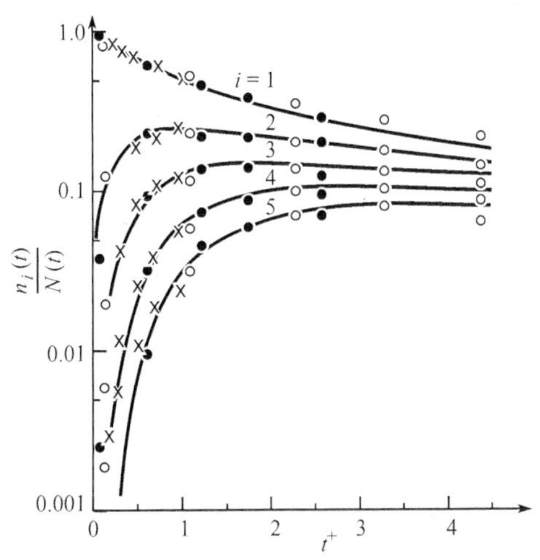

图 8.10　聚苯乙烯乳液中 i 个粒子的聚集体的浓度 $n_i(t)$ 在加入 KCl 并搅拌下发生絮凝时随时间的变化。初级粒子对应于 $i=1$，二聚体对应于 $i=2$，以此类推。图中所画曲线是理论计算的结果。不同的符号表示不同大小的粒子。絮凝时间 t^+ 已经对剪切中的碰撞频率归一化

8.7　分形絮体和粒子凝胶的形成

当然，形成二聚体和三聚体后，絮凝过程并未停止。只要引力还在，聚集体就通过累积粒子或其他聚集体继续长大 (如图 8.11 所示)。这一过程发生的方式决定了絮体的最终结构。常见的是一段时间后，形成高度支化的稀薄结构，它们的周边比中心更稀薄。对于密度均一的絮体，其中所含的初级粒子的数目一定正比于其体积，或者絮体半径的立方。对于边缘越来越稀薄的絮体，初级粒子的数目并不与絮体的半径的立方成正比，而是在某种程度上与粒子半径的较低的非整数次幂成正比：$N \sim R^{D_\mathrm{f}}$。这样的絮体被称为分形絮体；指数 D_f(也称为分形维数) 取决于生长机制。

由对生长过程的模拟可知，主要有两种情况。若粒子或聚集体与生长中的絮体 (对于快速生长，$W=1$) 第一次相遇时即发生粘连，它们发生粘连的位置完全取决于扩散。这会形成分形维数为 1.7~1.8 的稀薄絮体 (扩散受限聚集体 “DLA”)。

当存在一定的活化能时 ($W>1$)，粒子仍然能够滑过彼此，直到形成一个稳定的接触。这个过程会导致形成分形维数为 2.0~2.1 的较为致密的絮体 (反应受限聚集体 “RLA”)。

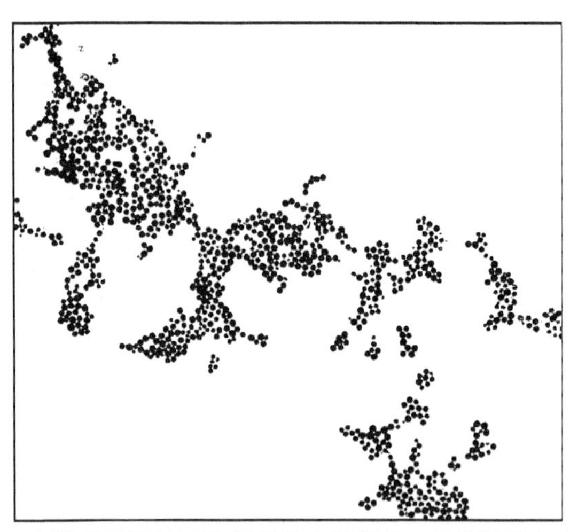

图 8.11　赤铁矿球形粒子的絮体的电镜照片。可见照片中大聚集体由较小的聚集体构成

当越来越多的稀薄絮体聚集时，最后会得到跨越整个体系的网络结构 (“渗透网络”)，这时我们就得到了一个粒子凝胶。这种凝胶可以非常稀薄：有时 1%(体积分数) 的粒子就足够形成凝胶。当一个均化的絮体 [以 $R^{(D_f-3)}$ 表示] 中的粒子的体积分数与体系中所有粒子的体积分数相等时，凝胶即可形成；这种情况与高分子溶液中的重叠浓度完全相似 [4.7 节，式 (4.16)]。这种稀薄的凝胶极易被破坏 (在重力作用下或通过搅拌)，且通常不能恢复。凝胶碎片 (絮体) 通常以松散的沉淀物的形式沉降下来 (一般认为稳定粒子的沉淀物更紧密)。

奶酪的制作 (新鲜的奶酪是酪蛋白粒子的凝胶) 以及利用三叶胶乳液 (橡胶乳) 制备天然橡胶 (聚异戊二烯粒子凝胶) 即是形成粒子凝胶的实例。

凝胶形成后，在粒子凝胶中会发生各种变化，如粒子变形或运动到其他地方。脱液收缩是凝胶自发的且不可逆的收缩过程，在这一过程中凝胶释放出溶剂。这一过程产生了更多的交联，这些交联使网络结构更加致密。絮凝的血释放出血清，酸奶释放出乳清，轴承油脂释放出油，都是脱液收缩的实例。

吸液是凝胶吸收溶剂的行为。溶剂填入凝胶的孔内以后，凝胶可能膨胀，也可能不膨胀。吸液发生的必要条件是网络结构具有一定的刚性，使得网孔不会不可逆地塌陷。海绵吸水及煮熟的米饭吸收肉汁都是吸液的实例。

8.8　悬浮液的稳定性

在第 1 章，我们定义悬浮液为相对较大的憎液固体粒子的分散系。悬浮液这一词用来特指那些倾向于快速沉淀的体系。与溶胶一样，悬浮液的性质与它们的稳定性关系密切。沉淀后的悬浮液可能是胶体稳定的 (不聚集)。我们可以区别悬浮液的稳定性。在稳定的悬浮液中，粒子彼此排斥，它们能够滑过彼此来达到重力势能最小的位置，形成致密的沉淀。而絮凝的悬浮液则形成粗糙的多孔沉淀，如图 8.12 所示。这两种情况下的胶体流变性质也不同。

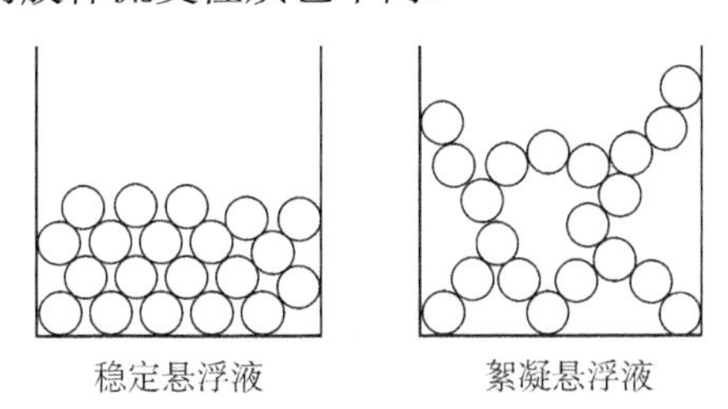

图 8.12　稳定性不同的悬浮液沉淀后的情况

8.9　胶体的稳定性在哪些地方起作用？

溶胶和悬浮液的胶体稳定性在很多过程和现象中有重要的作用。我们仅举几个例子：

(1) 土壤结构。好的耕地土壤应具有开放的结构，以允许输运水和空气。即土壤粒子应当不具有胶体稳定性，以形成疏松多孔的絮凝体系。如图 8.12 中所示，当小土壤颗粒互相排斥时 (胶体稳定)，形成的沉淀过于紧密，不利于水和空气的交换。因此，在好的土壤体系中，黏土颗粒应互相吸引。当土壤中有足够多的二价 Ca^{2+} 时，情况通常是这样的。但是，当海水冲击过黏土土壤后，很大一部分 Ca^{2+} 被 Na^{+} 所取代。虽然这时黏土粒子尚未达到胶体稳定状态 (粒子表面的电荷还不够多)，但当这种土壤再次被淡水冲击时，Na^{+} 也被滤出，体系中就有足够高的剩余电荷，土壤颗粒就达到了胶体稳定状态，从而形成致密的沉淀。为了修复这样的土壤，补救措施是通过灌溉等方法向土壤中加入含 Ca^{2+} 的矿物，如 $CaSO_4$。

土壤结构也可以在高分子的存在下得到改进 (参见第 9 章)。植物中的多糖可形成天然高分子 (腐殖酸)，后者对粒子间的相互作用存在有利影响。有时候，合成高分子也用作土壤改进剂。

(2) 粒子涂层。电视机的荧光屏和日光灯的灯管从内部涂了一层能在电子撞击下发光的粉末。这种材料是以悬浮液的形式使用的。为了得到致密且均匀的涂层，这一悬浮液必须具有胶体稳定性。

(3) 水处理。在废水处理中，一个重要步骤是除掉不易沉降的胶体污染物。这些粒子通常带负电，通过加入多价阳离子 (Al 盐，Fe 盐)，我们可以实现这些粒子的絮凝。也可以使用高分子絮凝剂。它们是如何作用的将在第 9 章中予以解释。当泥沙粒子絮凝时，对这些活性泥沙去水化是非常有意义的。这样会得到非常容易过滤的多孔沉淀。

(4) 三角洲的形成。当河流入海时，河水携带的胶体粒子沉降下来。其中一个原因是变慢的流速，此外盐浓度的增加导致絮凝和快速沉降也是一个重要原因。这个现象的一个实例是当南海*封闭时，由伊塞尔河形成的三角洲因失去盐度而变小。

(5) 化石化。在死亡的有机质的孔和毛细管中，硅酸盐不断累积，最后形成二氧化硅胶体粒子。经过很长的时间后，这些硅胶体粒子絮凝，就形成了化石，如树化石。

(6) 非水体系。有很多在非水溶剂中的胶体分散系，如油漆、煤灰及分散在油中的材料，如油脂等。虽然 DLVO 理论在这些体系中也适用，但存在很多不同之处。其中一个最重要的方面是非水液体的介电常数通常比水溶液的小得多。很多电解质在这样的介质中根本不电离。这导致的结果是：双电层非常厚，表面电荷很低。屏蔽效应大大降低，ccc 的概念失去了意义。为了实现良好的胶体稳定性，通常需要加入高分子。一些强酸 (如硫酸) 在有机溶剂中溶解得很好，也能够发生解离，从而能够形成一层表面电荷。

(7) 油漆。油漆是胶体尺寸的颜料颗粒分散在高分子浓溶液中的分散系。高分子 (黏合剂) 必须变干以形成均一的光滑薄膜并通过发生化学交联而不溶。在这个过程中，颜料颗粒不应发生聚集，因为聚集会导致形成粒状突起且着色变差。当使用混合颜料时，两种分散系很可能带有相反的电荷，这样的混合物是不稳定的，在一定的组成范围内将发生聚集。

思　考　题

1. 为什么式 (8.1) 中的常数 β 正比于极化度 α^2？

2. 通过对图 8.3 进行六次积分来计算平板 1 与 2 之间的总相互作用能，结果是什么？

3. 验证图 8.1 中 V_{A} 中的数值。验证当两个胶体粒子间的距离为一个粒子直径时，二者之间的吸引能总是在 kT 数量级。

4. 比较式 (8.2) 与式 (8.4) 中 V_{A} 的单位，解释其中的不同。式 (8.6) 与式 (8.9) 也是同样的情况吗？

5. 对球形粒子来说，图 8.5 将是什么样子？曲线 1 与曲线 3 还相交吗？用公式解释！

6. 图 8.6 中的曲线是根据球形粒子间的相互作用绘出的。你如何从图中推出这一点？

7. 在第一极小值处，絮凝是不可逆的，但在第二极小值处的絮凝通常是可逆的。请解释。

8. 请画出图 8.6 中的相互作用力–距离曲线。

9. 在表面电荷、盐浓度及粒子大小相同时，高分子乳液悬浮液与 AgI 溶胶相比，稳定性是强些还是弱些？

---

* 这里所说的南海与伊塞尔河分别为荷兰沿海与其境内的河流，荷兰语分别为 Zuiderzee 和 River Ijssel。—— 译者注

10. 将临界絮凝浓度 ccc 定义为“使总的相互作用能为 0 的盐浓度”准确吗？

11. 与小粒子悬浮液相比，大粒子悬浮液的稳定性增加还是降低？

12. 解释为什么只有大的粒子在第二极小值处发生絮凝？

13. 当发生特异性吸附时，ccc 是温度的函数吗？

14. 计算室温下板状粒子在水中的悬浮液的 $c_{\rm vl}$。已知 $\varphi_{\rm d} = 25$ mV，$A = 2 \times 10^{-20}$ J，用一价电解质聚沉。

15. 为什么布朗运动影响下的聚沉条件如下：$H > 0$ 时，$V_{\rm t} = 0$；$H = 0$ 时，$V_{\rm t} = -\infty$？

16. 为什么 ccc 在絮凝管方法中取决于观察时间？为什么通过动力学方法得到的 $c_{\rm vl}$ 数值偏大？

17. 定量说明 W 随 c_z 的变化。

18. 在相互聚沉情况下，你预测 W 数值如何？

19. 在实验中经常发现在絮凝临界值之后絮凝速度略有增加，为什么？

20. 当絮凝发生时，$\varphi_{\rm d}$ 很小，所以 $c_{\rm vl} \sim \varphi_{\rm d}^4/z^2$。你能从 ccc 与 z^{-6} 的成比例的事实中推出什么吗？

21. 画出非水环境中两个胶体粒子的总相互作用能 $V_{\rm t}$ 的示意图。你能解释为什么虽然有厚得多的双电层，胶体的稳定性却比在水中低吗？

22. 证明 $N = N_0/(1 + KN_0t)$ 是式 (8.18) 的一个解？

23. 计算初始浓度为 0.1 kg/m^3 的 AgI 溶胶在布朗运动影响下发生絮凝的半衰期 (粒子半径 = 30 nm)。当体系中粒子数目仅为初始数目的 10%时，需要多少时间？已知：$\rho_{\rm AgI} = 5500$ kg/m^3, $kT = 4 \times 10^{-21}$J, $\eta = 10^3$ N·s/m^2。

24. 高分子的分子有分形维数吗？如果有，在 Θ 溶剂与良溶剂中各是什么情况？

附　　录

8.A　Hamaker 公式的推导

为了计算较小距离下的力的强度，我们选择一个平的表面：两个距离为 H 的厚板。因为 H 比板的厚度小得多，我们可以用半确定的空间来取代平板 (图 8.13)。我们假设对每对这样的平板，式 (8.1) 都成立。可以发现，对所有的平板对，总的相互作用能是这些平板对的相互作用能的加和。我们可以通过四次积分得到平板 1 中

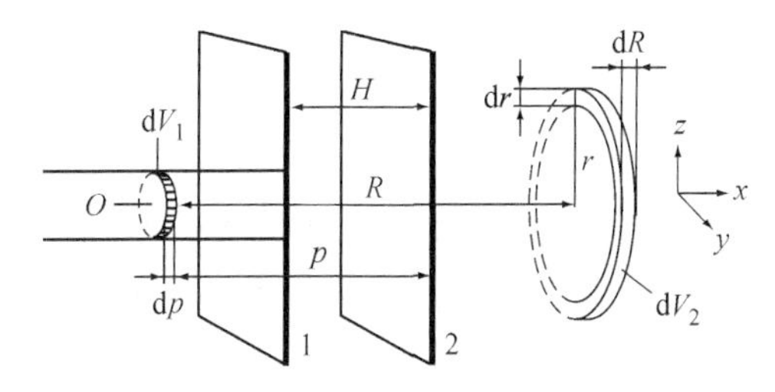

图 8.13　两个平板间的引力能

横截面积为 O 的圆柱与整个平板 2 之间的相互作用能：分别在平板 2 的 x、y、z 方向积分以及平板 1 的 z 方向积分。

对于盘状体积元 $\mathrm{d}V_1$ 与环状体积元 $\mathrm{d}V_2$ 中的原子之间的吸引力，我们可根据式 (8.1) 写出如下表达式:

$$\mathrm{d}V_\mathrm{A} = -n^2\beta(r^2+R^2)^{-3}\mathrm{d}V_1\mathrm{d}V_2 \quad [\mathrm{J}] \tag{8.25}$$

式中，n 为每单位体积中的原子的数目。这样，在 $\mathrm{d}V_1$ 与 $\mathrm{d}V_2$ 中，我们又分别有 $n\mathrm{d}V_1$ 与 $n\mathrm{d}V_2$ 个原子。通过积分这个表达式可得到

$$V_\mathrm{A} = -\frac{A}{12\pi H^2} \quad [\mathrm{J/m^2}] \tag{8.26}$$

式中，$A=\pi^2\beta n^2$。

这可由如下推导看出:

我们首先设 $\mathrm{d}V_1 = O\mathrm{d}p$ 与 $\mathrm{d}V_2 = 2\pi r\mathrm{d}r\mathrm{d}R = \pi\mathrm{d}r^2\mathrm{d}R$(图 8.13)。这样，一个平板中横截面积为 O 的圆柱与另一个平板整体的引力能 V_A' 为

$$V_\mathrm{A}' = \pi n^2\beta O\int_{p=H}^{\infty}\int_{R=p}^{\infty}\int_{r=0}^{\infty}(r^2+R^2)^{-3}\mathrm{d}r^2\mathrm{d}R\mathrm{d}p \tag{8.27}$$

$$= -(\pi n^2\beta O/2)\int_{p=H}^{\infty}\int_{R=p}^{\infty}R^{-4}\mathrm{d}R\mathrm{d}p \tag{8.28}$$

$$= -(\pi n^2\beta O/6)\int_{p=H}^{\infty}p^3\mathrm{d}p \tag{8.29}$$

$$= -\pi n^2\beta O/(12H^2) \tag{8.30}$$

使用 $V_\mathrm{A} = V_\mathrm{A}'/O$，立即得到式 (8.2) 与式 (8.3)。

8.B　静电斥力公式的推导

用热力学观点推导式 (8.6) 是相当困难的。我们将仅限于在式 (8.8) 的低电势情况下通过计算两板之间的渗透压的变化进行推导。在两板间距离的一半处，离子浓度高于体相浓度 $n=2n_0$。根据 Bolzmann 定律 [式 (5.2)]，浓度差满足

$$\Delta n = n_+(H/2) + n_-(H/2) - 2n_0 \tag{8.31}$$

$$= n_0\{\exp[ze\varphi_{1/2}/(kT)] + \exp[ze\varphi_{1/2}/(kT)] - 2\} \tag{8.32}$$

$$\cong n_0[ze\varphi_{1/2}/(kT)] \quad [1/\mathrm{m}^3] \tag{8.33}$$

最后的表达式是通过将指数展开得到的，这在电势 $\varphi_{1/2}$ 很低时成立。现在，我们假设在两板正中间处的电势正好等于单个电势的简单加和 (近似线性叠加)，所以有

$$\varphi_{1/2} = 2\varphi_\mathrm{d}\mathrm{e}^{-\kappa H/2} \quad [\mathrm{V}] \tag{8.34}$$

$$\Delta n = 4n_0 z^2 e^2 \varphi_{\mathrm{d}}^2 \mathrm{e}^{-\kappa H}/(kT)^2 = 2\varepsilon\kappa^2\varphi_{\mathrm{d}}^2\mathrm{e}^{-\kappa H}/(kT) \quad [1/\mathrm{m}^3] \tag{8.35}$$

现在，每单位面积的斥力可用式 $V_{\mathrm{R}} = \Pi = RT\Delta c = kT\Delta n$ 得出。根据式 (8.32) 积分式 (8.35)，可得到式 (8.8)。如果我们不把指数扩展开，将得到式 (8.6)，但数学处理更复杂些。这样，式 (8.6) 也是建立在线性叠加基础之上的。不使用这一近似的精确解仅能从数量上得到。

最后，必须注意，在假设粒子互相靠近时，Stern 电势 φ_{d} 保持恒定是一个简单化的处理方法。有很多迹象表明，在很多情况下，这与事实不符。当两个粒子碰撞时，可能假设电荷保持恒定而不是电势恒定更为真实。这使得 V_{R} 的表达式略有不同，但对于当距离不是非常小的恒电势情况是相同的。在大多数情况下，$H \geqslant \kappa^{-1}$ 的条件与胶体稳定性相关，因此，在碰撞过程中到底是电势还是电荷保持恒定并不重要。我们不再进一步讨论这个问题。

8.C　临界絮凝浓度表达式的推导

式 (8.12) 至式 (8.15) 的推导是纯粹的数学问题。在式 (8.11) 的基础上，可以从式 (8.2) 与式 (8.6) 得到

$$\mathrm{d}V_{\mathrm{t}}/\mathrm{d}H = \kappa V_{\mathrm{R}} - (2/H_0)V_{\mathrm{A}} = 0 \tag{8.36}$$

通过将此式与式 (8.10) 合并，得出 $H = 2\kappa^{-1}$。将式 (8.10) 中的这一关系分别用式 (8.2) 与式 (8.6) 中的 V_{A} 与 V_{R} 替代，可以得到

$$n_{\mathrm{vl}} = C \cdot A\kappa_{\mathrm{vl}}^3/(kT\gamma_{\mathrm{d}}^2) \tag{8.37}$$

式中，常数 C 等于 $\mathrm{e}^2/(48 \times 64\pi) = 7.66 \times 10^{-4}(\mathrm{e} \approx 2.71828)$。将式 (5.13) 中 κ 代入此式，即可得到式 (8.15)，其中 $1/(8C^2) = 2.13 \times 10^5$。

如果我们在式 (8.13) 与式 (8.14) 中代入合适的常数 ($\varepsilon = 78.6 \times 8.84 \times 10^{-12}$ C/(V·m)，$kT = 4 \times 10 \times 10^{-21}$ J，$\mathrm{e} = 1.60 \times 10^{-19}$ C)，即得到式 (8.16) 与式 (8.17)。

第 9 章　高分子对胶体稳定性的影响

9.1　憎液溶胶的稳定性可通过加入高分子提高或降低

高分子的加入几乎总会对溶胶的稳定性有显著影响。有些情况下，加入高分子能提高胶体的稳定性，有时反而降低其稳定性。到底发生哪种情况取决于胶体粒子表面与高分子链段之间相互作用的本质。如果是相互吸引，则高分子在胶体粒子表面发生吸附。根据吸附分子构象的不同，这种吸附为体系引入额外的斥力或引力。如果高分子也带电 (聚电解质)，就可以影响胶体粒子之间的电性相互作用，这当然也影响胶体的稳定性。

如果高分子与粒子之间的相互作用是相互排斥的，则不会发生吸附; 但即使如此，也会对胶体的稳定性产生影响。本章将讨论最重要的几种情况。

9.2　非吸附高分子的影响：排空作用

假设高分子在溶液中采取无规线团构象，因为这种构象有最大的熵 (4.3 节)，若线团不发生显著形变，其质心不可能与粒子的表面非常接近。这样的形变将以消耗构象熵为代价，即线团表现出弹性 (熵弹簧，参见附录 4.C)。当高分子链段与胶体粒子表面之间没有斥力时，这种弹性阻止线团的质心接近粒子表面。表面有效地排斥线团，使体系的 Gibbs 自由能增加，这被称为排空效应。质心不能到达的体积 (相当于图 3.3 与图 3.4 中的排除体积) 称为排空体积 V_{dep}。当高分子溶液的浓度不是很高时，排空区的厚度约等于高分子线团的均方旋转半径 R_{g}。此时，V_{dep} 约为均方旋转半径与粒子表面积之积，见图 9.1。排空效应与热力学功有关，因为这意味着高分子数目不变时，它们接触到的溶剂量减少，所以溶液的浓度增加。这一过程的功可表示为 $G_{\mathrm{dep}}=-V_{\mathrm{dep}}\mathit{\Pi}_{\mathrm{pol}}$，这里 $\mathit{\Pi}_{\mathrm{pol}}$ 是高分子溶液的渗透压。

当两个粒子互相靠近到距离小于排空厚度的 2 倍时，它们的排空区开始重叠。这时，总的排空效应降低，其数值等于重叠体积 V_{ov}。因此，体系的 Gibbs 自由能降低，粒子试图靠近，这称为排空吸引。只要排空吸引存在，渗透功 G_{dep} 持续降低，直至粒子互相接触，此时重叠体积 V_{ov} 达到最大值。排空自由能对粒子间距离的函数表达式为 $\Delta G_{\mathrm{dep}}=V_{\mathrm{ov}}(H)\mathit{\Pi}_{\mathrm{plot}}$，其形状如图 9.1 所示。

因为高分子线团的直径可能达到几十纳米，排空吸引涉及的范围通常很大。但渗透压在高分子溶液浓度不太高时不是很大，所以这一排空力也不大。只要 van der Waals 力较弱，失去稳定性的粒子相对于彼此仍然能够较自由地运动，这时，通常会形成一个与低浓度相平衡共存的高浓度胶体粒子相，而不是刚性的絮体。这一低浓度相有时被称为胶体“气体”，而高浓度相被称为胶体“液体”，因为它们与分子的气–液平衡 (凝聚) 高度相似。当高分子浓度进一步增加，粒子间的渗透力 (排空引力) 是如此之强，以至于高浓度相表现出凝胶的性质。排空机制在蛋白质和多糖的混合体系中扮演重要角色。也常利用排空效应分离出液滴大小不同的乳状液。由图 9.1 可见，重叠体积随粒子半径的增大而增加。大的粒子间排空引力也较大，因此在比小粒子低的高分子浓度下发生絮凝。

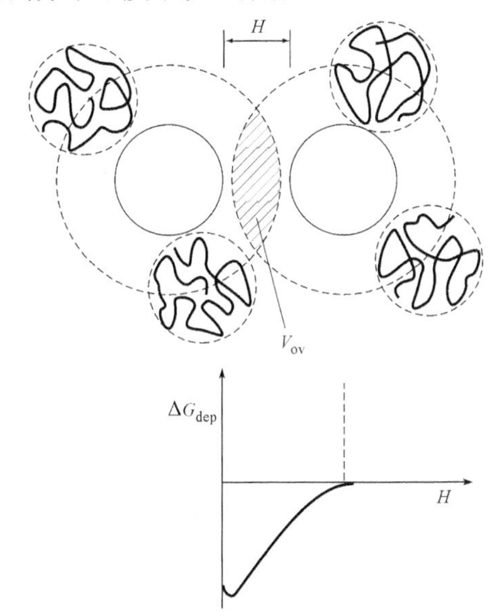

图 9.1　排空区重叠造成的排空吸引。Gibbs 自由能降低的量为 $V_{ov}\Pi$，重叠体积 V_{ov} 如阴影部分所示

9.3　胶体粒子表面的厚高分子层具有稳定胶体的作用

已经证明，高分子可很好地稳定憎液溶胶。常用阻止絮凝，保护溶胶来描述这一作用。当两个吸附了高分子的胶体粒子互相靠近时，两个高分子层会竞争同一体积。由此造成的空间阻碍，将引起体系 Gibbs 自由能的增加。所以，粒子将互相排斥。这种斥力通常比 van der Waals 引力强得多。下面我们将讨论这种作用背后的物理机制。

9.3.1　具有高分子刷的粒子

为了更好地定量处理这些效应，我们首先考虑一个简单的情况，即高分子刷。

即一个表面连有许多高分子链，每个高分子有 N 个链段，它们通过末端固定在表面，并如头发般弯曲地附在粒子表面，如图 9.2 所示。每单位面积上链的数目或嫁接密度以 $\sigma[1/\mathrm{m}^2]$ 表示。因此，每个链所能占有的面积为 σ^{-1}。因为高分子链紧密排列，它们之间存在强烈作用；假设每个链与其他链形成的接触的数目为 $N\phi$；与之相关的排斥能为 $N\phi\phi'$(单位为 kT)。这里，ϕ' 为高分子链段的体积分数，而 ϕ' 为有效排除体积 b_{eff}(与链段的第二维里系数成正比) 与裸链段的体积*之比，参见 3.1 节。在良溶剂中，ϕ' 的数量级为 1。我们假设一个高分子层具有均一的密度 σ 和厚度 δ，则 N 个短链所占据的体积为 $\sigma^{-1}\delta$，而具有 N 个链段的高分子自身的体积为 Nl^3，所以高分子的体积分数表示为 $\phi = \sigma Nl^3/\delta$。这样，渗透排斥能为 $N\phi\phi' = \phi'\sigma N^2l^3/\delta$(单位为 kT)。

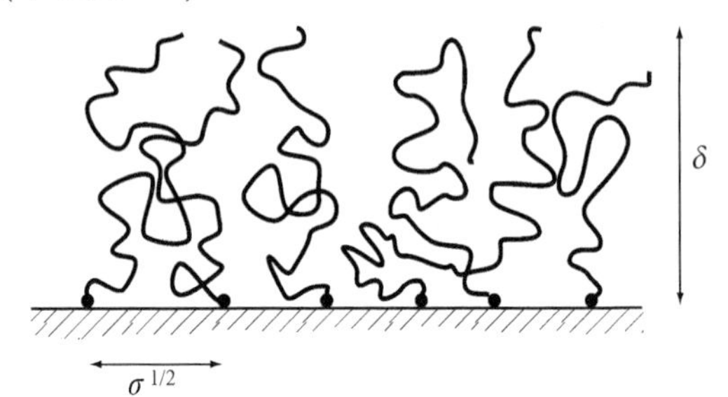

图 9.2　高分子刷示意图 (高分子刷不仅仅存在于固液界面，也是两亲分子自组装结构的基本基元)

降低链段的体积分数将降低斥力。如果 δ 增加，这很容易实现。但由于高分子链一端弯曲，它们必须伸展开来，而这将以熵降低为代价 (参见附录 4.C)。同时，链的伸展造成每个链的 Gibbs 自由能增加，增量 $\Delta G = 3\delta^2/(2Nl^2)$(单位为 kT)。这样，我们看到两个相反的效应；总 Gibbs 自由能为上述两个相反的贡献的加和。由于单位面积上有 σ 个链，所以，每单位面积上 Gibbs 自由能变化为

$$\Delta G/(kT) = \sigma\left(\frac{3\delta^2}{2Nl^2} + \frac{\phi'\sigma N^2l^3}{\delta}\right) \quad [1/\mathrm{m}^2] \tag{9.1}$$

当体系平衡时，ΔG 取最小值，所以有 $\mathrm{d}\Delta G/\mathrm{d}\delta = 0$。由此立即可得

$$\delta/l = (\phi'\sigma l^2)^{1/3}N \quad [-] \tag{9.2}$$

这意味着，当“头发”的嫁接密度 σ 增加时，链的伸展程度增加**。也可以证明，高分子刷的厚度与链的长度 N 成正比。这与自由高分子链很不相同，因为自由高分子线团大小的半径与 $N^{1/2}$ 成正比 (第 4 章)。

图 9.3 (a) 为 N 不同时两个 PEO 高分子刷的长度与 σ 的函数关系。图中曲线是根据式 (9.2) 绘出的。

---

* 即几何体积。—— 译者注

** 要获得较厚的高分子刷，使高分子链段伸展比增加链的嫁接密度更有效。

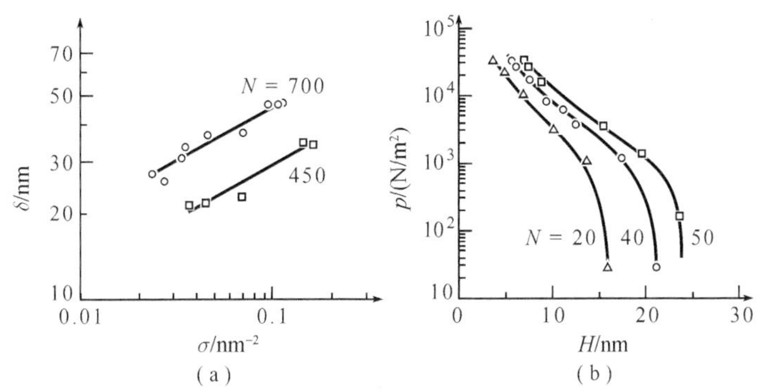

图 9.3　(a) 两个链长不同 (单体数目分别为 450 与 700) 的聚氧乙烯高分子刷在平衡时的厚度 δ 对嫁接密度 σ 的函数；(b) 具有高分子刷的两个表面间的压强 $p(=-\mathrm{d}V_{\mathrm{st}}/\mathrm{d}H)$ 与两表面间距离 H 的关系。高分子链的单体数目 N 分别为 20,40 以及 50

现在我们考虑两个互相靠近的表面，每一个表面都有一个高分子刷。当两表面间的距离 H 小于 2δ 时，刷子边缘开始接触，并开始相互作用 (图 9.4)。因此，刷子中的渗透压增加。链的伸展将不再引起密度与渗透压降低，所以不会发生相互穿透。但由于自身的弹性，链会收缩回来，直到厚度 $\delta'=H/2$。在良溶剂中，当刷子被压缩，压缩因子 $u=H/(2\delta)$ 时 $(u<1)$，相互作用能可以简单表示为

$$V_{\mathrm{st}}=\frac{9kT\sigma\delta^2}{N}\left[\frac{1}{3}(u^2-1)+\frac{2}{3}\left(\frac{1}{u}-1\right)\right]\quad[\mathrm{J/m^2}]\tag{9.3}$$

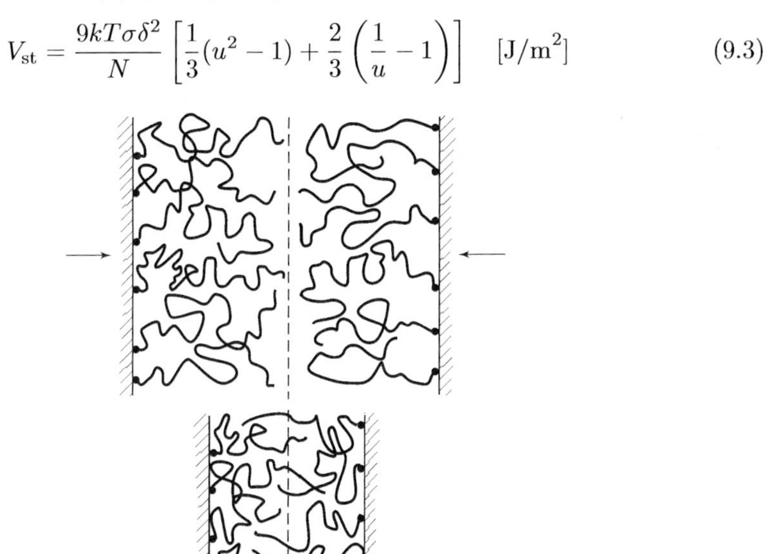

图 9.4　具有高分子刷的两个表面间的相互作用

中括号中的第一项是负值，来自于链收缩导致的熵增加。第二项为正值，来自于浓度的增加；在 u 很小时，这一项起主导作用。由图 9.3(b) 可见，排斥能 V_{st} 与渗透压 $\Pi(=-\mathrm{d}V_{\mathrm{st}}/\mathrm{d}H)$ 随着粒子间距离的降低迅速增加。排斥效应 (也称为空间排斥) 的起因是表面间高分子浓度的增加。因为我们考虑的是良溶剂 (第二维里系数 $B_2>0$)，高分子刷的链段间存在斥力，所以压缩导致渗透压升高。当溶剂溶解能力下降时，渗透压降低。在 Θ 溶剂中，$B_2=0$，即 $\phi'=0$，式 (9.3) 表示的 V_{st} 不再成立。此时，高分子刷收缩，V_{st} 数值变小。当刷子的厚度不够大时，van der Waals 引力可能超过这种弱的斥力。如果溶剂溶解能力更差，B_2 将变为负值。这不仅会导致高分子刷进一步收缩，还会造成絮凝。这样，Θ 条件即为高分子刷由排斥变为吸引的临界条件。

9.3.2 用环与尾吸附的高分子

到目前为止，我们讨论的高分子刷仅限于一端连接在表面上的高分子。事实上，制备具有如此连接的高分子链的表面并不容易。有时我们让高分子从粒子表面开始生长，合成出来的高分子就会在粒子表面形成高分子刷 (此即接枝)；更为常用的方法是使用嵌段高分子，使其含有一个能够吸附在粒子表面的链段 (固定嵌段)，而另一个链段伸展到溶液中 (伸展链段)。这种方法可以有效地得到一类高分子刷。当没有合适的嵌段高分子时，也可以通过均聚物的吸附来实现空间稳定。在后面我们将讨论从溶液中吸附均聚物的情况。

不被表面所吸引的高分子当然不发生吸附，它们保持线团状 (9.2 节)。当链段被表面吸引但结合太弱时，也不能发生吸附，因为每个黏附到表面的链段需要放弃一定的熵。所以，只有在熵损失能够被足够的吸附能所补偿时才能发生吸附。实际上，在很多体系中都有吸附发生。一个单独的链 (在完全空的表面) 几乎完全平躺在表面 [如盘中的蛋糕一样，如图 9.5(b) 上图所示]。分子作为一个整体会释放出非常可观的结合能。因此，即使在极低的浓度下也会发生吸附。而且只要有空白表面，所有的高分子都发生吸附。可以这样说，由于分子内许多链段之间的协同作用，长链分子对表面的亲和性非常高。

一旦表面的大部分吸附位点都被占据，溶液中高分子若要在表面发生吸附，只能以部分链段接触表面，而余下的链段或者像环一样或者以自由末端 (尾巴) 的形式漂在溶液中，如图 9.5(b) 下图所示。这种毛毯式结构的高分子层的厚度比蛋糕盘结构的要厚得多。环与尾之间存在相互作用，其大小及强度取决于 B_2。这意味着在良溶剂中它们互相排斥。当单位面积上高分子数量一定时，这种斥力有效地阻止了进一步吸附。平衡吸附量 Γ 与溶液浓度之间的关系 (也称吸附等温线) 示于图 9.5(a) 的曲线 2：在 $c=0$ 附近，曲线几乎垂直上升 (高亲和性)，随后立即达到饱和吸附，即准平台 (几乎水平的线)。因为链与表面亲和性很高，在稀释时几乎不发生解吸附。在准平台区，饱和吸附量通常为几毫克每平方米。溶剂越好，斥力越大，吸附平台越低。在 Θ 溶剂中，环与尾之间的侧向斥力很弱，吸附量 Γ 和吸附层的厚度随高分子相对分子质量 M 的增加而缓慢地持续增加。在良溶剂中，侧向斥力要强得多，当链很短时，吸附量随相对分子质量 M 的增加而增加；而对于长链，吸附是逐渐达到饱和的 [图 9.5(c)]。

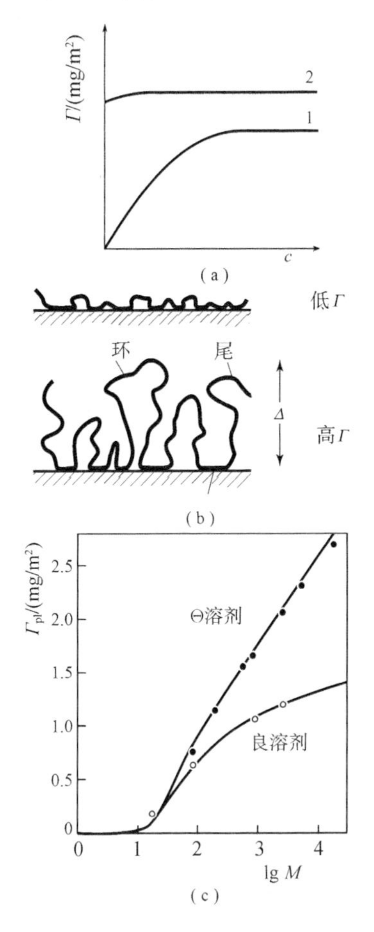

图 9.5　(a) 小分子 (曲线 1) 和高分子 (曲线 2) 的等温吸附线；(b) 蛋糕盘式结构 (上)；毛毯式结构 (下)；(c) 最大吸附量 Γ_{pl} 与相对分子质量 M 的函数关系；上面的曲线 (在 Θ 溶剂中) 持续上升；而下面的线 (在良溶剂中) 渐渐变平

饱和吸附的高分子层的环与尾在溶液中可以伸到非常远的地方 (高分子吸附层的平均厚度约等于其均方旋转半径 R_g。对于相对分子质量很大的高分子来说，其数值可达几十纳米)，所以可以在离表面很远的地方检测到高分子层的存在。当表面覆盖率很低时，大部分的链段能与表面接触 (50%以上)；而当覆盖率更高时，吸附到表面的高分子链段下降到 10%~30%。

9.3.3 饱和吸附的高分子链提高胶体稳定性

厚的饱和吸附层与高分子刷相似。如在高分子刷中一样，部分链在溶液中 (环与尾)；环可以看成是端部连在一起的尾。然而，环与尾高度分散，因此链段浓度随着与表面距离的增大而很快下降：靠近表面处浓度很高，但更远处高分子层迅速变薄，链段浓度变得很稀。当两个吸附了高分子的表面互相靠近且不发生解吸附时，链段浓度增加，导致渗透压增加，因此粒子间产生斥力。这样，吸附层就可以作为胶体的稳定剂或保护剂。除了 van der Waals 引力能 V_A，现在体系中还有一个在某种程度上类似于高分子刷的空间作用。这样，总的相互作用能曲线的一般形式如图 9.6 所示，由图可见，当粒子间距离约为吸附层厚度的 2 倍时，总相互作用能 V_t(曲线出现一个低谷) 有一极小值 (由 van der Waals 力引起)。如果吸附层足够厚，低谷的深度变得很小，甚至可以忽略时，粒子就稳定存在。由于吸附了高分子的体系的 V_{st} 并不严格取决于离子强度，粒子的稳定性直到盐浓度很高时才被破坏。

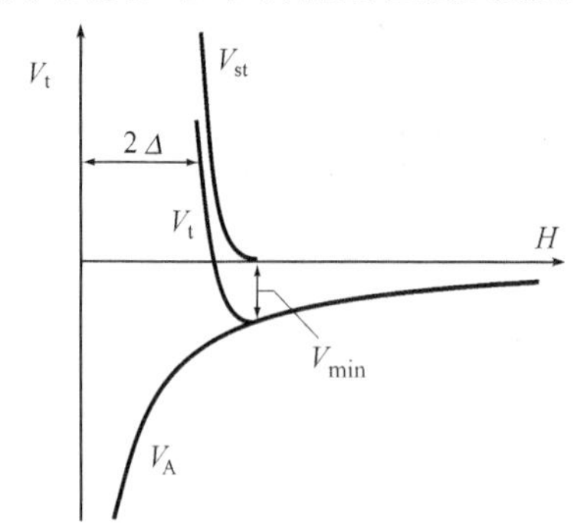

图 9.6 受高分子保护的不带电胶体的自由能–距离关系图

9.3.4 不饱和吸附的高分子层通过在粒子间“成桥”降低胶体稳定性

一个不饱和的薄吸附层不能抑制两个胶体粒子的互相靠近。此外，由于高分子试图跨越两个粒子之间的空隙，即形成所谓的“桥”，两个粒子之间会产生一个额外的引力。之所以发生这一过程，是因为成桥会增加体系的熵。高分子桥使粒子之间产生强烈的吸引，导致形成非常结实的絮体。

根据上面的讨论，已经可以看出憎液溶胶与高分子溶液混合时几种可能的情况。由于对流和扩散作用，高分子迁移到粒子表面，发生吸附。当两个非饱和吸附的粒子发生碰撞时，可能形成“桥”。要使这种情况发生，粒子间的最近距离必须足够小，以至于吸附于一个粒子的高分子链能够同时伸展到另一个粒子的表面。加入一些不相关电解质 (电解质本身不能诱导絮凝) 有助于达到这一状态。这就是在低于临界絮凝浓度 ccc 时，高分子诱导的快速絮凝现象。在较早的文献里，这种现象经常被称为“敏化”，即高分子使胶体对外加盐更加敏感 (图 9.7)。

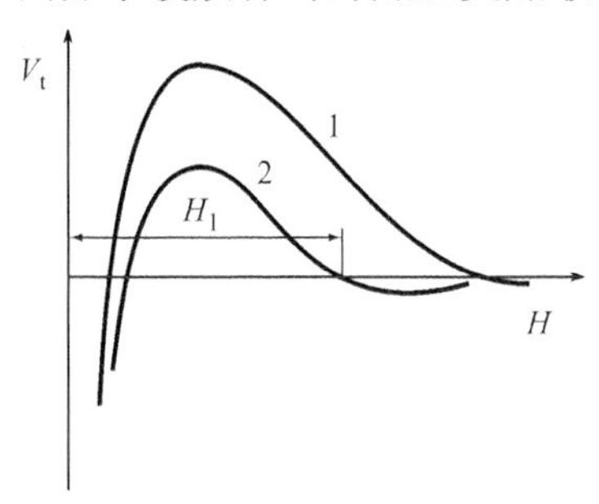

图 9.7　敏化原理。曲线 1 为在低盐浓度 (c_1) 下的 $V_t = V_A + V_R$，曲线 2 为高盐浓度 (c_2) 时的情况。曲线 2 的极大值虽然低于曲线 1，但却更为重要。因为在这一盐浓度下，远距离处 ($H = H_1$) 排斥已经消失，但在盐浓度为 c_1 时仍然有很强的排斥力。当盐浓度为 c_2 时，粒子相距较近时可以互相靠近。如果高分子环的长度为 H_1，盐浓度为 c_1 时在第二个粒子表面不会发生吸附，而在 c_2 时则能形成桥

与不饱和吸附粒子的不断碰撞使絮体越来越大。与此同时，只要溶液中存在自由高分子，吸附就继续进行。在某一时刻，粒子表面吸附达到足够高的饱和度后，“桥”便不再形成，粒子间转而产生排斥作用，絮凝过程随即停止。因此，絮凝实验的最终结果高度依赖于粒子之间发生相互作用的时间。反过来，也取决于高分子的加入量和加入方式，以及吸附和碰撞过程的动力学。图 9.8 显示了几种不同的过程。

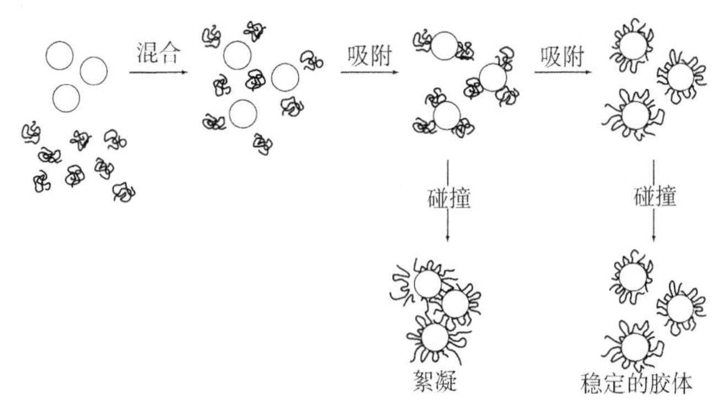

图 9.8　憎液溶胶粒子和高分子溶液的混合过程。当吸附未达到饱和时，可以成桥，因此形成絮体；随着吸附程度的加剧，粒子变得稳定，絮凝停止

图 9.9 是将聚氧乙烯加入到聚苯乙烯乳液中后，体系中粒子数目的变化情况。当以初级粒子的数目 N_1 的对数对时间作图时，发现在初始时刻 N_1 迅速降低，但随后絮凝过程突然停止，初级粒子数目几乎不再改变。这说明胶体粒子发生一定程度的聚集后，被继续吸附的高分子稳定下来。因此，胶体粒子不会进一步絮凝成大

的烯薄絮体，进而形成凝胶。

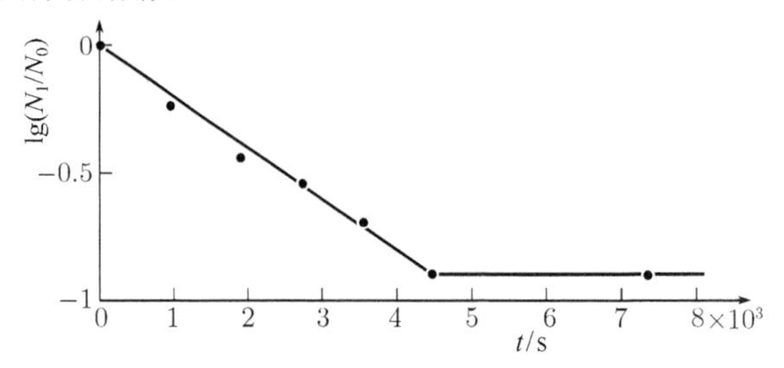

图 9.9　在聚氧乙烯高分子 (PEO) 存在下聚苯乙烯乳液粒子的絮凝。初级粒子的数量开始呈指数下降，后来通过空间作用保持恒定

像高分子刷的情形一样，仅当环与尾都在良溶剂中时高分子的保护作用才有可能实现。当溶剂溶解能力降低 (通过变温或加盐)，高分子逐渐丧失保护作用。Θ 条件是保护作用消失的分水岭。

9.4　聚电解质可以使憎液溶胶稳定或絮凝

有时高相对分子质量的聚电解质是非常有效的聚沉剂，因为它们的线团高度溶胀，所以能够在距离较远的两个粒子之间成桥。此外，高分子上的电荷能提高吸附量，降低粒子间的斥力。因此，带正电的溶胶能用带负电的高分子聚沉。这里，静电相互作用 (压缩双电层，φ_d 降低) 可能是最重要的因素，但对长链高分子来说，桥连几乎一定发生。在少量二价阳离子 (如 Ca^{2+}) 存在的情况下，甚至带负电的聚电解质也能够聚沉带负电的溶胶。其机理可能是形成桥连现象：高分子的 COO^- 基团在 Ca^{2+} 的帮助下吸附到带负电的溶胶表面。

像不带电的高分子一样，聚电解质也能保护溶胶。聚电解质具体是起到保护还是聚沉作用，是动力学和混合顺序的问题。图 9.10 中我们给出了一个实验实例。像

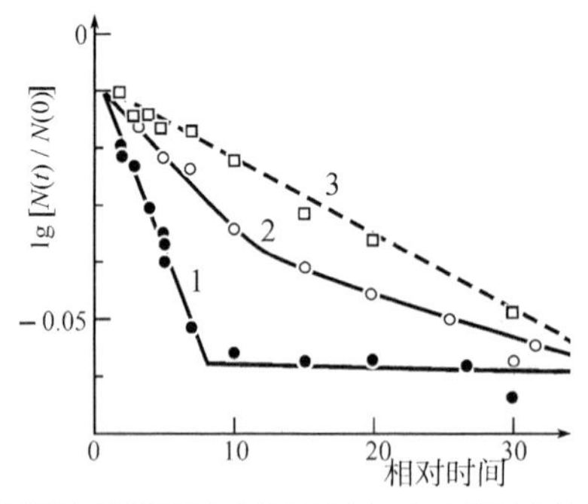

图 9.10　聚苯乙烯乳液粒子通过吸附聚电解质絮凝。初级粒子的数目迅速降低 (成桥)，然后由于空间作用稳定为常数。1. 仅用盐诱导絮凝 (没有高分子); 2. 少量高分子诱导絮凝; 3. 大量高分子诱导絮凝

在图 9.9 中一样，由于成桥导致絮凝的发生：开始时初级粒子的数目迅速减少；一段时间后，吸附的高分子数目太多以至于形成稳定的胶体粒子，絮凝停止。

9.5　高分子在许多胶体体系中均有应用

(1) 保护剂。用高分子保护胶体在工业上应用广泛。几乎所有不能通过电荷稳定的憎液溶胶都需要用高分子稳定。例如，当介质极性不是很强，或盐浓度很高，以及对流不可避免时。有些情况下，因为静电斥力不能与过强的吸引力相抗衡，必须使用高分子来稳定胶体。例如，磁条中的微磁铁必须用高分子进行稳定。许多涂料和油漆含有被高分子稳定于有机介质 (树脂) 中的颜料粒子。水溶性乳胶粒子也经常被吸附或接枝高分子所稳定。在显影乳液中 (注意：不是胶体术语中的乳状液，而是固体粒子的溶胶！)，AgBr 粒子需用明胶作为稳定剂。在润滑剂以及其他油基产品中，也经常使用高分子稳定剂。高分子作为稳定剂也有很多生物及医学应用，其中有些已经存在几个世纪了。例如，过去常用“金水”治疗痛风，所谓的“金水”实为用明胶保护的金胶体；又如，有时人们用 SnO_2 治疗疖；发明于数千年前的中国墨汁，则是由植物中的水溶性高分子保护的煤烟颗粒分散体系。

(2) 絮凝剂。高分子致凝的应用也非常广泛。例如，饮用水的提纯，废水处理，以及各种采矿过程。经常把高分子与高价离子共同使用。例如，早在 1930 年，荷兰国家矿业公司就开始用淀粉衍生物除去胶体大小的碳粒子。在铅、铜、镍及铝的冶炼过程中，高分子絮凝剂应用于不同的冶炼阶段。以从矾土中提取铝为例，将矿粉磨碎后，使 Al_2O_3 以铝盐的形式溶于腐蚀性苏打水中。不溶的粒子用高分子絮凝后分离出来。然后，通过酸化将铝盐以胶体形式沉淀下来，进一步通过高分子絮凝作用浓缩，最后转化为金属铝。在一些情况下，人们使用高分子以改善土壤的结构。在造纸工业中，高分子絮凝剂非常重要，被称为助留剂，其主要作用是在纸张排水过程中防止小的胶体粒子留在新制的纸上。葡萄酒也是通过加入生物高分子进行清化的。

(3) 絮凝测试。在临床检查中 (如孕检)，把生物大分子连接在胶体粒子上，当它们之间反应时，会诱导胶体絮凝，使得生物大分子之间的反应变得直观“可见”。例如，通过将免疫蛋白连接到乳胶粒子上，可以跟踪抗原与抗体的结合。

思　考　题

1. 要得到 $1kT$ 的引力能，排空体积大小应为多少？已知：自由高分子在良溶剂中，浓度为 1%，摩尔质量为 100 kg/mol，轴线长度为 200 nm，持续长度为 3 nm。假设有效排除体积等于半径为高分子均方旋转半径的圆球大小。

2. 在排空作用中，高分子摩尔质量的增加对渗透压与排空体积各有什么影响？

3. 据式 (9.3) 画出高分子刷表面的排斥能 V_{st} 与压缩因子 u 之间的函数关系。斥力总是存在吗？

4. 你能解释为什么在低吸附量时高分子的构象总比在高吸附量时平些，即为什么在低吸附量时，高分子链更为舒展？

5. 你如何解释溶剂溶解能力对高分子吸附量的影响？(提示：考虑溶解性很差的高分子的极限！)

6. 溶剂溶解能力与高分子的相对分子质量对胶体的保护各起多大作用？

7. 当 $A = 12kT$ 时，有效稳定一个球形粒子 ($R = 50$ nm) 的高分子层的最小厚度是多少？当 $A = 2kT$ 时情况又如何？假设 $V_{\min} = -1kT$ 时，体系仍可保持稳定。

8. 图 9.6 中的 $V_{\min}$ 应被视为第一极小值还是第二极小值？

9. 能够通过加盐来絮凝一个高分子稳定的悬浮体系吗？

10. 敏化需要的盐浓度是比临界絮凝浓度高还是低？

11. 解释为什么高分子稳定的溶胶在盐浓度不是很高时保持稳定，而通过加入没有保护的溶胶可以使溶胶絮凝？

12. 为什么吸附导致的絮凝仅发生在高分子浓度较低的情况下？

13. 解释为什么即使没有桥连，絮凝一个带正电的粒子悬浮体系需要的带负电的聚电解质的量也要远少于 NaCl？

第 10 章　憎液溶胶的制备

10.1　憎液溶胶是介稳的

憎液溶胶是不溶性材料构成的粒子在连续相中 (如水或油) 形成的分散体系。这两相之间存在界面，界面上两相分子发生不利的接触。这些接触使体系的自由能 (界面张力) 升高；因此，当界面增加，即粒子变小时，体系的自由能增大。这样，使粒子分散将消耗最小的与界面面积增加相关的热力学功，并且分散态比未分散态有更高的 Gibbs 自由能。因此，热力学驱动力倾向于使体系恢复到未分散的状态。所以，这种分散状态是热力学不稳定的。这可以清晰地从水与油的混合物中看出来：如果剧烈摇动，我们会得到许多小的液滴；但停止摇动后，液滴凝聚，体系恢复到初始的两相状态。然而，当加入表面活性剂时，液滴得到保持。很明显，液滴凝聚的倾向受到抑制，我们得到一个具有胶体稳定性，但热力学上介稳的分散态*。

在第 8 章中我们看到 van der Waals 力的存在是分散态具有较高 Gibbs 自由能的根源，也是体系有分层倾向的原因。由第 8、9 两章我们可知，胶体稳定的状态 (实际是介稳态) 可以持续很长时间，这可能是由于表面电荷产生的静电排斥的缘故，也可能是由于高分子层的存在，粒子之间产生空间斥力。

10.2　由相图得出共存相的组成

为了更深入地讨论相分离现象，我们在图 10.1 中给出两个温度下两种液体 A 与 B 的均匀混合物的 Gibbs 自由能对组成的函数，其中，组成用化合物 A 的摩尔分数 x_{A} 表示。对于纯 A，$x_{\mathrm{A}} = 1$，B 的摩尔分数为 0；因为使用的是摩尔分数，$x_{\mathrm{A}} + x_{\mathrm{B}} = 1$ 永远成立。

图 10.1(a) 有单一的最低点。这意味着两组分均匀混合将得到最低的 Gibbs 自由能。这样的混合物是稳定的，可以按任意比例混合。而图 10.1(b) 有一个凹陷 (图中虚线)。这样，在图中可以找到具有同一切线的两个点。与这条切线上的点对应的体系具有两种组成，即体系分为两层。可由切线与曲线的交点得到两个共存相的

---

* 在制备憎液胶体时，必须意识到这些体系不是在最稳定状态。典型的做法是设计一个制备路线，使体系远离第一极小值处。将胶体的稳定性与它们的相行为结合起来，获得深入的认识对保证制备成功非常关键。

组成。组成对应着曲线的悬空部分的体系 (虚线所示) 不稳定，发生分层，ΔG_{mix} 持续降低，直到其值为切点处数值。在两相接触的地方存在界面，界面张力为 γ。

通过改变温度，图 10.1(a) 中曲线形状会略有变化。原来没有凹陷的曲线 [图 10.1(a)] 会形成凹陷 [图 10.1(b)]。对很多体系来说，凹陷 (不稳定区域) 随温度的升高而减小。在特定的温度之上，不稳定区域完全消失，这一温度被称为临界温度。在此温度下，界面消失 (只剩下一相)，界面张力为 0。

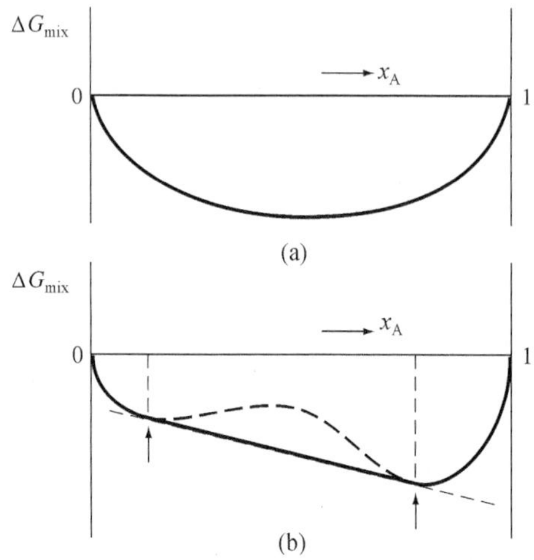

图 10.1 两类组成为 x_A 与 $x_B = 1 - x_A$ 的二组分混合体系的混合 Gibbs 自由能随摩尔分数的变化。箭头表示平衡共存的两个相。可通过共同的切线找到它们

共存相的组成对温度的函数图像称为相图。图 10.2 给出一个相图的实例。图中的实线 (也称为双节线) 给出了在给定温度下平衡共存的两相的组成。这样，这条线勾勒出均相区和两相区的温度和组成范围。在两相区，均相溶液不能稳定存在，将分为两个组成不同的相。

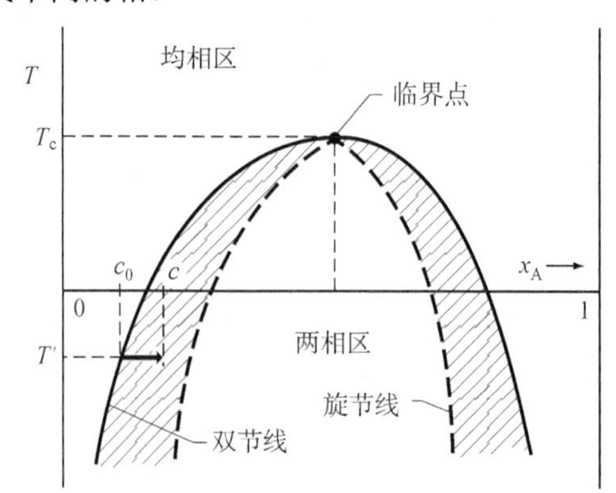

图 10.2 A-B 二元混合体系的相图，摩尔组成为 x_A 与 $x_B = 1 - x_A$。阴影区为介稳区域。在温度为 T'，浓度为 c 时，过饱和度 S 由式 (10.1) 给出。粗箭头代表 S 的数值

然而，在阴影区域，在虚线与实线之间，体系能够以均相状态存在一定时间。此时混合物是介稳的或过饱和的。在 10.5 节中我们将讨论为什么会发生这种现象。在此，我们定义一个过饱和度参数 S。在给定温度下，浓度为 c 时，S 的表达式为

$$S = kT \ln(c/c_0) \quad [\mathrm{J}] \tag{10.1}$$

式中，c_0 为给定温度下双节线处的浓度。这样，过饱和度是溶液浓度 c 与相应的双节线浓度 c_0 之间差距的量度。这一差距在图 10.2 中以箭头示意出来。

在虚线以内区域 (也称旋节线)，混合物不稳定；体系立即分相以至于不能定义过饱和度。这样，过饱和度的最大值可以在给定温度下，从双节线与旋节线之间的距离获得 (图中的水平线)。

10.3　分散：从粗糙到精细

分散法是广为使用的获得憎液胶体的方法。这意味着用机械能或电能将大块材料打碎成小的粒子。当材料被分散得很小时，新形成的表面必须被有效稳定，以防止聚集。在没有采取特别措施的情况下，分散法得到的胶体分散度通常很大。举例如下：

(1) 研磨与超声处理。在胶体磨中，物质可以通过剪切与离心力相结合来分散。这一方法在工业上被用来制备墨水和颜料油漆。软物质 (如石膏、硫、乳状液) 也可以通过超声振动的方法来分散。

(2) 电喷雾。选择合适的金属作为电极，可以在两极之间通过电场作用去除电荷，得到高度分散的金属溶胶 (如 Pt、Au)。

(3) 乳化。将两个不混溶的液体置于高速剪切和高延展力场下 (如快速旋转的马达下，或在高压下将混合物通过小孔或狭缝挤出) 可得到乳状液。为了得到稳定的乳液，需要加入抑制液滴聚集和絮凝的物质。这种物质称为乳化剂或稳定剂。常用的乳化剂为离子型表面活性剂 (第 12 章)；这些表面活性剂吸附于液滴表面，通过解离使液滴带电。高分子 (蛋白质) 和非离子表面活性剂也常用作乳化剂。

制备方式也会影响乳状液的类型。当水和油以不同的比例混合时，在稳定剂存在下，可以得到含有少量水的油包水型乳状液 (W/O)，也可以得到含有大量水的水包油型乳状液 (O/W)。发生乳液从 O/W 型反转为 W/O 型，或反过来变化的油/水比例也取决于乳化剂的种类。可以通过测量电导率或加入选择性溶解的染料的方法来区别 O/W 型和 W/O 型乳状液。例如，当水溶性染料加入后，体系不能形成均匀的颜色时，乳状液类型为 W/O。如果两相的黏度不同，黏度测量也可以给出乳液类型的信息。

(4) 起泡性。通过多孔物体向液体中吹气 (空气或其他气体) 可以得到泡沫。类

似地，通过一个多孔的物体将待分散的相挤入分散介质的方法也可以得到乳状液。挤出的奶油是脂肪乳在奶浆中的乳液，是通过向奶浆中鼓气形成的。这里，体系中有三个不混溶的相：分散的脂肪、分散的气体及水 (分散介质)。

在第 11 章我们将继续讨论泡沫与乳状液的稳定性。

10.4 凝聚法：从非常精细到精细

凝聚是小粒子 (原子、分子) 聚集成大粒子的过程。其原理是在均匀稳定的体系中增加难溶物的浓度，直到超过溶解度极限 (图 10.2 中的双节线)。这时，均相不再是稳定状态，尽管如此，因存在过饱和度，体系并不发生相分离。

有时在凝聚法中利用化学反应生成难溶物。其他情况下，可通过温度、压力或溶剂组成的改变来改变溶解度。

举例如下：

(1) 用甲醛、肼、膦、H_2O_2 等还原 $HAuCl_4$ 可制备金溶胶；用 H_2 还原氧化银可制备银溶胶；用 SO_2 还原 SeO_2 可得到 Se 溶胶；而用 H_2S 还原 SO_2 可得到硫溶胶。

(2) 酸性条件下，在碳酸铵溶液中水解 $FeCl_3$ 可得 Fe_2O_3 溶胶。

(3) 向 As_2O_3 溶液中鼓入 H_2S 气体可以得到 As_2S_3 溶胶。

(4) AgI 溶胶可以通过向 KI 溶液中加入 $AgNO_3$，或向 $AgNO_3$ 溶液中加入 KI 制备。而当这两种盐正好等物质的量混合时，得到的是沉淀，而不是溶胶。当 KI 过量时，由于 I^- 吸附在胶粒表面，得到稳定的带负电的溶胶；而当 $AgNO_3$ 过量时 Ag^+ 吸附在胶粒表面，得到带正电的溶胶。当试剂浓度太高时，溶胶立即沉淀，这是由于反应过程中生成的 KNO_3 浓度太高造成溶胶絮凝。这些例子清楚地显示了电荷和盐浓度对胶体稳定性的影响。

(5) 高浓度的硫的乙醇溶液倒入水中，可制得硫溶胶。不溶于水的硫颗粒会形成胶体分散系。

(6) 温度降低时饱和了水蒸气的空气形成雾。在 Wilson(威尔逊) 云室*中突然降低压力会产生过饱和蒸气。沿着放射性粒子的轨迹有新的液滴形成，因为电离的分子可作为蒸气的凝结中心。在啤酒和其他含有 CO_2 的饮料中，气体是在高压下注进去的。降低压力时，溶液变成 CO_2 的过饱和体系，所以会出现 CO_2 气泡。

(7) 乳胶是高分子在不溶液体中形成的分散体系，通常通过乳液聚合法制备。

* 威尔逊 (Wilson) 云室是一种检测离子化辐射的粒子探测器。云室最基本的结构是含有过饱和的水或乙醇蒸气的密闭体系。当带电粒子，如 α 或 β 粒子与蒸气相互作用时，蒸气发生电离。离子化的分子将会作为凝结中心，其周围有液滴产生。因为 α 或 β 粒子的能量很高，其所过之处，大量分子被电离，所以会观察到沿着粒子轨迹有液滴形成。

该方法中先将单体 (苯乙烯、甲基丙烯酸甲酯) 与水混合，然后加入水溶性的引发剂。单体慢慢转化为水不溶性的高分子，最后得到球形乳胶粒子。由这一方法得到的粒子几乎大小相等，是单分散的溶胶。粒子的直径可以通过选择反应条件控制在 100～1000 nm 之间。

(8) 合成大小和形貌可控的胶体粒子，尤其是特殊材料，在工业上非常重要，因此是物理化学研究中一个非常活跃的领域。陶瓷、涂料、磁性粒子、各种显示器的发光材料等都用到这样的粒子。现在，制备形貌和组成更加复杂的粒子，并把尺寸降低到纳米范围 (此即“纳米技术”)，已是现代科技发展的必然趋势。

10.5　由过饱和体系制备粒子 (凝聚法)

讨论过饱和体系 (可以是溶液、气相等) 中形成粒子时，必须区别两种过程，即成核和生长。首先，成核必须发生，此后核才能够生长。新核通常不易出现；因为新相的形成总会遇到一定的阻力。

成核之所以遇到阻力是由于新核中的每个分子都有很大的界面。因为我们面对的是一个难溶的化合物，界面是不利于分子停留的地方，因此界面张力 γ 很大。当核很小时，每有一个分子进入核中，界面能就会急剧增加。一个分子进入晶格相使体系 Gibbs 自由能的降低不足以补偿增加的界面能。

为了定量地理解上述论点，我们考虑如下情形：当半径为 R 的新的球形粒子相 A 形成时，Gibbs 自由能的改变为 ΔG。这个 ΔG 来源于两个方面，一个是来自体积的负的贡献，另一个是来自表面的正的贡献。每个分子从过饱和溶液进入到稳定的 A 相时，都有一个 Gibbs 自由能降低，其数值为 S。每个球形粒子的体积为 $\frac{4}{3}\pi R^3$，其中所含的分子数目为 $\frac{4}{3}\pi R^3/v_\mathrm{m}$，这里 v_m 是 A 相中化合物的偏摩尔体积。这样，体积项对 ΔG 的贡献为 $-\frac{4}{3}\pi R^3 S/v_\mathrm{m}$。粒子的表面积为 $4\pi R^2$，相应的自由能贡献为 $4\pi R^2\gamma$。所以

$$\Delta G = 4\pi R^2\gamma - \frac{4}{3}\pi R^3 S/v_\mathrm{m} \quad [\mathrm{J}] \tag{10.2}$$

式中，S 为过饱和度，定义见式 (10.1)。如果我们以 ΔG 对新粒子中的分子数目作图 [$n \sim R^3$，所以 $\Delta G(n)$ 为 $\mathrm{A}n^{2/3}-\mathrm{B}n$ 的形式]，将得到如图 10.3 所示的曲线。

界面相的贡献是增函数，与粒子数的 $\frac{2}{3}$ 次方 ($n^{2/3}$) 成正比，体积项则为一减函数，与粒子数目 n 的负值 ($-n$) 成正比。二者的和先随 n 增加而增大，达到极大值 ΔG^* 后随 n 的增加而降低。在极大值处粒子的半径，即所谓的临界半径 R^* 可由 $\mathrm{d}\Delta G/\mathrm{d}R = 8\pi\gamma R - 4\pi(S/v_\mathrm{m})R^2 = 0$ 求出：

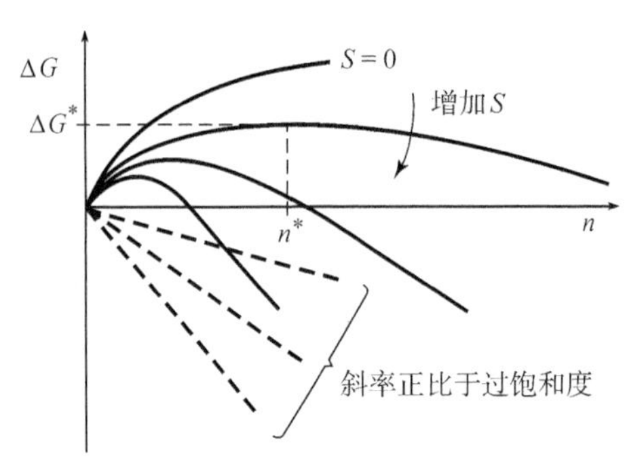

图 10.3　新粒子形成时的 Gibbs 自由能变 ΔG 随参与的分子数目 n 的变化

$$R^* = \frac{2\gamma v_{\mathrm{m}}}{S} \quad [\mathrm{m}] \tag{10.3}$$

$$\left(n^* v_{\mathrm{m}} = \frac{4}{3}\pi R^{*3} \quad [-]\right)$$

将 R^* 表达式代入 ΔG，可得到相应的极大值

$$\Delta G^* = \frac{A}{S^2} \quad [\mathrm{J}] \tag{10.4}$$

$$A = \frac{16\pi}{3}\gamma^3 v_{\mathrm{m}}^2 \quad [\mathrm{J}^3] \tag{10.5}$$

ΔG 曲线出现极大值 ΔG^* 意味着核的形成有一个活化能垒。只有那些达到了临界半径 R^* 的粒子才能自发地长大；成核的速率随着能垒高度的增加呈指数衰减 $[\propto e^{-\Delta G^*/(kT)}]$。极大值在成核速率中的作用与化学反应速率中的活化能一样 (Arrhenius 方程)。随着过饱和度的增加，活化能垒变小 [式 (10.4)：$\Delta G^* \sim 1/S^2$]。因此，为了形成足够数目的核，需要非常高的过饱和度。因为当 $R > R^*$ 时，核的生长是自发的，所以，要使核生长，只需一个很小的过饱和度。图 10.4 给出了成核速率与过饱和度 S 之间的函数。因为成核速率正比于 $\exp(-A/S^2)$，S 增加时成核速率的增加是非常突然且急剧的。可以说，过饱和度一旦达到一个特定值 (S_{cr}，成核阈值)，成核即开始。

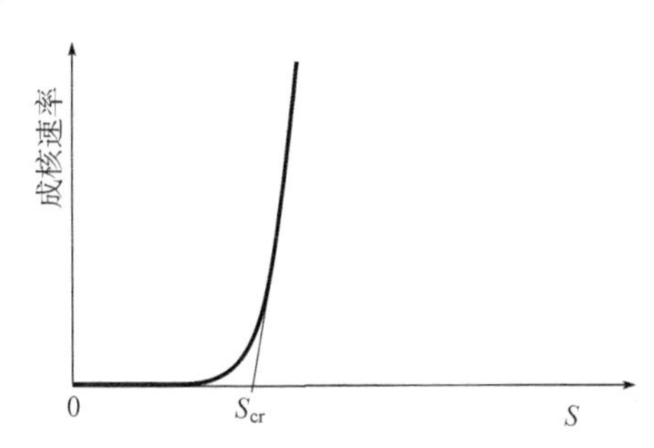

图 10.4　成核速率与过饱和度 S 的函数关系图。当成核速率开始急剧增加时，过饱和度的数值被称为成核阈值 S_{cr}(临界过饱和度)

10.6　两种情形

10.6.1　成核与生长同步

粒子的形成一定总是从成核开始。但是，当 $S > S_{cr}$ 的条件得到保持时 (保证核持续长大)，成核过程也还在持续，所以我们遇到成核与生长同步的情况。这就导致了一个多分散体系的形成：先形成的核比后形成的核有更长的生长时间。

一个典型的例子是根据下面反应制备的金溶胶：

$$2AuCl_4^- + 3H_2O_2 \longrightarrow 2Au + 8Cl^- + 6H^+ + 3O_2 \tag{10.6}$$

当金的氯化物与过氧化氢混合时，一定先发生成核。金原子的过饱和度一旦达到一定的值，这一过程就会发生。这种情况下，成核就非常容易，但因为还原反应很快，这些核的生长不足以消耗掉新形成的金。这样，成核与生长同步进行，这一快速反应得到的是多分散的溶胶。

当反应在高温下进行时，还原速率比在室温下高。过饱和度与成核速率都达到很高的数值，所以能够形成更多的核。当核的粒子数目很多时，因为每个粒子能得到的金原子数减少，所以粒子保持很小的尺寸。这是为什么在高温下得到小粒子溶胶 (红色)，而在室温下得到大粒子溶胶 (蓝色) 的原因。

10.6.2　先成核，后生长

当满足在胶体颗粒生长时没有新的晶核产生的条件时，就会得到几乎单分散的溶胶，体系中的晶核都以相同的速率生长。实现这个条件的一种可能的方法是采用“异质成核”，即使用晶核的溶胶以引入晶种。举个例子：用强还原剂 (膦或甲醛) 还原 $HAuCl_4$ 的稀溶液即得到金核的溶胶，此溶胶中含有很多非常小的多分散的金胶粒。如果将此溶胶加入到金的氯化物与弱还原剂 (如肼) 的混合物中，因反应非常缓慢，新生成的金的浓度达不到成核阈值。这样，不会产生新核，体系中只发生晶核的生长。虽然晶核的尺寸可能会差异很大，但最终能得到几乎是单分散的溶胶，因为当粒子长大到十倍以上时，核的尺寸因为太小而可以忽略。

外延生长是在一个不同材料的晶核上形成晶体，这也可以看成是多相催化的一个特例。一个实例是以金溶胶为胶核来制备单分散的 Se 溶胶。这样形成的粒子有一个金做的“心”。另一个实际生活中非常重要的例子是以 AgI 粒子为凝结中心诱导降雨。AgI 的表面结构与冰非常类似，这促进了冰晶在 AgI 表面生成。

利用在过饱和度很小时仅能生长不能成核的思想，可以从几种材料的混合物出发制备出有趣的溶胶。例如，可以制备具有磁性内核 (磁性氧化铁) 的二氧化硅粒子，这样就会得到具有磁性的玻璃球。也可以选择过饱和度使得特定晶面能够生长，就会形成各向异性的粒子，如针状粒子，这样的溶胶具有特殊的性质。

有时，利用均相成核也能形成单分散的溶胶。一个典型的例子是通过 La Mer 法制备硫溶胶：

$$S_2O_3^{2-} \xrightarrow{H^+} SO_3^{2-} + S \tag{10.7}$$

如果从硫代硫酸盐的稀溶液出发开始反应，硫溶胶的生成是非常缓慢的 (图 10.5)。若希望成核迅速开始，体系必须先达到一定的过饱和度 [图 10.5(b)]。成核过程消耗的硫是如此之多，以至于体系中硫的浓度降至过饱和度阈值以下，所以成核停止，体系仅发生晶体生长过程。这一反应可用 KI 终止，以此来制备不同大小的硫溶胶。类似地，制备单分散二氧化硅球形粒子的 Stöber 方法也是必须在前驱体 (四乙氧基硅烷) 缓慢水解的基础上才能进行。

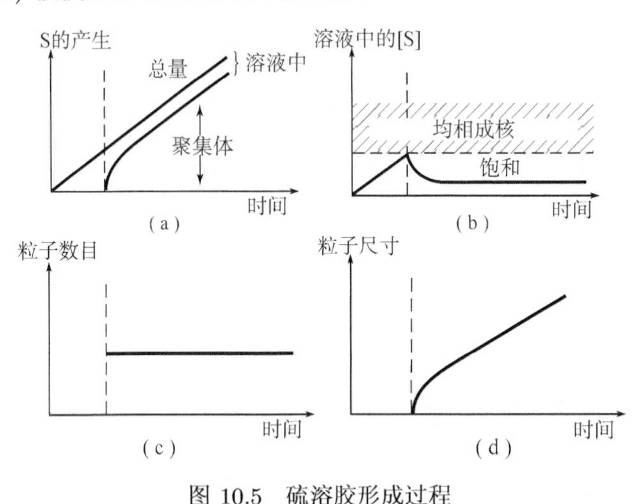

图 10.5　硫溶胶形成过程

在制备高分子乳液时，通常得到单分散的溶胶。高分子在粒子内部的聚合速率远远大于其在溶液中的聚合速率，所以一段时间后成核全部停止，体系中只有粒子生长过程。

在制备链状高分子时，也能够让所有的链的生长时间大致相同。当高分子为溶胶状态时，这种方法得到的粒子几乎是单分散的。若达到这一目的，反应中必须有一个很快的链引发步骤 (成核)，和一个慢得多的链传递 (生长) 步骤。若生长基元末端的反应性不是很强，就可实现这样的反应控制。一个典型的例子是苯乙烯的阴离子聚合：

起始苯乙烯 (引发) + 正丁基锂 ——→ 苯乙烯基锂 (快)

生长的苯乙烯基锂 (传递)+ 苯乙烯 ——→ 聚苯乙烯阴离子 (慢)

聚苯乙烯阴离子与其反离子 Li^+ 在溶剂中形成离子对，因为静电作用很强，它们结合得非常紧密。但反应性的离子对会偶尔解离，以允许链上增加新的单体 (传递)。在连接下一个单体之前，离子对保持稳定，直到这个单体也连接到链上。这样，链的生长就慢慢地延续下去。这些反应被称为“具有活性的”反应，这是因为虽然反应很慢，但只要溶液中有单体，链的生长就会发生，这就是著名的“活性聚合”(living polymerization)。

10.7　溶胶的老化

放置的溶胶内部会继续发生自发变化，一种情况是小粒子 (有很大的比表面积) 倾向于溶解，而大粒子持续长大，这就是溶胶的老化，也称 Ostwald 熟化；另一种情况是具有不规则表面的粒子会随时间的延长逐渐演变成规则的结构。这两种情况都是自发过程，其驱动力都是使体系的界面 Gibbs 自由能降低。升高温度以提高解离速率和扩散速度会使上述过程加速。老化过程对乳状液和泡沫尤为重要，参见第 11 章。

10.8　溶胶的纯化

很多溶胶在制备后都含有大量低相对分子质量的副产物。特别是在难溶盐胶体的制备过程中，产生的电解质是非常不利的，应该除去。

不能采用过滤方法，因为溶胶粒子本身非常小，它们会穿过普通滤纸的孔隙。

能够使用合成膜 (如由纤维素酯制备) 进行超过滤的体系也是有限的，因为胶体粒子可能堵住滤膜的孔道。虽然现在滤膜的孔径已小到 5 nm~8 μm，这个问题依然非常严重。

对溶胶进行纯化的最好方法是透析。在这种方法中，可将溶胶与可溶性成分通过一个仅允许离子、溶剂和小溶质粒子透过的膜分开。

更快速地除去盐的方法是电渗析 (图 10.6)。将溶胶置于电场中，将电极附近的溶胶持续更新。也可用此法将溶胶浓缩。因为如果不搅拌，胶体粒子就会在一个电极附近积累；而且，形成的浓溶胶因为密度大会沉到下部，这样就可以除去纯溶剂，这被称为电渗析。

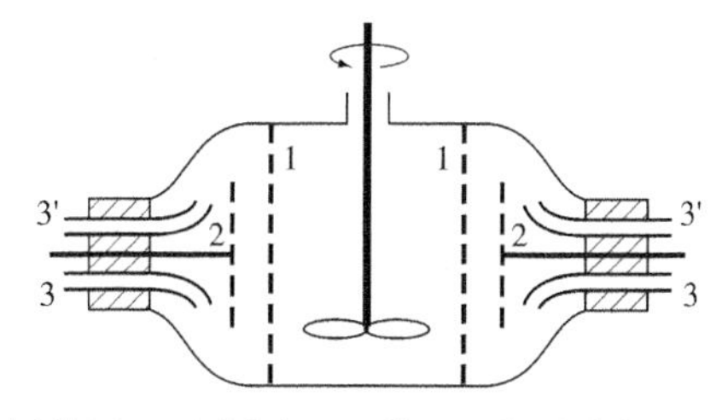

图 10.6　电渗析装置及示意图。1. 膜；2. 气体电极；3,3′. 电源和水源

另外，将溶液离心，然后分散到新鲜溶剂中对溶胶进行洗涤，如此反复多次，也可以除去其中的盐。

思 考 题

1. 写出 10.4 节中所提及的制备憎液溶胶的化学反应。

2. 在用 H_2S 还原 SO_2 制备硫溶胶时，有多少溶胶是来自 H_2S？

3. 可以通过向 0.010 mol/L $AgNO_3$ 中加入 0.011 mol/L KI 来制备稳定的 AgI 溶胶吗？向 1.1 mol/L KI 中加入 1.0 mol/L $AgNO_3$ 呢？

4. 解释为什么在 AgI 悬浮液中 Ag^+ 与 I^- 都是电势与电荷决定离子。

5. Fe_2O_3 悬浮液在酸性条件下稳定，而在碱性条件不稳定。请解释原因。

6. 为什么需要用稀 $HAuCl_4$ 溶液和强还原剂来制备金的种子溶胶？

7. 解释为什么从多分散的金核出发却可以制备出单分散的金溶胶？

8. 向一份 100 mL $HAuCl_4$ 与肼混合液中加入 1 mL 金的种子溶胶；向另一份 100 mL $HAuCl_4$ 与肼混合液中加入 2 mL 金的种子溶胶。两体系中得到的金胶体的半径比是多少？

9. 解释图 10.5 中曲线的走势。

10. 图 10.5(a) 表明硫溶胶的生成量与时间成正比。在更长的时间里，这一规律也成立吗？

11. 当 (电) 渗析憎液溶胶时，我们希望把所有的电解质从体系中除去吗？

12. 为什么电渗析比常规渗析快？

13. 解释为什么在高温下老化要快些。

第 11 章 泡沫和乳状液的稳定性

11.1 泡沫和乳状液

乳状液几乎无处不在。它们在自然中出现，也在工业的各个分支里起着重要的作用，如食品、制药、石油、精细化学品、油漆等。在人类的胃里，脂肪被乳化成水包油型 (O/W) 乳状液，其中，胆汁起到乳化剂的作用。黄油和人造奶油是 W/O 型乳状液，而蛋黄酱是 O/W 型乳状液。牛奶是被蛋白质稳定的 O/W 型乳状液。药剂和化妆品如软膏、香脂、油脂等，也都是乳状液。一些不溶于水的外用药也常被制成乳状液。在制药业工中，经常使用水溶性高分子如聚乙酸乙烯吡咯烷酮作为乳化剂。“冷沥青”是重油渣在水中的乳状液，铺在路面上后，水分蒸发，乳液破裂，沥青就成为一个连续的介质。农业上使用的杀虫剂通常难溶于水，这种情况下，有效成分经常被制成 O/W 型乳状液的油相*。

泡沫和乳状液都属于憎液胶体。这是因为它们都包含两个不相混溶的相，其中一相很好地分散在另一相中。与憎液溶胶一样，它们都是热力学不稳定的。粒子和分散介质被一个具有一定界面张力的清晰的界面分开。在第 8 章中，我们谈到界面张力，指出界面张力的存在是体系不稳定的根源，所以粒子有聚集的倾向。与界面张力相关的是 Gibbs 自由能的增加，这使得体系中的粒子发生 Ostwald 熟化或歧化，即大粒子的长大以较小粒子的消失为代价。这不仅改变粒子 (液滴或气泡) 的尺寸分布，即先变宽，后变窄，也降低体系的总的界面面积，进而降低 Gibbs 自由能。在乳状液和泡沫体系中，界面张力还促使液滴或气泡合并 (“流到一起”)。这一过程发生后，液滴或气泡分开的液膜破裂，体系的总界面面积得以降低。“合并”一词经常仅仅针对乳状液体系；而“破裂”则对乳状液和泡沫体系均适用。

之所以需要单独讨论泡沫和乳状液是因为歧化和破裂在这两类体系随时间的变化中起着非常重要的作用。因此，预测这些过程发生的可能性和发生的速率非常有用。

---

* 油与水不互溶。油在水中或水在油中的精细分散体系随处可见。乳化剂赋予了这些体系较长的保质期 (shelf life)。在这一领域中，胶体科学与表面科学极其接近。乳化剂种类很多，包括短链两亲分子、蛋白质，甚至固体颗粒。

11.2 气泡和液滴内部的压力高于外部

考虑一个半径为 R [表面积 A 为 $4\pi R^2$, 体积 V 为 $(4/3)\pi R^3$]，界面张力为 γ 的球形气泡或液滴。界面张力使得界面因收缩而变小，因此赋予界面弹性；这样一个液滴或气泡可与一个充气的气球相比。内部额外高出的压力与界面张力抗衡，使得气泡不致塌瘪。这一额外高出的压力的表达式极易通过计算球形气泡半径增加时的热力学功 (体积与界面) 获得；在平衡时，这一数值必为 0。界面功可表示为 $\gamma \mathrm{d}A$，体积功为 $-\Delta p \mathrm{d}V$。因为它们的加和必为 0，所以，$\gamma \mathrm{d}A = \Delta p \mathrm{d}V$。这样，$\Delta p = \gamma \mathrm{d}A/\mathrm{d}V = \gamma(\mathrm{d}A/\mathrm{d}R)/(\mathrm{d}V/\mathrm{d}R)$。将面积 A 与体积 V 的表达式代入即得到

$$\Delta p = \frac{2\gamma}{R} \quad [\mathrm{N/m^2}] \tag{11.1}$$

这一额外的压强被称为 Laplace 压或毛细压强。如在公式中所看到的，半径减小时压强增加。对于水 ($\gamma = 72$ mN/m) 中半径为 100 nm 的气泡，额外压强几乎是 15 bar*!

11.3 小气泡或液滴在大气泡或液滴存在时收缩：歧化 (Ostwald 熟化)

考虑一个半径为 R_1 的小气泡，与半径为 R_2 的大气泡共存。当用一个允许液体或气体通过的管子将两个气泡连起来时，我们将看到两边的压力差使小气泡缩小，大气泡长大。这是因为小气泡的 Laplace 压高于大气泡的。很容易证明，在这一过程中总面积减小。在液体中气泡发生歧化时并没有连通管，气体分子通过液体来传输。

因此，歧化过程的速率取决于 Laplace 压的差异与物质传输过程中的阻力。因为分散相的物质传输是通过在连续相中的溶解和扩散实现的，所以分散相在连续相介质中的最大溶解浓度 C_0 (溶解度) 起着重要作用。考虑一个简单情况：当半径为 R_0 的气泡与一个非常大的气泡 (如此之大以至于 Laplace 压基本为 0) 距离为 H 时，气泡的半径根据下式随时间降低：

$$R^2(t) = R_0^2 - \frac{4RTDC_0\gamma}{P_0^2 H}t \quad [\mathrm{m^2}] \tag{11.2}$$

式中，D 为气体的扩散系数；P_0 为连续相中介质的压强。这样，当 C_0 很大时，收缩速率很大，这就是不同气体的气泡收缩速率不同的原因。例如，二氧化碳泡沫比

* 1 bar = 10^5Pa。

戊烷泡沫更易于歧化，所以剃须泡沫必须由戊烷制备，因为需要这些细小的泡沫存在一定的时间。而啤酒中 CO_2 泡沫的歧化要快得多。歧化是一个自加速过程，因为当气泡尺寸变小时，进一步降低气泡尺寸的驱动力变大。歧化过程的最后阶段如此之快，甚至可以说是“爆炸”，并发出声音。临近沸点时水的“歌唱”也是由这种泡沫破灭造成的。

有两种终止歧化的途径

由上面的讨论可以看出，乳状液或泡沫之所以有歧化倾向，主要原因是它能降低界面面积。如果我们面对的是具有恒定界面张力的纯液体，没有什么可以阻止歧化的发生。但是，如果放宽这一条件，我们就有两种可能：

(1) 如果我们向分散相中加入一种成分，该成分在分散相中溶解很好，但在连续相中基本不溶解，液滴的收缩导致所加入物质的浓度升高。结果是液滴的渗透压升高，终止收缩。图 11.1 示意了这种情况。当 Laplace 压 Δp 正好补偿额外的渗透压时，收缩停止。使用理想溶液的 van't Hoff 定律 (3.1 节)，渗透压 $\Pi = RTc$，可以得到式 (11.3)。用这种方法终止歧化主要适用于乳状液体系。高分子经常作为添加剂被使用，因为它们通常具有高度选择性的溶解行为。但这并不排除在泡沫中使用同样技巧：发酵师经常在啤酒泡沫中溶解一些 N_2 来抑制 Ostwald 熟化。

$$c = 2\gamma/(RTr) \quad [\mathrm{mol/m^3}] \tag{11.3}$$

式中，R 为摩尔气体常量；r 为气泡半径。

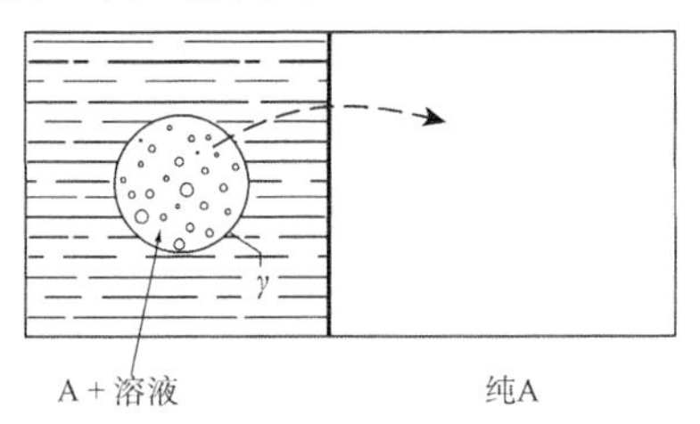

图 11.1　移动到一个几乎没有 Laplace 压的地方造成液滴或气泡收缩

(2) 第二种稳定机制是表面活性物质的吸附。与纯物质的界面张力相比，表面活性组分的存在会降低界面张力，因此 Laplace 压也降低。界面张力 γ 降低的量很大程度上取决于吸附分子的数量 Γ。Γ 越大，γ 越低。在气泡或液滴的收缩过程中，面积 A 变小，所以 Γ 增加 (至少当吸附的分子不离开界面时是如此！)，γ 进一步下降。当气泡或液滴胀大时，情况正好相反。一旦 γ 降低的相对量正好被半径的降低所补偿时，气泡就会失去收缩的趋势。因此这个界面张力不会超过下式所表示的一个临界值：

$$\gamma^* = 2E \quad [\mathrm{N/m}] \tag{11.4}$$

式中，$E = \mathrm{d}\gamma/\mathrm{d}\ln A$ 为界面的 Gibbs 弹性模量。为了推导式 (11.4)，我们考虑一个半

径为 R，界面张力为 γ 的气泡。当半径变化 $\mathrm{d}R$(导致界面张力变化 $\mathrm{d}\gamma$) 时，Laplace 压的改变量为

$$\mathrm{d}(\Delta p)=\frac{\partial(\Delta p)}{\partial R}\mathrm{d}R+\frac{\partial(\Delta p)}{\partial \gamma}\mathrm{d}\gamma=-\frac{2\gamma}{R^2}\mathrm{d}R+\frac{2}{R}\mathrm{d}\gamma \tag{11.5}$$

当 $\mathrm{d}(\Delta p)=0$ 时歧化终止。由此可得

$$\frac{2\gamma^*}{R^2}\mathrm{d}R=\frac{2}{R}\mathrm{d}\gamma \tag{11.6}$$

或

$$\gamma^*=-\frac{R\mathrm{d}\gamma}{\mathrm{d}R}=\frac{\mathrm{d}\gamma}{\mathrm{d}\ln R} \tag{11.7}$$

式 (11.7) 右边表示气泡半径 R 每相对变化一个单位时界面张力 γ 的变化。对于一个球体，面积的相对变化表示为

$$\mathrm{d}\ln A=\frac{\mathrm{d}A}{A}=\frac{8\pi R\mathrm{d}R}{4\pi R^2}=\frac{2\mathrm{d}R}{R}=2\mathrm{d}\ln R \tag{11.8}$$

正好为半径变化的 2 倍，由此立即得到式 (11.4)。

生物高分子在液体界面有很好的附着能力，能赋予界面很大的弹性模量。因此，如果加入有渗透活性的化合物 (如糖)，使其得以保护不致变干，则由蛋白质稳定的泡沫可以非常稳定。

11.4　液体由气泡或液滴之间的缝隙流出：排液

大且轻的泡沫在重力作用下会聚成糊状；根据乳状液的密度大小，乳状液液滴会聚成糊状或沉降下来 (3.4 节)。沉降和成糊速度可用式 (3.11) 表示。大多数 O/W 型乳状液的密度小于水，所以乳状液聚成糊状。一旦这些气泡或液滴堆积得足够密，它们就会变形，所以在粒子之间出现水平的液膜。图 11.2 示例出这样的情况。这时

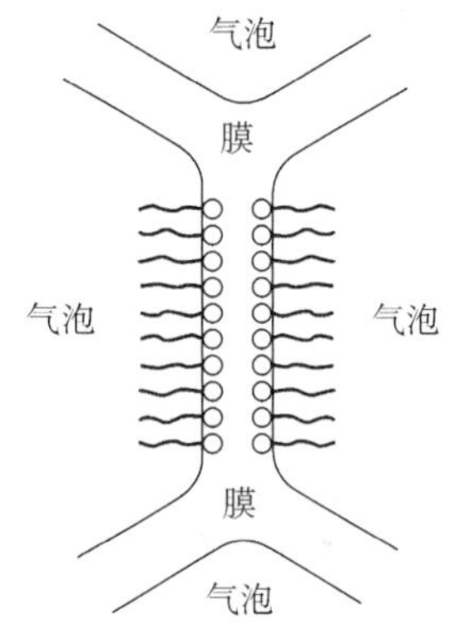

图 11.2　一个排液泡沫的液膜。在膜中存在 van der Waals 力；液膜中的表面活性剂分子还带来电荷或空阻效应

膜中的液体会在重力的作用下被挤出来，因此液膜会变薄，这称为“排液”。排液后液膜厚度变得很薄时，同前面讨论的憎液胶体一样，两个界面通过 (粒子) 表面的力产生相互作用。

11.5　DLVO 理论适用于界面上有离子型表面活性剂的排液水膜

如在 8.2 节中所讨论的，van der Waals 力也发生在两侧是空气的水膜之间。这是因为 van der Waals 力是由两相极化度之差的平方决定的 (这里是水和空气)，所以差值的符号没有关系。在空气中的水膜和一个气体缝隙分开的两个水“条”之间的引力完全相同。

在 van der Waals 力的影响下，液膜倾向于变薄。然而，若界面因含有离子型表面活性剂而带电，膜间也会有静电排斥。膜的平衡厚度取决于 V_A 与 V_R 之间的平衡，也通过 V_R 与离子强度有关。若用光学方法测出膜的厚度，V_A 与 V_R 可以通过这种简单的几何模型测量出来。这就是为什么表面活性剂液膜在理解 DLVO 理论时非常重要的原因。

乳状液的液滴也经常带电，因此它们抗絮凝的稳定性可用 DLVO 理论 (8.4 节) 来描述。许多油/水体系的特点是 Hamaker 常数 A 很小，而粒子半径相对较大。据式 (8.15)、式 (8.16) 或式 (8.17) 计算得到的这种体系的临界絮凝浓度 ccc 通常达到几摩尔每升，就是因为很低的 A 值。而在实验中得到的 ccc 数值通常很小，一般为 100 mmol/L，所以在这些条件下粒子间的距离不太可能达到第一极小值。但是，第二极小值的深度足够导致絮凝，虽然 A 很小。这是因为球形粒子的 V_A 与 V_R，以及第二极小值，均与 R 成正比 (8.2 节与 8.3 节)。当粒子间距离为 5~10 nm 时，在第二极小值处就可能发生絮凝。这一极小值的深度很可能达到 10 kT 或更高，具体情况取决于离子强度。

通常用高分子来稳定乳状液。对于不带电的高分子，乳状液的稳定性可用图 9.6 与图 9.7 描述。这里，$V_{\min}$ 的数值可能大于 kT，所以体系是在第二极小值处发生的絮凝。防止乳状液在第二极小值处絮凝的唯一途径是让高分子层的厚度足够大，以至于在这一厚度下 V_A 变得很小。

根据 DLVO 理论，可以预测乳状液和肥皂膜有一个很深的第一极小值。当两个气泡或液滴间的液膜达到第一极小值处的厚度时，液膜不再稳定，这时出现了合并现象。因此，在第一极小值处说絮凝是不太合适的。

11.6 有关液膜破裂的完全理论尚未建立

当盐浓度很高时，平衡液膜的厚度不会超过几个纳米。这么薄的膜 (也称为牛顿黑膜) 极易破裂。当那种情况发生时，两个气泡或液滴之间的连接会断开，形成开放的连接。这时两个气泡或液滴融为一体。这一过程被称为“破裂”或 (对乳状液来说)“合并”。

一旦出现一个大小一定的孔洞，这个孔洞就会很快长大。生长的速度主要取决于液膜的厚度：膜越薄，需要加速的质量越小，孔洞生长得越快。孔洞一旦形成就不会再关闭。因此，单位时间内发生合并的液滴的数目可用单位时间内形成的孔洞的数目表示。

这样，孔洞出现的概率有多大就成为问题的核心。这个问题的答案与孔洞形成的诱因有关，但现在还没有非常明确的结论。因为破裂过程发生在很短的时间内，实验研究非常困难。而且，每种情况下的决定性因素不尽相同。我们讨论以下几种可能的情况。

(1) 热运动。有时，热运动引起的扰动足以破坏膜的稳定。膜的厚度的波动幅度取决于热运动与界面张力之间的平衡。特别是当界面张力很小时，这种波动就非常重要。波动的幅度可能非常大，以至于把膜的厚度带到不稳定区间 (此时 dV_t/dx 为正值，厚度的下降导致 V_t 下降)，发生破裂。

(2) 机械扰动。振动或快速伸展可能使膜的局部厚度小于平衡厚度。如果膜足够薄，van der Waals 力会占主导地位，膜发生破裂。使用蛋白质作为乳化剂形成的膜有时像固体一样 (凝胶一样)，这些膜的稳定性非常强，足以对抗一般的压力波动。但是当侧向拉伸时，它们可能被撕破。这时，使膜伸展的剪切作用会导致液膜合并。

(3) 表面张力。当表面活性分子不均匀地分布在表面时，表面张力也不均一。表面张力的不同 (张力梯度) 会造成分子沿着界面转移，这称为 Marangoni 效应。因为分子沿着表面的移动会对下面的液体产生一个拖动力，导致液体流向表面张力高的地方。当大量的表面活性分子在表面上从一点散开时 (其来源可能是位于此处的一个粒子)，大量的液体很可能被拖动以至于在这一点处形成一个洞。一些不溶的类似油脂的分子在水面铺展得很好，因此这类物质的液滴是泡沫中水膜的有效破坏剂。当一个均匀填满的表面的表面张力受到扰动时，扰动会受到阻碍。这被称为 Gibbs-Marangoni 效应，可解释油对 (海面) 波浪的平复效应。

(4) 锐点。气泡和液滴的可变形性使得它们在被推到一起时能够形成一个平的或至少非常光滑的膜。阻止液膜变薄的压力 (如由双电层引起的 V_R) 大小处处相等，并且足够分开粒子。一个有尖锐突起点的粒子能够戳穿液膜：在粒子上施加一个很小的力就会在尖端产生很大的压强。这一压强很容易克服双电层的排斥力。因此，当液滴中含有尖锐的粒子时，乳状液快速合并。例如，当牛奶脂肪乳状液液滴中的部分脂肪在低温下结晶时就发生这样的情况。乳状液液滴也能在有尖锐边缘的坚硬表面上快速合并。

Pickering 稳定

有时泡沫或乳状液的破裂被所谓的“Pickering 稳定”或固体粒子稳定所抑制。这是通过向体系中加入在界面富集的粒子粉末实现的，因为粒子不被任何一相选择性润湿 (图 11.3)。从界面上除去这些粒子会导致 Gibbs 自由能升高。当膜变薄时，粒子被挤出界面，使 Gibbs 自由能升高。因此，这提供了一个使膜稳定、不破裂的能垒。如果粉末粒子不带电，可以保护泡沫或液滴不致合并，但不能防止絮凝。可通过加入少量表面活性剂证明选择性润湿提供了主导性影响。因为表面活性剂总是诱导粒子被一相选择性润湿，所以粒子的稳定作用丧失，乳状液破裂。一些有表面活性的细菌能通过 Pickering 机制稳定水膜。这些细菌有时可大规模地出现在废水处理厂中，在那里它们制造出非常大且非常稳定的泡沫气泡。

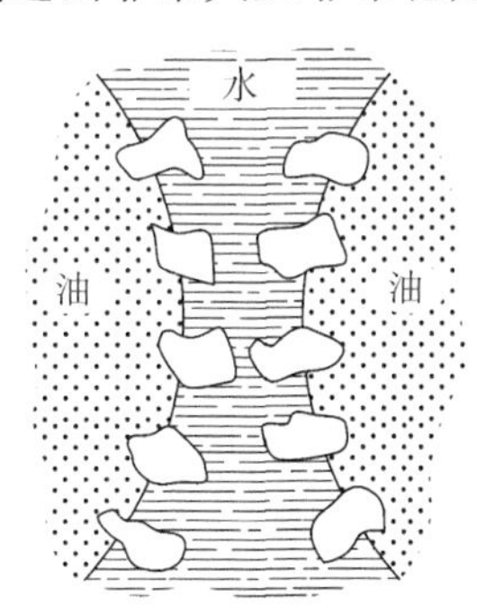

图 11.3　Pickering 稳定示意图

思　考　题

1. 验证水 ($\gamma = 72$ mN /m) 中半径为 100 nm 的气泡的 Laplace 压为 15 bar。

2. 定性画出气泡的尺寸随时间变化的示意图。假定气泡在 Laplace 压作用下正在收缩 (图 11.2)。

3. 为了减缓歧化可采用什么方法？

4. 使用第 8 章的公式计算：一个肥皂膜的两个表面之间的相互作用能正好为 $0.04kT/\text{nm}^2$。已知盐浓度为 10 mmol/L，Stern 电势为 40 mV。

5. 为什么锐点能够戳穿双电层？用 DLVO 理论进行解释。

第12章 缔合胶体

12.1 两亲分子缔合为胶体粒子

缔合胶体是分子在给定溶剂中自发聚集成的具有胶体尺度的结构。可能的结构有球形、短棒、长线以及盘状 (这些都称为胶束)，也能形成片状 (也称为层状) 结构和中空的球 (称为囊泡；对于生物膜又称为脂质体)。由于缔合胶体是自发形成的且热力学稳定，我们将其归类为亲液胶体。

缔合胶体的单个分子 (有些时候被错误地称为单体) 是两亲分子*。这个名字的意思是，在给定的溶剂中，分子既具有憎液部分 (溶解性很差)，也含有亲液部分 (溶解性好)。发生这种现象的溶剂被称为选择性溶剂。亲液部分将尽可能地与溶剂接触，而憎液部分尽量与溶剂发生相分离 (第 10 章)。因此，缔合胶体的形成与相分离之间必然有一定的联系。

当水为溶剂时，憎液/亲液的概念几乎与非极性/极性一致。因此，在水中两亲极性物质是典型的缔合分子，在胶体科学里被广泛称为表面活性剂。它们具有一个非极性部分 (通常称为“尾”)，以及一个极性部分 (“头”)。根据表面活性剂的头部的性质，更进一步将其分为非离子型、阳离子型和阴离子型。头基高度水化，而尾链则避免与水接触。非极性物质在水中的较差溶解性缘于疏水效应，即水减少了熵。当非极性粒子进入水中时，水在其周围变成了高度结构化的液体，导致水的熵减少。这个熵损失不能被较弱的溶剂化所补偿，导致体系的 Gibbs 自由能增加，因此其溶解性很差。

典型的阳离子表面活性剂有十六烷基三甲基溴化铵 [CTAB，$C_{16}H_{33}N(CH_3)_3^+Br^-$] 和十二烷基 -$N$- 甲基氯化吡啶 [$C_{12}H_{25}N(C_5H_5)^+Cl^-$]。代表性的阴离子表面活性剂有传统肥皂，如硬脂酸钠 ($C_{17}H_{35}COO^-Na^+$)、棕榈酸钾 ($C_{15}H_{31}COO^-K^+$)，以及合成表面活性剂如十二烷基硫酸钠 (SDS, $C_{12}H_{25}OSO_3^-Na^+$) 或十二烷基磺酸钠 ($C_{12}H_{25}SO_3^-Na^+$)。合成表面活性剂适于在水硬度很大时用作衣物洗涤剂，因为它们不像传统肥皂那样与 Ca^{2+} 生成沉淀。但是，它们比较难于生物降解。非离子表面活性剂通常是高分子或连接碳氢链的聚醇或聚醚，如 $C_nH_{2n+1}(CH_2CH_2O)_mH$。

* 两亲分子的自组装是现在正兴起的生物纳米科技的重要组成部分。对缔合胶体大小和形状的控制，以及对其动力学的理解可能是胶体科学领域最有挑战性的课题之一。

12.2　胶束化可用“封闭缔合”模型来描述

如在第 10 章中所讨论的，水溶性差的物质将在浓度高于一定值时发生相分离。这样，我们就得到了两相，其中一相是溶质的浓溶液，而另一相几乎是纯溶剂。两相的组成取决于温度和分子间相互作用的强度，用相图表示 (图 10.2)。新相最初并不自发生长：必须首先克服一个成核所需的阈能 (最大 Gibbs 自由能是核大小的函数，10.5 节)，此后新相 (晶体、液滴、气泡) 才开始自发生长。

两亲分子在浓度高于一个临界值后也倾向于形成新相，这是因其存在一个溶解度很差的“尾巴”。克服“成核阈能”后，胶束开始生长。但是，聚集体的生长降低了亲液部分的水化程度。为了能够发生水化，亲液部分必须分布在聚集体的表面上。聚集体中两亲分子的数量正比于聚集体的体积。如果生长是在三个维度上发生，体积增加得比表面积增加得快，那么每个头基占据的平均面积降低：头基因此被推得越来越靠近。因为当距离很小时，头基彼此排斥，当头基密度增加到一定程度时，Gibbs 自由能将增加，这时聚集体停止进一步生长。这有时被称为“停止”机制。

因此，缔合过程的 ΔG 对聚集体尺寸 n 的函数 (聚集数) 形状如图 12.1 所示。当 n 很小时，我们先看到一个类似于图 10.3 中的最大值。这个最大值也是来自两方面的贡献：一方面是正比于过饱和度的“体积贡献”，因此正比于浓度；另一方面是由尾巴与溶剂的不利接触造成的“表面贡献”，如图 10.3 中所示的一样。当 n 很大时，因为 ΔG 开始增加，也出现一个最小值。这一增加是由于第三种贡献，即头基间的排斥造成的。像成核过程中的最大值一样，最小值的深度也取决于“体积贡献”，即取决于溶液的浓度。大于或小于最佳尺寸 (对应于能量最低处) 的聚集

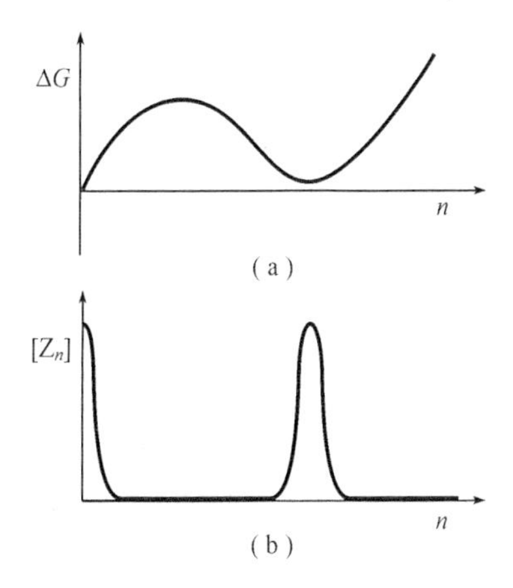

图 12.1　(a) 胶束形成的 Gibbs 自由能；(b) 由 Boltzmann 定律得出的胶束的尺寸分布

体都是不利的，因此我们会得到尺寸很小但大小分布较为均匀的粒子：缔合胶体。因为存在“停止”机制，所以聚集体生长到一定大小时停止，我们通常将这个过程称为“封闭缔合”模型。此外，因为与新相的形成类似，缔合形成的胶束也可称为“准相”。正如相分离一样，新的“准相”的形成需在一定的饱和浓度之上，在目前的情况下称为临界胶束浓度 (CMC)。当浓度达到 CMC 时，胶束开始形成；而当浓度进一步增加，只有胶束的浓度增加，分子的浓度几乎恒定在 CMC。

分析 ΔG 曲线有助于理解为什么缔合胶束体系存在一个明确的 CMC(图 12.1)。如果 ΔG 仅是一个常数，聚集体将不断生长，每个新的分子都有同样的机会进入聚集体。这样，聚集体的尺寸分布将呈指数方式衰减 (称为“开放缔合”模型)。当溶液中粒子之间吸引作用较弱时 ($B_2 < 0$)，体系仍可以在一个相区，事实也确实如此。当浓度增加时，粒子尺寸分布逐渐向大尺寸方向宽化。实际上两亲分子在溶液中的 ΔG 不是常数，而是既有一个最大值又有一个最小值。这导致两种可能的状态以平衡方式出现：胶束和自由分子。中间尺寸是不利的，所有的聚集体的尺寸和聚集数都在最优数值附近。

当溶液中胶束浓度增加时，负的“体积”项增加得越来越多，导致 ΔG 的最小值降低。在给定浓度下，在最小值处 ΔG 正好为 0。在这个浓度下，胶束的形成并不消耗额外的 Gibbs 自由能。所有加入的高于此浓度的表面活性剂都进入胶束；自由分子的浓度不再增加。

这种情况与相平衡的情况非常类似，那里也存在两个状态的平衡 (气相与液相，或稀溶液与浓溶液)。相分离发生时也存在一个确定的极限浓度 (“饱和浓度”)，在此浓度之上才发生相分离，并且相的组成固定。例如，当压缩饱和蒸气时，压力并不增加，就会产生更多的凝聚成分。但是，真正的宏观相分离的 $\Delta G(n)$ 曲线与胶束化的曲线非常不同！

如果这种相分离的倾向与“停止”机制共存，缔合胶体也能在其他非水溶剂中形成。这样，胶束化行为不再仅限于表面活性剂。例如，当嵌段共聚物 (两个不同的高分子链端彼此相连) 的一个链段处于不良溶剂中时，也有胶束形成。聚苯乙烯–聚乙烯基吡啶在氯仿中形成分子溶液，但在甲苯中形成胶束，因为聚乙烯基吡啶在该溶剂中不溶。

12.3　质量守恒定律在胶束化过程中得以充分体现

因为胶束的行为可用“封闭”的缔合模型来描述，可以认为 n 个“单体”Z 形成一个 Z_n 的过程是一个近似的一步平衡反应。这时，我们就可以使用著名的质量守恒定律。对于含有“单体”Z(浓度为 [Z]) 和由 n 个 Z 形成的胶束 Z_n(浓度为

$[Z_n]$) 的表面活性剂溶液，胶束化“反应”可以写为

$$nZ \rightleftharpoons Z_n \tag{12.1}$$

其质量守恒定律为

$$K_m = \frac{[Z_n]}{[Z]^n} \quad [(m^3/mol)^{n-1}] \tag{12.2}$$

使用式 (12.2) 意味着所有胶束大小相等 (单分散)，并且活度系数可取为 1。实际上，在真实的溶液中这些条件往往不能满足，因此，我们应将式 (12.2) 看成一个近似的但非常合理的处理。这一方程能够预测出单体和胶束的浓度，也能推出 CMC 的出现。

式 (12.2) 最重要的一点是 n 值很大。由此立即可知胶束的形成是突变过程。因为 K_m 为常数，加入更多的表面活性剂必然导致 $[Z_n]$ 与 $[Z]^n$ 同比例增加。胶束浓度增加 2 倍时，单体浓度必须增加 $2^{1/n}$ 倍。当 $n = 50$ 时，这一因子为 1.014，所以 [Z] 增加不超过 1%。由此我们再次看到，一旦胶束形成，几乎所有过量的表面活性剂都进入胶束。

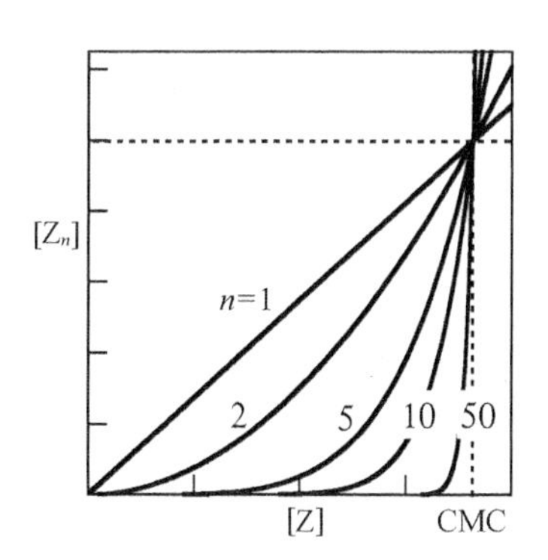

图 12.2　当 n 值不同时，$[Z_n]$ 对 [Z] 的函数。对每一个 n 值都选择了一个不同的标度，以使所有的线都经过同一个点

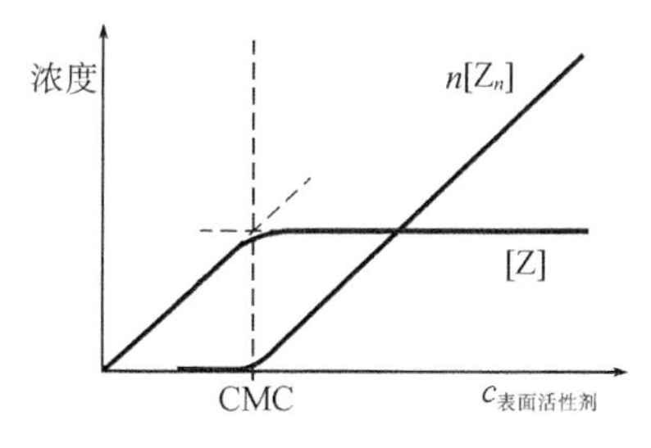

图 12.3　胶束中表面活性剂的浓度与以单体形式存在于溶液中的表面活性剂的浓度

这也可以从另一个角度来看。式 (12.2) 可表示为 $[Z_n]/K_m = [Z]^n$，两边同时

除以 $(\text{CMC})^n$ 得到 $[\text{Z}_n]/K_\text{m}(\text{CMC})^n = ([\text{Z}]/\text{CMC})^n$，这是 $y = x^n$ 的函数形式。当 $x < 1$ 时，如果 n 很大，则 y 几乎为 0；在 $x = 1$ 时，$y = 1$；而当 $x > 1$ 时，y 急剧增加。这样，在 CMC 以下 $(x < 1)$，$[\text{Z}_n]$ 约为 0，并且 $[\text{Z}] = c_{表面活性剂}$；在 CMC 以上，$[\text{Z}] = \text{CMC}$，而胶束中表面活性剂的浓度 $n[\text{Z}_n] = c_{表面活性剂} - \text{CMC}$。图 12.2 与图 12.3 能更清楚地表示这种情况。虽然原则上精确的 CMC 可在一定范围内取值，但实际上 CMC 经常是清晰的转折点。

对于离子型表面活性剂的情况，我们需要对上面的讨论稍微进行改进。由于胶束表面存在很高的电荷密度，反离子具有很强的在胶束表面结合的倾向。因此，胶束化可近似表示为

$$n\text{Z} + m\text{M} \rightleftharpoons \text{Z}_n\text{M}_m \tag{12.3}$$

相应的，质量守恒定律表示为

$$K_m = \frac{[\text{Z}_n\text{M}_m]}{[\text{Z}]^n[\text{M}]^m} \tag{12.4}$$

这时，胶束可以看成是 n 个表面活性剂离子和 m 个反离子 $(m < n)$ 形成的聚集体。到目前为止，上面讨论的各种趋势在离子型表面活性剂中都是合理的。但有一点要特别注意：在离子型表面活性剂体系中，浓度高于 CMC 后单体的浓度可能下降。这是由于表面活性剂浓度增加的同时离子强度也在增加 (由表面活性剂自身引起！)，屏蔽了双电层的缘故。而双电层被屏蔽以后有利于胶束化，因此会影响 K_m，不过这一影响很弱。

CMC 数值取决于 K_m；反过来，K_m 也是两亲分子胶束化强弱的一个量度。因此影响 K_m 的参数将导致 CMC 发生偏移。例如，离子型表面活性剂的 CMC 将随盐的加入而降低，因为盐屏蔽了带电头基之间的排斥作用。当单体浓度相同时，胶束形成的自由能曲线上的最低点变得浅些 [图 12.1(a)]，所以较小的浓度即可使 ΔG 降至 0。当疏水尾链链长增加时，CMC 也将变小，因为较长的尾巴与溶剂有更多的不利接触，导致其溶解得不好。因此，负的“体积贡献”也变大，表 12.1 说明了这一趋势。我们看到每个胶束中单体的数目 (聚集数) 随链长的增加而增加。

表 12.1　链长对羧酸钠 CMC 和胶束大小的影响

碳原子数目	CMC/(mol/L)	n
5	2.35	—
8	0.36	—
9	0.22	—
10	0.124	—
12	0.023	33
14	0.006	46
16	0.0016	60
18	0.0004	78

12.4　“停止”机制并非停止胶束在一维或二维空间的生长

如果不能使头基处于一种能量上非常不利的境地，缔合胶体就不会停止在三维尺度上的生长。如果所有维度上的生长都停止，就会得到球体。但是，有可能只在两个维度或一个维度上的生长停止，所以在剩下的一个或两个维度上继续生长还是非常可能的。图 12.4 给出了几种缔合胶体的结构：球状、弯曲棒状、层状等。

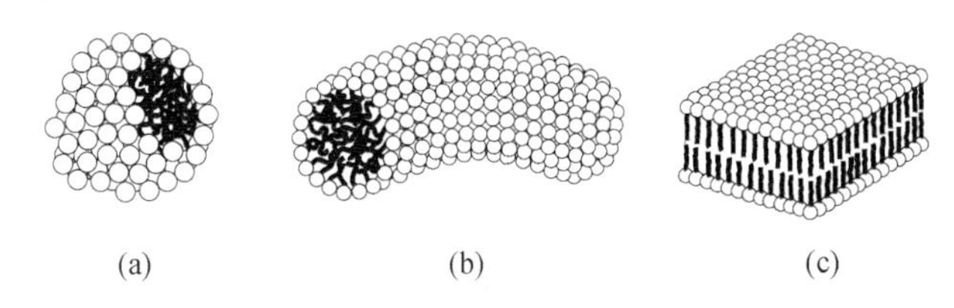

图 12.4　几种不同形式的胶束。(a) 球状；(b) 弯曲棒状；(c) 层状

现在我们分析一下决定聚集体形貌的因素。分子的排列方式在此非常重要。如果聚集体不允许在三维空间同时生长，但可以发生二维 (层状) 或一维 (棒、线) 生长，胶体的尺寸必须根据分子的形状进行调整，以实现密度尽量均匀地最优排列。分子的形状由三个重要参数决定：亲水头基的横截面积 a_0(为了使斥力不至于太高，每个头基必须占有一定的空间)、疏水链的长度 l 以及体积 V。尾链的长度决定了胶体的尺寸，一旦这些 (a_0, l, V) 都给定，胶体粒子的面积与体积之比就由几何因素决定了。这一数值必须与两亲分子的面积与体积之比相符。球的面积与体积之比最大，为 $3/R$；圆柱为 $2/R$；平板为 $1/R$。这三个参数由一个无量纲的物理量 —— P 联系起来。每个表面活性剂分子头基所占的面积、尾链长度以及尾链所占体积之间的关系表示为

$$P = V/(a_0 l) \quad [-] \tag{12.5}$$

这就是排列参数。由上面的讨论可知，排列参数决定了分子聚集体的最优形状，如图 12.5 至图 12.9 所示。

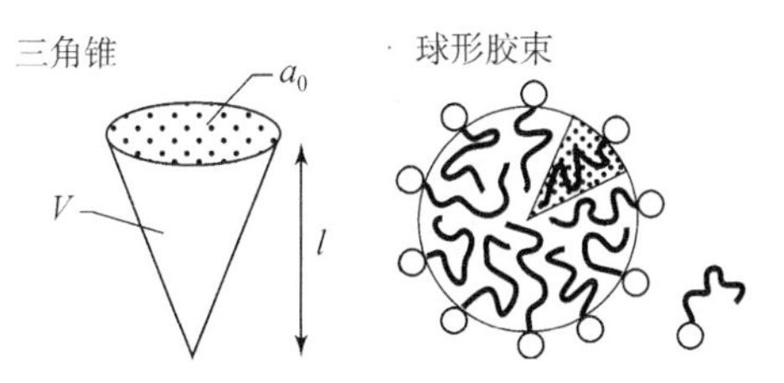

图 12.5　具有较大头基和一个尾链的表面活性剂分子。实例：稀盐溶液中的 SDS、一些边缘磷脂等。排列参数 $P < 1/3$

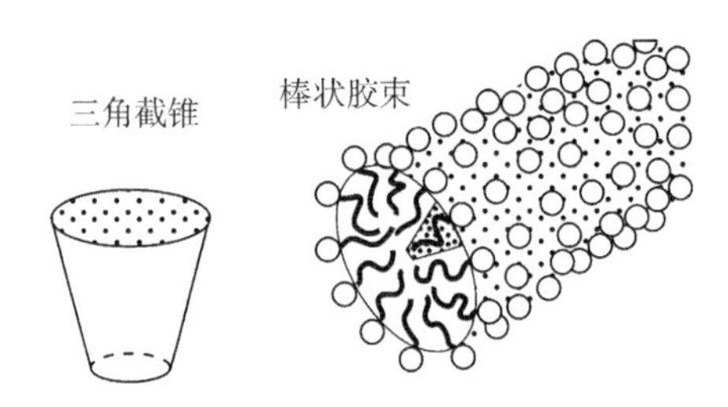

图 12.6 具有较小头基和一个尾链的表面活性剂分子。实例：高浓度盐溶液中的 SDS、CTAB (十六烷基三甲基溴化铵)，非离子表面活性剂等。$1/3 < P < 1/2$

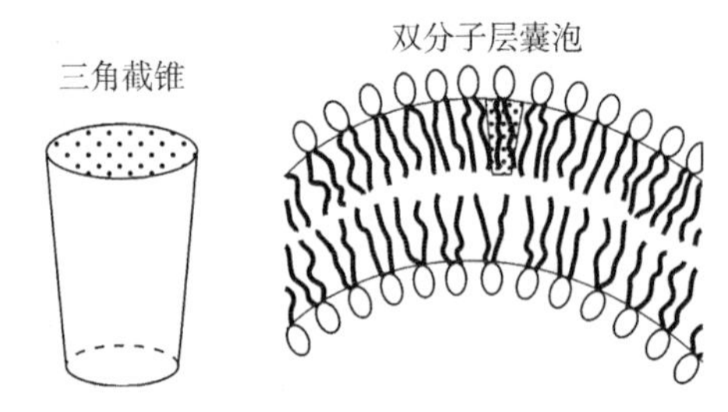

图 12.7 具有两个柔性尾链和一个大头基的两亲分子。实例：双十二烷基二甲基溴化铵、鞘磷脂、磷脂酰丝氨酸、磷脂酰肌醇、磷脂酰甘油、脂质酸、二糖头基的甘油二酸酯等。$1/2<P<1$

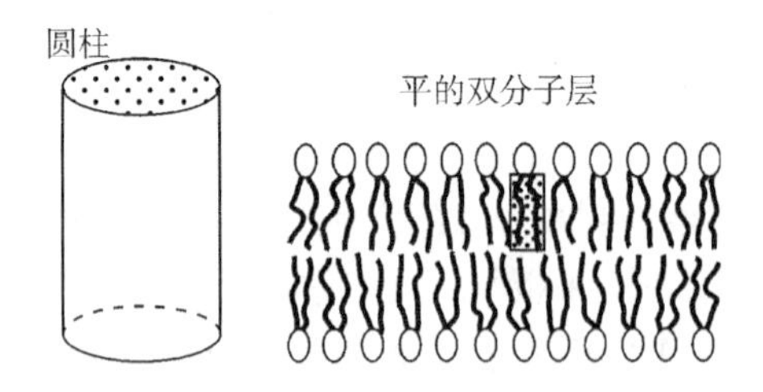

图 12.8 两个柔性链和一个小头基的两亲分子。实例：高浓度盐溶液中的阴离子型磷脂、稀溶液中的脂肪酸链，如磷脂酰乙醇胺、磷脂酰丝氨酸 $+Ca^{2+}$。$P \approx 1$

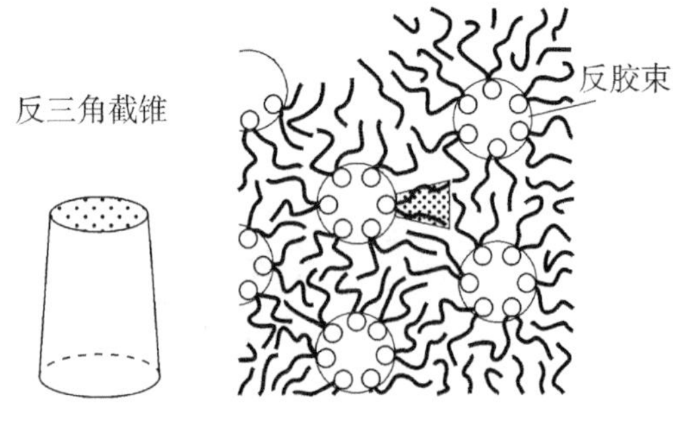

图 12.9 两个柔性链和一个小头基的两亲分子。实例：非离子型磷脂、柔性链不饱和脂肪酸或高温下的饱和脂肪酸、不饱和磷脂酰乙醇胺、心脏磷脂$+Ca^{2+}$、磷脂酸$+Ca^{2+}$、具有单糖头基的甘油二酯、胆固醇。$P > 1$

光散射和扩散实验证明，球形胶束的半径与疏水链的长度大小相近。这说明胶束中两亲分子的头基保持与水接触，而疏水链则伸展于胶束内核。一个球形胶束通常由几十个单体构成；单体的数目随胶束尺寸的增加而增加。每个头基所占的面积约等于同一表面活性剂分子在水/空气界面形成致密单层时所占的面积。

典型的形成层状结构的两亲分子是形成细胞膜骨架的磷脂分子。这是含两个非极性长链的甘油醚。在这一类物质中，代表性的物质是以胆碱为极性头基的卵磷脂 (图 12.10)。双尾链使得分子的体积很大，导致排列参数接近于 1。

磷脂双层结构是许多生物膜的基础。除了磷脂 (如卵磷脂)，天然的生物膜还含有蛋白质分子。图 12.10 给出了卵磷脂的分子结构以及嵌入了蛋白质和糖原的卵磷脂双层示意图。

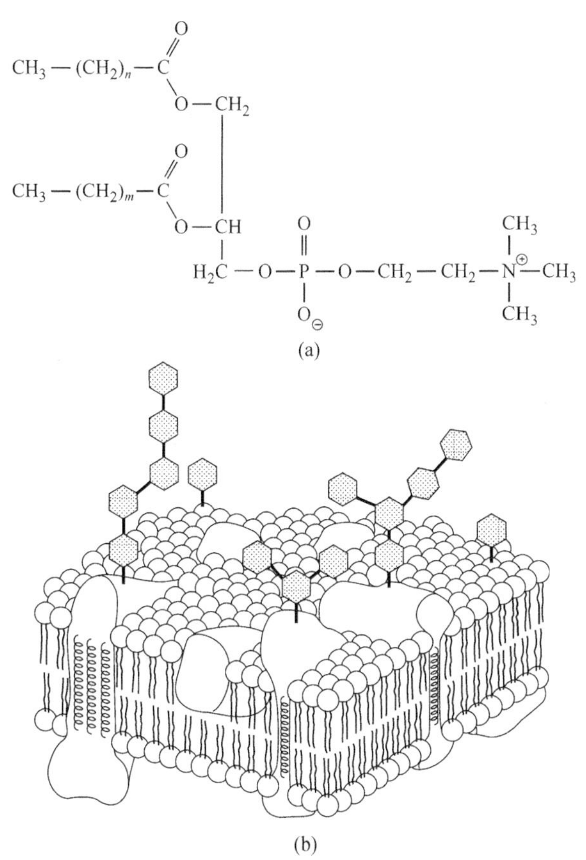

图 12.10　卵磷脂的分子结构 (a) 及其细胞膜 (b)

能形成线形胶束*的典型表面活性剂是十六烷基三甲基对甲苯磺酸铵 (CTAT)，其结构如图 12.11 所示。这一表面活性剂的反离子苯磺酸根离子具有一个很大的

* 线形胶束也被称为蠕虫状胶束。—— 译者注

疏水芳环结构，倾向于插入到 CTA 离子之间。这直接导致分子的排列参数落入圆柱体范围。因此，CTAT 在溶液中形成线形胶束，浓度增加时，线形胶束的长度也增加。这些线状结构有时像高分子链一样，不同之处在于表面活性剂形成的线状结构的长度因破裂与融合而波动；而高分子体系的线状结构的长度不变。因此，表面活性剂形成的线形胶束也被称为“活性高分子”(不要与第 10 章中“活性高分子聚合”混淆)。

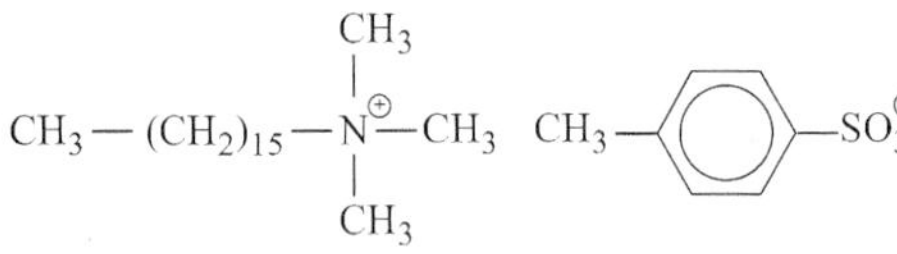

$$CH_3-(CH_2)_{15}-\overset{\oplus}{N}(CH_3)_2-CH_3 \quad CH_3-C_6H_4-SO_3^{\ominus}$$

图 12.11 十六烷基三甲基对甲苯磺酸铵结构示意图

12.5 微 乳

如在 10.2 节中解释的，不能以分子形式互相混溶的两种液体之间形成具有清晰界面的两个液相。将一相这样的液体分散到另一相中增大了界面，需消耗热力学功。当两项的混溶程度提高时，界面张力降低，两相之间的界面更为扩散，即沿着界面法线方向上组成逐渐变化。

当界面张力非常小时，增大界面需要的功是如此之小，以至于热运动就足以提供这种能量。这意味着分散是自发的。对于纯化合物的混合物，界面非常扩散，因此相分离区域的尺寸 (非常大) 不再属于胶体范畴。

但是，通过向油水混合体系中加入特殊的表面活性剂也可以得到非常低的界面张力。这样的混合物确实能够自发分散成小液滴 (水在油中或油在水中)，其中表面活性剂位于界面上。这样的体系被称为微乳。因为是自发形成的，所以它们是热力学平衡体系，因此属于亲液 (可逆) 胶体。究竟是形成 W/O 还是 O/W 型微乳取决于表面活性剂的排列参数：当头基很大时，优先“弯向油”，所以油在水中形成油滴；相反，当表面活性剂为双尾的 AOT 时，则曲率倾向于凹向油，因此在油中形成水滴。有时，体系既不弯向油，也不弯向水，而是介于二者的中间状态，即，界面在一个平面附近波动，称为双连续相。通常向其中加入长链醇来辅助降低界面张力，但醇对界面曲率也有影响。

微乳在清洁剂、杀虫剂、药剂、酶工程中都有应用。

12.6 测定 CMC 的五种方法

如在前面所讨论的，CMC 标志着粒子浓度增加的不连续性，因为在浓度达到 CMC 时，体系中形成胶束而不是出现更多单体分子。这种不连续性体现在溶液的许多物理性质上，如界面张力、渗透压、光散射、电导率、溶解能力。通过测量这些性质就可以得到 CMC。我们讨论五种方法。

(1) 渗透压。离子型表面活性剂溶液的渗透压示意于图 12.12 中。在 CMC 以前，如在普通电解质体系中一样，由于活度影响，Π/c 随浓度 c 的增加而降低。对这样的溶液来说，Debye 与 Hückel 发现 Π/c 的降低正比于 $\sqrt{c}$。而在 CMC 之后，Π/c 突然急剧下降，这是由于胶束的出现，使得粒子的总数量 (单体 + 胶束) 随浓度的增加比与总浓度成正比的增加缓慢。从此曲线的转折点可以测定 CMC。

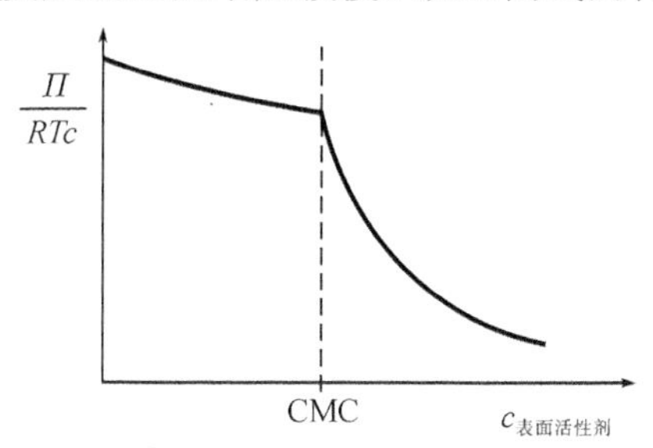

图 12.12　离子型表面活性剂的渗透压

(2) 光散射。不含胶束的稀表面活性剂溶液的散射几乎可以忽略。只有浓度大于 CMC 时，体系中形成了足够大的胶束粒子，散射才开始显著。起初浊度随表面活性剂浓度的增加而线性增加，在浓度较高时，胶束之间的相互作用 (结构因子，3.6.7 小节) 影响散射光强，使得浊度的增加变慢 (图 12.13)。从 CMC 附近曲线的初始斜率可以确定胶束的大小。也可以按照 3.6.7 节得到第二维里系数 B_2，即以 $c_{表面活性剂}/\tau$ 对 $c_{表面活性剂}$ 作图 (式 3.40)。

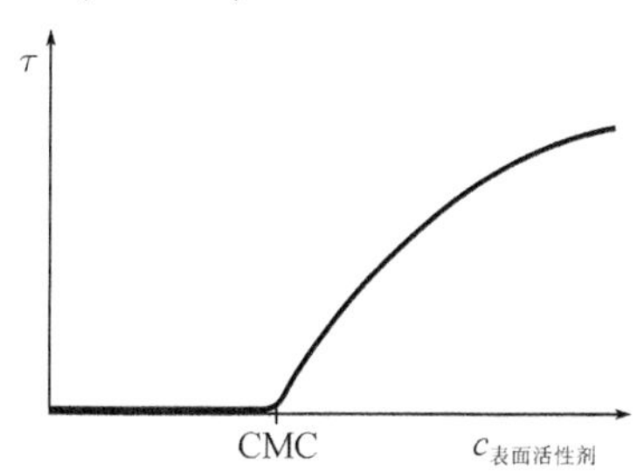

图 12.13　表面活性剂溶液的浊度

(3) 电导。可以通过电导法测量离子型表面活性剂溶液的电导率。实验中，我们通常测量特性电导率 κ_{sp}，得到图 12.14(a) 所示的一条曲线。在 CMC 之上，电导率的增加比在 CMC 之前增加得慢。为了解释这个结果，我们考虑一下表面活性剂离子与反离子的当量电导率 λ_Z 与 λ_M。电导率是溶液中电荷转移的量度；当量电导是每个单体的贡献，或一个聚集数为 n 的胶束的 $1/n$ 的贡献。图 12.14(b) 给出了表面活性剂溶液的当量电导率。开始时，在浓度低于 CMC 时，λ_Z 降低，由于活度影响，λ_Z 随 $\sqrt{c}$ 的增大而线性降低。在 CMC 以上，λ_Z 是自由表面活性剂离子和胶束的共同贡献。其中，来自自由表面活性剂离子的部分略有降低；而来自胶束的部分则大幅度增加。后一贡献是由于胶束带有较多电荷的缘故。因为电场中粒子所受的静电力正比于每个胶束中单体的数目 n，但根据 Stokes 公式，摩擦因子正比于半径，因此正比于 $n^{1/3}$，所以胶束的贡献随浓度的增加而增加。经初级近似处理后，胶束对当量电导率的贡献正比于 $n^{2/3}$。由自由表面活性剂和胶束贡献的加和得到图 12.15(b) 中给出的曲线 λ_Z。在 CMC 以下，相应的反离子的曲线与表面活性离子的曲线相似。在 CMC 以上，λ_M 急剧下降，甚至可能为负值！这意味着正离子向正极移动！这可以解释为：反离子与胶束结合得如此之紧以至于被拖向了“错误的”电极。这是我们在 12.2 节中提及的反离子与胶束紧密结合的另一个证据。

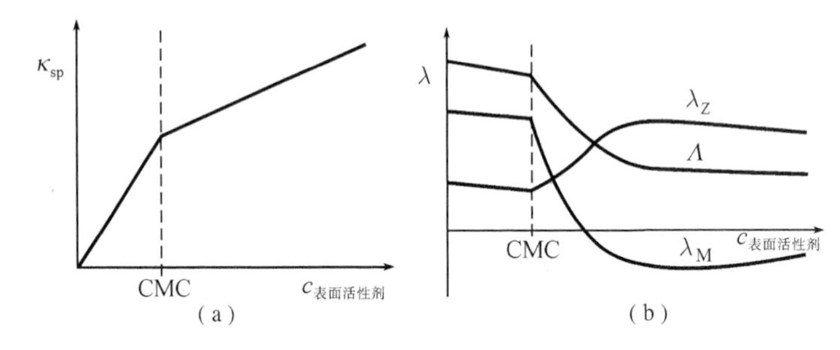

图 12.14　表面活性剂离子的特性电导率 (a) 与当量电导率 (b)

溶液的当量电导率 $\Lambda = \lambda_Z + \lambda_M$ 与特性电导率的关系为 $\kappa_{sp} = \Lambda c$。现有结果表明，κ_{sp} 曲线在 CMC 处的转折点是反离子的受阻运动引起的；而这与胶束表面的电荷密度很大有关。CMC 可从此曲线的转折点处读出来。

(4) 增溶作用。增溶作用是水不溶性物质在 $c >$ CMC 时溶于表面活性剂水溶液的现象。很明显，这是由于非极性的物质在非极性的胶束核中溶解得较好的缘故。染料在胶束中的溶解度可以通过吸收光谱法便捷测定。图 12.15 给出了紫外吸收光谱

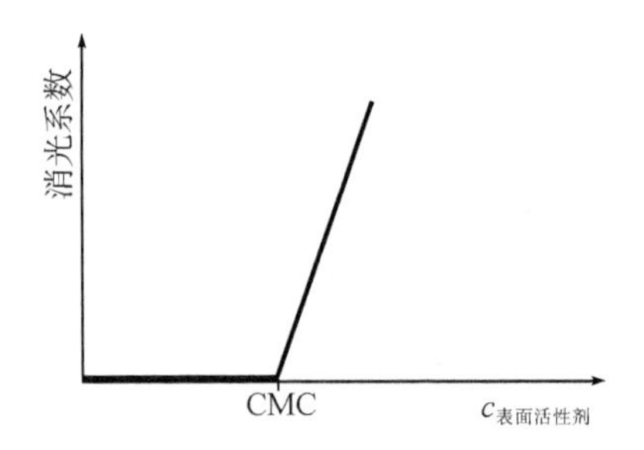

图 12.15　染料增溶的紫外吸收示意图

随表面活性剂浓度变化的特征曲线。有时一个胶束只能溶解一个染料分子。在这种

情况下，增溶作用可以用来估算聚集数大小。表面活性剂的去污作用部分原因是由于它们对油污具有增溶作用。

(5) 界面张力 (表面张力)。测量表面活性剂溶液的表面张力随浓度的变化是普遍使用的 CMC 测定方法。由于在空气–水界面发生吸附，表面活性剂强烈地降低水的界面张力 (图 12.16)。可以从热力学平衡推导出表面张力 γ 的降低与吸附量 $\varGamma$ 之间的关系，这就是 Gibbs 定律：

$$\mathrm{d}\gamma/\mathrm{d}\ln c = (\mathrm{d}\gamma/\mathrm{d}c)\cdot c = -P\cdot RT\varGamma \quad [\mathrm{J/m^2}] \tag{12.6}$$

式中，c 为单体的浓度 (不是表面活性剂的总浓度！)。对于非离子型表面活性剂，数学因子 $P=1$。对于完全解离的表面活性剂，在没有外加盐的情况下，$P=2$。当存在过量的外加盐时，P 恢复为 1。当外加盐浓度不高也不低时，P 值在 1 与 2 之间。从式 (12.6) 可知，正吸附 ($\varGamma>0$) 对应着表面张力的降低。这与实验观察到的结果完全一致。在图 12.17 中我们给出了一个例子。曲线 1 为纯表面活性剂，即纯化了的 SDS 的 γ-$\ln c_{表面活性剂}$ 曲线。在 CMC 以下，γ 随表面活性剂浓度的增加而降低；在 CMC 以上，表面张力几乎不变。在 CMC 以下，曲线近似为一条直线。如果我们将式 (12.6) 应用于这一直线区间，即可得到饱和吸附表面的吸附量。由此可以得到每个分子的平均占据面积。对于大多数表面活性剂，这个面积在 0.4~0.5 nm^2。由表面张力的转折点处即可得到 CMC(附录 12.B)。

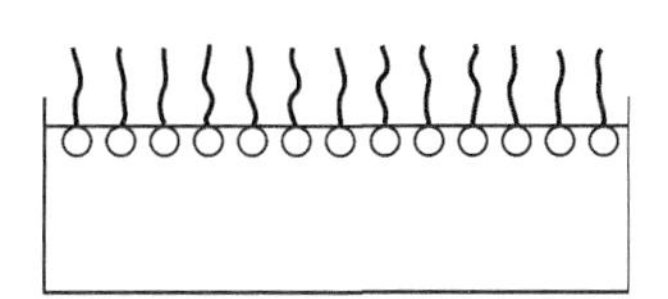

图 12.16　表面活性剂在水–空气界面发生吸附现象示意图

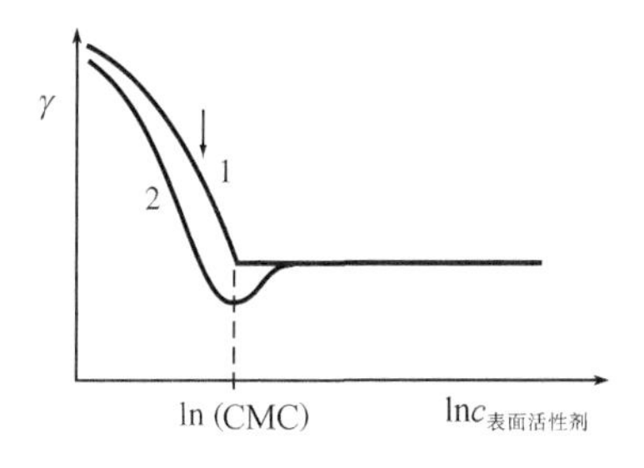

图 12.17　纯表面活性剂 (1) 与含有杂质的表面活性剂溶液 (2) 的 γ-$\ln c_{表面活性剂}$ 曲线

当表面活性剂含有少量表面活性杂质时，表面张力曲线变得非常复杂。我们通过商用 SDS 的表面张力曲线来说明这一点 (图 12.17 曲线 2)。可以看到，在 CMC

附近出现一极小值。这是由于 SDS 在水中发生缓慢水解的缘故。

$$DOSO_3^- + H_2O \rightleftharpoons DOH + HSO_4^- \tag{12.7}$$

水解产物十二醇 (DOH) 在水中的溶解度很差，因此在水–空气界面发生强烈吸附，使溶液的界面张力比使用纯 SDS 时要低。当浓度达 CMC 以上时，非极性的 DOH 被胶束增溶。这样，它们从界面解吸附，表面张力 γ 回升至纯表面活性剂时的数值。这类表面张力曲线上最低点的缺失是判断表面活性剂是否含有表面活性污染物的一个重要依据。

思 考 题

1. 为什么“单体”一词对肥皂 (表面活性剂) 来说不完全正确？

2. 为什么传统肥皂在富钙的水中效果不好？

3. 你能够解释为什么每个离子型表面活性剂的胶束中的单体数目不会超过几十吗？

4. 假设每个头基在表面占据的面积为 O，每个 CH_2 基团的体积为 V，请推导出含有 N 个 CH_2 基团的肥皂分子的聚集数 n 与分子中 CH_2 基团数目的关系。假设胶束的体积完全取决于 CH_2 基团。并将这一关系与表 12.1 中的数据进行比较。当 $N = 16$，$V = 0.010\ \text{nm}^3$，$O = 0.40\ \text{nm}^2$ 时，结果如何？

5. 十二烷基三甲基氯化铵的 CMC 为 2×10^{-2} mol/L，十二烷基氯化铵的 CMC 为 1.5×10^{-2} mol/L。两种表面活性剂都完全解离。解释两者 CMC 不同的原因。你认为二者形成的胶束大小会不同吗？

6. 当自由单体的浓度增加 1%时，聚集数为 50 的胶束中表面活性剂的数量将如何增加？

7. 解释为什么非离子型表面活性剂的 CMC 通常比离子型表面活性剂低很多？你认为两种表面活性剂的聚集数 n 有什么不同？

8. 计算每个分子平均头基面积为 $0.40\ \text{nm}^2$ 的离子型表面活性剂胶束的表面电荷密度 σ_0。将此值与最大表面电荷密度可达到 $0.04\ \text{C/m}^2$ 的 AgI 胶体相比较。

9. 在一个理想的表面活性剂溶液中 Π 与表面活性剂浓度的关系如何？

10. 在一幅图中画出离子型和非离子型表面活性剂的 c/Γ 对 c 的关系。如何从这幅图中得出胶束的大小？

11. 在图 12.14(b) 中，为什么在 CMC 以下 λ_M 比 λ_Z 大？

12. 由 κ_{sp} 推导出 Λ 与 $c_{表面活性剂}$ 的函数关系。

13. 为什么在 CMC 以上界面张力保持恒定？

14. 下面的说法错在哪里？“恰好在 CMC 以前，表面才被占满，所以恰好在 CMC 时胶束一定已经形成。”请据此逻辑估算恰好在 CMC 以前，在表面上的表面活性剂分子的百分比。

15. 你能用式 (12.4) 讨论：理论上在 CMC 以上，离子型表面活性剂单体的浓度略有下降吗？

16. 当体系的浓度恰好在 CMC 以下，且无外加盐时，计算每个离子型表面活性剂分子头基所占据的面积。假设当 $\ln c_{表面活性剂}=-8$ 时，$\gamma=49.9$ mN/m；当 $\ln c_{表面活性剂}=-7.75$ 时，$\gamma=44.8$ mN/m。$c_{表面活性剂}$ 的单位为 mol/L。

17. 为什么在 CMC 以下 NaDS/DOH 混合物的界面张力低于纯 NaDS 体系？

18. 染料橙 OT($M=0.25$ kg/mol) 在水中的溶解度为 2 mg/L，而在 0.5 mol/L 的十二烷基氯化铵 (DAC) 中为 1.6 g/L。DAC 的 CMC 为 0.02 mol/L。计算每个胶束中单体的数目。假设平均每个胶束中有一个染料分子。这是哪一种平均数值？

附　录

12.A　ΔG 与 K_m 之间的关系

由热力学可知，平衡常数 $K_\mathrm{m}=\exp[-\Delta G_n^\ominus/(RT)]$。如图 12.1 中情况一样，$\Delta G_n^\ominus$ 包含界面张力 (水与疏水链的接触)、头基间的相互作用、反离子的结合等贡献，但不是 n 倍单体在溶液中的化学势的“体积贡献”。

这样，ΔG 与 K_m 之间的关系为

$$\Delta G=-RT\left(\ln K_\mathrm{m}+\frac{n}{V_\mathrm{m}}\ln c\right) \tag{12.8}$$

12.B　关于 Gibbs 公式

你可能想知道为什么在表面张力曲线的线性部分 γ 持续变化但表面覆盖度几乎恒定。这可以通过考虑这个过程与液体的可压缩性之间的相似性来解释。为了使液体的体积减小一点，必须施加很大的压力。液体的能量随分子所能到达的体积剧烈变化。同样，当表面积被压缩一点点时，紧密排列的单层的表面张力变化非常显著。在吸附等温线的平台阶段，Γ 并不严格恒定，而是随表面活性剂浓度增加略有上升。Γ 的这些小的变化反映在密度上几乎检测不到，但会引起表面 Gibbs 自由能的极大变化。

第13章 附加习题

13.1 粒子尺寸分布

习题 13.1 有三种高分子组分，其重均摩尔质量分别为 10 kg/mol、100 kg/mol 及 200 kg/mol。现有一个三者的混合物，其中三种高分子的质量浓度相等。请问混合物的重均摩尔质量是多少？

习题 13.2 用黏度法可以测定一定质量的粒子在分散体系中所占的体积。换句话说，这一方法测定了粒子的密度。当两种密度不同的粒子混合时，如何用密度法测定混合物的组成？两种粒子的密度设为已知。

习题 13.3 证明在如下两种情况下都有 $M_{\rm w} \geqslant M_{\rm n}$：① 仅含有两组分的体系；② 一般体系，通过比较 $M_{\rm w}$ 与 $M_{\rm n}$ 之积与 $M_{\rm n}^2$ 的大小。

(提示：假设 $M_i = M_{\rm n} + \delta_i$，其中 δ_i 为一个很小的正数或负数；然后根据 $M_{\rm n}$ 的定义证明 $\sum n_i\delta_i = 0$)

为什么 $M_{\rm w}/M_{\rm n}$ 是体系多分散度的量度？什么时候 $M_{\rm w} = M_{\rm n}$？

习题 13.4 可以从浓缩聚合中推导出相对分子质量分布 $n(M) = A\exp(-\lambda M)$。其中，λ 与 M 均为常数：

(1) 推导出 $w(M)$ 的表达式并画出归一化的数量和重量平均分布。

(2) 证明 $M_{\rm w}/M_{\rm n} = 2$。

13.2 渗 透 压

习题 13.5 在 28°C 时，测量了不同质量浓度的高分子水溶液的渗透压，结果如下：

$C/(\mathrm{kg/m^3})$	10	20	30
$\Pi/(\mathrm{N/m^2})$	750	2000	3750

(1) 能从上述结果判断该溶液是否表现出理想行为吗？

(2) 如果高分子是多分散的，从上述结果得到的是哪一种平均相对分子质量？

(3) 第二维里系数的符号是什么？能判断出水是这种高分子的良溶剂还是不良溶剂吗？

(4) 由上述数据计算出该高分子的相对分子质量与第二维里系数。注意使用正确的单位。28°C 时，RT 数值为 2500 J/mol。

习题 13.6　渗透压与所使用的膜有关吗?

13.3 沉　降

习题 13.7　有两种单分散的亲液溶胶，其中的粒子仅相对分子质量不同。溶胶 A 的质量浓度为 10 kg/m^3，其中的粒子摩尔质量为 50 kg/mol; 溶胶 B 的质量浓度为 20 kg/m^3，粒子摩尔质量为 120 kg/mol。

(1) 溶胶 A 中，渗透导致的上升为 5 cm; 求溶胶 B 中的渗透上升高度。

(2) 计算溶胶 A 与 B 等体积混合时渗透上升的高度。假设二者理想混合。

习题 13.8　计算球形 Fe_2O_3 粒子在水中在重力作用下的最后沉降速度。已知：$R = 10$ nm，$\rho = 5 \times 10^3$ kg/m^3，$\eta_{水} = 10^3$ Pa·s，$g = 10$ m/s^2。

习题 13.9　在一个平衡分布的二氧化硅粒子的水悬浮液中，距底部 15 cm 处的粒子浓度为距底部 5 cm 处的 90%。计算粒子的半径。已知：$\rho_{粒子} = 2 \times 10^3$kg/m^3，$kT = 4 \times 10^{-21}$ J。

习题 13.10　半径为 R 的胶体粒子在覆盖上一层与水密度相等，厚度为 $0.1R$ 的高分子层后，其沉降速度提高了 10%。这一结论对吗? 为什么?

习题 13.11　囊泡是半径在几个微米数量级的中空球形粒子，其壁由多层磷脂双层组成; 囊泡内部及相邻的磷脂双层之间充满了水。这样的一个双层结构可以看作厚度约为 5 nm 的封闭的球形结构。一个囊泡中的双层数目可能不同。

(1) 写出一个 j 层囊泡的有效质量 M' 的近似表达式 (设 $j\delta \ll R$)。证明沉降系数 $s[= v/(\omega^2 x)]$ 的表达式为 $s = \dfrac{2}{3}(\rho l - \rho_{\mathrm{w}})j\delta R/\eta$。当使用 Schlieren 光学器件观察沉降速度时，一段时间之后发现三个峰，如图所示。马达距样品池的距离为 x_0。样品池的大小与 x_0 相比很小。三个峰的距离相等，峰面积比例为 3:4:3。

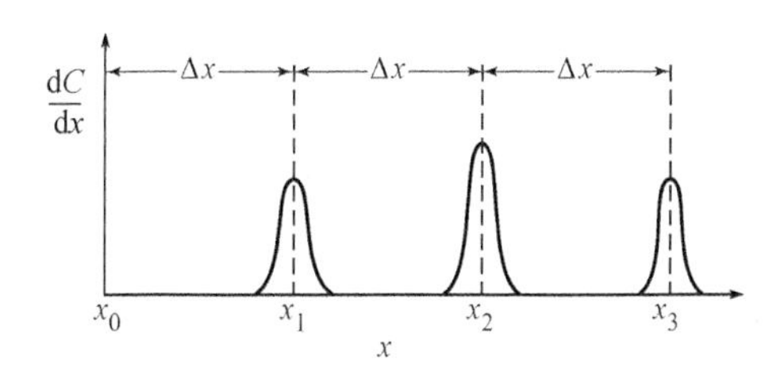

(2) 画出样品池中的浓度分布图 $C(x)$。

(3) 如果所有的囊泡具有同样的最外层半径，你能得出什么结论? 由峰面积你能得出什么结论?

13.4 光 散 射

习题 13.12 在 500 nm，入射角为 90° 时测得水溶胶中二氧化硅小颗粒的比浓散射光强为 R，并得到如下结果：

$C/(\mathrm{kg/m^3})$	2.5	5	10
$R_{90}/(\mathrm{N/m^3})$	80	120	160

对于给定的体系，当 $n_0 = 1.34$，$\mathrm{d}n/\mathrm{d}C = 5.1 \times 10^{-6}$ 时，光学常数 K_R[式 (3.32)] $= 4.8\times10^{-3}\mathrm{m^2/(kg^2{\cdot}mol)}$。

(1) 计算二氧化硅颗粒的摩尔质量 M 及第二维里系数 B_2。

(2) 加入高分子 PVP(聚乙烯吡咯烷酮) 后粒子之间斥力增加。R_{90} 如何变化？(增加？不变？降低？) 为什么？

习题 13.13 根据式 (3.32)，似乎 M 强烈依赖于 θ。是这样吗？为什么？

习题 13.14 雾中含有直径为 0.5~5 μm 的水滴；其最大水含量为每立方米含 3 g 水。某场雾中，500 nm 绿光的可视距离为 50 m。可视距离是指平行光强度衰减至 1/10 时的距离。为了简单起见，我们假定所有水滴的直径均为 1 μm。

(1) 根据给定的可视距离，计算此雾对绿光的浊度。

(2) 指出为什么 Rayleigh 公式对雾来说不成立。从式 $\tau = HCM$ 计算得到的浊度比 (1) 中得到的结果大还是小？

(3) 如果我们假设无论如何 Rayleigh 公式都是合理的，① 计算红光的可视距离 ($\lambda = 800$ nm)；② 当蒸发造成水滴减小一半时，该雾中绿光的可视距离；③ 当雾中的水滴数目减少至 1/10 时，绿光的可视距离。

(4) 如果 Rayleigh 公式不成立，(3) 中各个问题的答案如何变化？(定性回答)

13.5 大 分 子

习题 13.15 (1) 证明高分子线团在 Θ 溶剂中的沉降系数随相对分子质量的平方根增加；在良溶剂中随 $M^{0.4}$ 增加。

(2) 写出高分子线团在 Θ 溶剂中的沉降系数的方程。已知线团的有效键长 l_eff，一个链段的摩尔质量为 M_0，其表观质量为真实质量的 10%。计算下列各种条件下的沉降系数：$M_0 = 0.1$ kg/mol，$l_\mathrm{eff} = 10^{-8}$ m，$\eta = 10^{-3}$ Pa·s，$M = 100$ kg/mol。

(3) 要使沉降速度为 1 mm/h，需要的离心速度为多少 r/min？ (1 r/min $= 60\omega/2\pi$)。设 $x = 0.1$ m。

习题 13.16　(1) 一个高分子线团中高分子的浓度如何表示？计算 $M = 100$ kg/mol 的高分子的线团中高分子的浓度。

(2) 在稀溶液中，单个高分子线团之间不接触。但在较高浓度时，它们开始重叠。证明当重叠开始发生时的浓度正比于 M^{1-3q}，这里 q 为 $h_{\mathrm{m}} = aM^q$ 中的指数。这一结果对于良溶剂、Θ 溶剂以及不良溶剂分别意味着什么？

(3) 在良溶剂中，在重叠浓度之后渗透压增加的幅度比重叠浓度之前大吗？

13.6　双 电 层

习题 13.17　验证式 (5.15) 中的因子 10 是正确的。已知：水的 $\varepsilon_{\mathrm{r}} = 80$，$\varepsilon_0 = 8.84 \times 10^{-2}$ C/(V·m)；$e = 1.60 \times 10^{-19}$ C。另外，试验证 κ 的单位。

习题 13.18　当温度升高时，双电层是变得更加扩散还是更加不扩散？(提示：ε 是温度敏感的)

习题 13.19　当 $[\mathrm{I}^-]$ 浓度增加到 10 倍时，室温下 AgI 胶体粒子在水中的表面电势如何变化？

习题 13.20　Nernst 定律可以通过电势决定离子在溶液中与固体粒子之间的分配平衡推导出来。这样，电势决定离子在固体中的浓度 c^{s} 与其在溶液中的浓度 c 可以通过下式关联起来：

$$c^{\mathrm{s}} = c\mathrm{e}^{-(\Delta\varepsilon_i + ze\Delta\varphi)/(kT)} \tag{13.1}$$

(1) 这个公式是建立在哪个非常著名的方程基础上的？什么相互作用用 $\Delta\varepsilon$ 与 $ze\Delta\varphi$ 来解释？$\Delta\varphi$ 是用什么电势得出的？

(2) 证明对 AgI 来说下面的近似是合理的：$c^{\mathrm{s}}(\mathrm{Ag}^+) = c^{\mathrm{s}}(\mathrm{I}^-)$。什么时候这一关系是准确的？从 Nernst 方程 (5.6) 推导出式 (13.1)。用 $\Delta\varepsilon(\mathrm{Ag})-\Delta\varepsilon(\mathrm{I})$ 与溶度积 K_{sp} 表示 pAg^0 或 pI^0。

(3) 当 AgI 的 $\mathrm{pAg}^0 = 5.5$，$K_{\mathrm{sp}} = 10^{-16}$ 时，基于物理观点讨论 $\Delta\varepsilon(\mathrm{Ag})-\Delta\varepsilon(\mathrm{I})$ 大于还是小于 0。由上述数据计算 $[\Delta\varepsilon(\mathrm{Ag})-\Delta\varepsilon(\mathrm{I})]/(kT)$。

习题 13.21　有一 AgI 溶胶，其 $\mathrm{pI} = 6.0$，粒子尺寸和浓度保证了 1 L 溶胶中的粒子表面积为 3.6 m^2。若使该溶胶达到零电荷，需向 1 L 溶胶中加入 0.62 mL 10^{-2} mol/L $\mathrm{AgNO_3}$ 溶液。$\mathrm{KNO_3}$ 是不相关无机盐。

(1) 需多少 $\mathrm{AgNO_3}$ 才能补偿溶液中过量的 KI, 并使 $\mathrm{AgNO_3}$ 浓度达到零电荷水平？需多少 $\mathrm{AgNO_3}$ 来消除表面的电荷？

(2) 需向 1 L 溶胶中加入多少品红 ($\mathrm{C_{20}H_{20}N_2^+Cl^-}$，一种能强烈吸附于 AgI 表面的大的有机阴离子) 才能完全中和粒子表面的电荷？假设所有加入的品红都发生吸附。每个品红分子的表面积为多少？已知：$\mathrm{pAg}^0 = 5.4$，$\mathrm{pI}^0 = 10.6$，$K_{\mathrm{sp}} = 10^{-16}$。

13.7　双电层与 Donnan 平衡

习题 13.22　有人想通过电势滴定的方法测定赤铁矿悬浮液的表面电荷与零电点。在滴定中，加入了已知量的 OH^-(或 H^+)；然后根据 pH 的变化计算出体相浓度的变化。根据物料平衡即可知道多少额外的 H^+ 和 OH^- 吸附到了表面。滴定开始时，向 pH = 7，KNO_3 浓度为 10^{-3} mol/L 的溶胶中加入 KOH 至 pH = 10。吸附到表面 OH^- 的量与 pH 之间的函数示于下图 (实线)。KNO_3 在表面不发生特异性吸附。

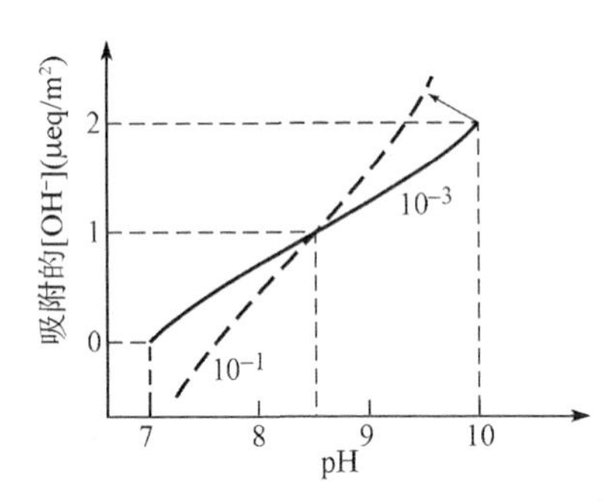

(1) 在 pH 7~10 范围内，表面电荷 σ_0 向哪个方向改变？改变的量是多少？

(2) 在 pH = 10 时，KNO_3 浓度从 10^{-3} mol/L 增加到 10^{-1} mol/L，体积没有发生明显变化。结果是当 pH 降低时，更多 OH^- 发生了吸附 (见图中箭头)。解释这两种变化。在 pH = 10 时，σ_0 的符号是什么？

上述变化 (即箭头的方向和大小) 取决于体系中赤铁矿的量；当浓度很小时，箭头转向竖直方向。如何解释这一结果？

(3) 当向这种新情况下加入酸的时候，得到图中虚线。由两线的交点你能得出什么结论？

(4) 分别计算当 pH 为 7、8.5、10 时，在 10^{-3} mol/L KNO_3 中的表面电荷 σ_0。

习题 13.23　赤铁矿是氧化铁 (Fe_2O_3) 的一种，其零电点在 pH = 8。

(1) 画出赤铁矿表面的电荷在 10^{-3} mol/L KNO_3 及 pH = 5 时如何变化。尽量在合适的数值下画出此图，并估算 φ_d。

(2) 在同一幅图中画出 10^{-1} mol/L KNO_3 及 pH = 5 时电势如何变化。

(3) 若 pH 不是 5 而是 11，曲线将如何变化？

(4) 在 10^{-1} mol/L KNO_3 及 pH = 5 时向溶胶中加入少量强烈吸附的阴离子荧光钠 ($C_{19}H_{12}O_3COO^-Na^+$) 的稀溶液，图中的电势走向如何？

习题 13.24　一个 Donnan 样品槽分为两个腔室 I 与 II，中间被一个半透膜隔开。半透膜允许小离子和分子通过，但大的胶体粒子不能通过。I 中为聚电解质

$Na_zP(0.1\ kg/m^3)$ 的水溶液；II 中为纯水。

(1) 定性描述浓度将如何变化。当体系达到平衡时，I 与 II 中的离子浓度关系如何？

(2) 向 II 中逐滴加入具有一个带电端基的单分散的聚电解质 NaR，直到 I 与 II 中的 pH 相等。此时 II 中 NaR 的浓度为 $1\ kg/m^3$。已知 NaR 的摩尔质量为 10 kg/mol。

定性描述体系中发生的变化。证明最后 $zc_P = c_R$，其中 c_P 与 c_R 分别为阴离子 P^{z-} 与 R^- 的物质的量浓度。

(3) 证明渗透压 $\Pi = RT(c_P - c_R)$。

(4) 室温下 ($RT = 2500$ J/mol)，II 中的渗透压比 I 中高出 225 N/m^2。由此计算 P 的价态 z 与 Na_zP 的摩尔质量。

13.8　流　变　学

习题 13.25　基于生物细胞和细菌的尺寸对胶体粒子进行分离是一种现代分离方法，被称为场流动组分分离法。将粒子注射到一个沿着细小通道流动的液体中，并通过外加场使粒子与管壁之间保持一定距离。这个方法的主要思想如下图所示：

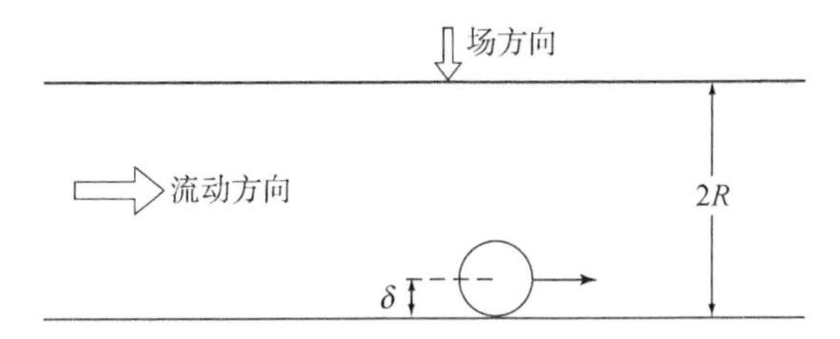

外加场可以是重力场、离心场或电场；粒子中心与管壁之间的距离 δ 一般不会超过粒子 a 半径很多。

(1) 试推导在半径为 R 的圆柱形通道中，距离管壁 δ 处液体的流动速度 $v(\delta)$ 为

$$\frac{v(\delta)}{v_m} = \frac{4\delta}{R}\left(1 - \frac{\delta}{2R}\right) \tag{13.2}$$

式中，v_m 为液体的平均流动速度。验证当 $\delta = 0$ 及 $\delta = R$ 时可得到合适的流动速度。

(2) 实际上 $\delta \ll R$。证明粒子流过通道需要的时间 $t(\delta)$ 满足下式

$$\frac{t(\delta)}{t_m} = \frac{R}{4\delta} \tag{13.3}$$

式中，t_{m} 为液体在毛细管中的平均停留时间。可以假设粒子的流速为 $v(\delta)$。

(3) 在一个由半径不同的两种成分组成的乳胶中得到下列流出组分图：

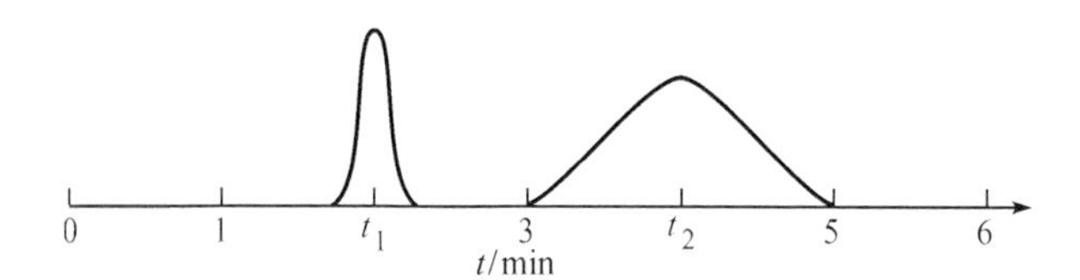

其 t_{m} 的范围是什么？哪个峰对应着大粒子？由 t_2 处峰的宽度远远大于 t_1 处你能得出什么结论？

(4) 实验用毛细管的半径为 0.1 mm，长度为 50 cm，平均流动速度 $v_{\mathrm{m}}=$ 4 cm/s。平均粒子半径约为多少？最大粒径分布在哪里？

习题 13.26 在几种不同的情况下用毛细管黏度计测量了一个含有弱酸性基团的聚电解质 P 在水中的黏度。纯水和极稀的聚电解质溶液 (<0.25 mol/L) 的流出时间为 100 s。固体 P 的密度为 1250 kg/m^3。1 kg/m^3 的 P(相应于 10^{-2}mol/L 带电基团) 在由 10^{-1} mol/L NaAc 与 10^{-1} mol/L HAc(pH = 4.5) 组成的酸性缓冲液中的流出时间为 140 s。当溶液用同样的缓冲液稀释到 0.5 kg/m^3 时，P 的流出时间为 115 s。

(1) 证明稀释使比浓黏度 η_{sp}/C 降低了 25%。定性解释这一变化。假设在整个浓度范围内 η_{sp}/C 对 C 呈现一直线，计算此缓冲液中 $[\eta]$。也计算一下在 pH = 4.5 时高分子线团的有效密度及缓冲液中高分子的体积分数。

(2) 当原溶液用水，而不是用缓冲液，从 1 kg/m^3 稀释到 0.5 kg/m^3 时，发现 η_{sp}/C 仅降低了 10%。定性解释这一差别。

(3) 一个 10^{-1} mol/L NaCl 中的 1 kg/m^3 的溶液的流出时间为 140 s。当此溶液用 10^{-1} mol/L 的 NaCl 稀释到 0.5 kg/m^3 时，η_{sp}/C 不发生变化。请问这一稀释后的溶液的流出时间是多少？是什么补偿效应使得 η_{sp}/C 为常数？

(4) 你能指出当 1 kg/m^3 的 P 在 10^{-1} mol/L NaCl 中的溶液用纯水稀释到 0.5 kg/m^3 时，η_{sp}/C 如何变化吗？

(5) 画出 (1)~(4) 中 η_{sp}/C 对 C 的 4 条函数关系曲线。

习题 13.27 相对分子质量很大的高分子的黏度是剪切速率 $\dot{\gamma}$ 的函数。当 $\dot{\gamma}$ 很低时，高分子线团是球形的，而在高 $\dot{\gamma}$ 下线团沿着流动方向拉伸，变成椭球形。如果用最简单的模型描述，二者之间的急剧转变发生在临界剪切速率 $\dot{\gamma}$。$\dot{\gamma}$ 是一个与高分子摩尔质量有关的量：当链很长时，很小的 $\dot{\gamma}$ 就可以实现球形到椭球型的转变。对于给定的高分子，当溶液浓度为 C 时，在黏度为 η 的 Θ 溶剂中，其特性黏度表示为

$$\eta_{\mathrm{sp,b}}=KCP^{\alpha}(\dot{\gamma}<\dot{\gamma}')\quad \text{球形线团} \tag{13.4}$$

$$\eta_{sp,e} = 2KCP^{\alpha}(\dot{\gamma} < \dot{\gamma}') \quad 椭球形线团 \tag{13.5}$$

式中，K 与 α 为常数；P 为高分子的聚合度，定义为 M/M_0，其中 M_0 是单体的相对分子质量。进而下式成立：

$$\dot{\gamma}' = A/P \tag{13.6}$$

式中，A 为常数。

(1) 这个高分子的 α 有多大？为什么 $\eta_{sp,e} > \eta_{sp,b}$?(浓度非常低，保证线团彼此分离)

(2) 一个单分散的这种高分子溶液的质量浓度为 $C = \dfrac{1}{3}$ kg/m^3。当 $A = 9000$ s^{-1}，$K = 0.02$ m^3/kg 时，写出黏度 η 与剪切速率 $\dot{\gamma}$ 之间的关系；也写出剪切速率与剪切应力 τ 之间的关系，并画出 $\eta(\dot{\gamma})$ 与 $\dot{\gamma}(\tau)$ 的关系图。

(3) 一个多分散的样品具有一定的质量分布函数 $w(P)$，定义 $w(P)\mathrm{d}P$ 为聚合度在 P 与 $P+\mathrm{d}P$ 之间的分子的总质量，$\int_0^{\infty} w(P)\mathrm{d}P = 1$。当这一样品溶于水并施加一个恒定的剪切速率时，下式成立：

$$\eta_{sp} = \int_0^{A/\dot{\gamma}} w(P)\mathrm{d}P + \int_{A/\dot{\gamma}}^{\infty} \eta_{sp,e} w(P)\mathrm{d}P \tag{13.7}$$

请对这一公式给予论证。

(4) 当将 $w(\dot{\gamma})$ 代入式 (13.7) 并进行积分，式 (13.7) 变形为

$$\eta_{sp} = \eta_{sp,0}(2 - \mathrm{e}^{-B\dot{\gamma}}) \tag{13.8}$$

式中，$\eta_{sp,0}$ 为溶液在 $\dot{\gamma} = 0$ 时的特性黏度；B 为常数。由此式出发，分别推导出 $\dot{\gamma}$ 无限大及无限小时 η_{sp}、η 以及 τ 的极限。这一溶液的流变学行为有什么特点？

注意　由式 (13.7) 转化为式 (13.8) 的质量分布函数 $w(P) = (2\pi P_w P)^{-1/2}\exp[-P/(2P_w)]$。其中 P_w 为重均聚合度。不必进行精确的数学求解。已知 $\eta_{sp,0} = (2/\pi)^{1/2}KCP_w^{1/2}$, $B = A/2P_w$；不过，回答这一问题不需要这一数据。

13.9 电 动 学

习题 13.28　在 pH = 7 时测得在 KCl 溶液中玻璃毛细管的流动电流 i_s 与流动电势 V_s；根据式 (7.6) 与式 (7.7) 分别计算得到 ζ_s 与 ζ_p。上述计算中，κ_{sp} 为同浓度 KCl 溶液的特性电导率。

c_z/(mol/L)	10^{-4}	10^{-3}	10^{-2}	10^{-1}
$-\zeta_s$/mV	70	60	40	10
$-\zeta_p$/mV	35	52	39	10

(1) 描述在流动电流和流动电势测量中如何达到静止状态？

(2) 定性描述流动电流测量中 ζ 电势对 c_z 的依赖性。

(3) 当给定 $c_z = 10^{-4}$ mol/L 时，$i_s = 1.4$ μA 及 $V_s = 700$ mV。计算其他盐浓度下 i_s 与 V_s 的数值。画出 i_s 与 V_s 对 c_z 的函数并解释之。

(4) 解释为什么在 c_z 很高时 ζ_p 与 ξ_s 一致，而随 c_z 的降低表现出越来越大的偏离？什么效应造成这一结果？由 $c_z = 10^{-4}$ mol/L 时 ζ_p 与 ζ_s 一致的事实你能得出什么结论？

习题 13.29　两个横截面积均为 πA^2 的玻璃瓶与外界大气相通，其底部通过一个横截面积为 πR^2 的毛细管相连。玻璃瓶与毛细管中均充满 10^{-3}mol/L 的 KCl 溶液，且每个瓶中放置一根 Ag/AgCl 电极。在两电极之间施加一个电势，使得右侧的电极为正极。实验使用的玻璃在中性 pH 下的 ζ 电势为 −50 mV 。

(1) 装置中会发生什么现象？液体将向哪一方向移动？如果场强为 10^3 V/m，计算毛细管中心的初始液体流动速度 v_m。可以认为 KCl 溶液的相关性质与水相等。

(2) v_m 将随时间降低，解释这一现象。可以推导出 v_m 对时间 t 的函数为

$$v_m = (\varepsilon E\zeta/\eta)(2e^{-bt} - 1) \tag{13.9}$$

式中，常数 b 为 $\rho g R^4/(4A^2\eta l)$。在开始及结束时 v_m 各为多少？论证你的结论。

计算 v_m 为 0 时的时间。已知 $R = 1$ mm，$A = 10$ cm²，$l = 10$ cm。

(3) 用含有乳胶粒子的 10^{-3} mol/L 的 KCl 溶液取代 10^{-3}mol/L 的 KCl 溶液，已知粒子尺寸为 3 μm，ζ 电势为 −60 mV。在毛细管中心乳胶粒子将向哪一方向移动？实验开始时粒子的移动速度是多少？这一速度会随时间而增加或降低吗？

习题 13.30　一个学生想在室温下用 Burton 电泳仪测定一个密度为 5500 kg/m³ 的球形粒子单分散溶胶的 ζ 电势。他向装置中注入溶胶，其中含有 10^{-3} mol/L 的 KNO_3。每 10min 读一下正极管的界面高度。在第四次读数后 ($t = 30$ min) 他发现没有打开电流。他立即施加了一个电势差，使场强为 1 V/cm，然后观察到了如下结果：

t/min	0	10	20	30	40	50	60	70
x/cm	5.32	4.78	4.24	3.70	4.36	5.02	5.68	6.34

(1) 解释上表中的数据变化趋势。电泳速度是多少？(用单位 m/s 表示)

(2) 证明对于上述给定的溶胶 $\kappa R = 30$。

(3) 当 $\kappa R = 30$，$f(\kappa R) = 5/6$ 时，由上述数据计算 ζ 电势。溶胶粒子所带电荷的符号是什么？

13.10　溶胶的制备和稳定性

习题 13.31　搅拌下向 0.5 L10.01 mmol/L 的 KI 溶液中加入 0.5 L 10.00 mmol/L 的 $AgNO_3$ 溶液，得到 AgI 溶胶。零电点 pI = 10.5。

(1) 溶胶表面带什么电荷？估算 pI 及表面电势。此溶胶的双电层厚度是多少？

(2) 如果溶胶的表面电荷密度为 0.05 C/m^2，总表面积为 10 m^2，计算 pI 与表面电势的准确值。

(3) KNO_3 对溶胶的絮凝浓度为 100 mmol/L。由此估算 AgI 的 Hamaker 常数 (以 k_BT 为单位表示)。估算时可否使用具有高 Stern 电势的球形粒子的絮凝浓度，为什么？计算得到的 Hamaker 常数是太高还是太低？

(4) 定性描述带负电的 AgI 溶胶的稳定性与 $Al(NO_3)_3$ 的关系。指出介于稳定与不稳定状态之间的 $Al(NO_3)_3$ 的浓度，并简要解释在这一转折点发生的现象。

习题 13.32　通过使用一个非常准确的扭力天平能够测量两片云母之间的相互作用能。由于云母具有在分子尺度上非常平滑的表面，两片之间的距离可以达到几个纳米。下图给出了在三种不同电解质中带负电的云母片之间的相互作用能 V_t。当层间距离大于 5 nm 时，假设下列线性关系成立：$\ln V_t = \ln C - aH$。式中，C 与 a 为常数。对于 $MgSO_4$，$a = 0.2\ nm^{-1}$；对于 KNO_3 与 KI，$a = 0.1\ m^{-1}$。

(1) 在什么情况下 $\ln V_t$ 与 H(层间距离) 之间的线性关系与理论一致？决定常数 C 与 a 的量是什么？

(2) 计算实验所需 $MgSO_4$、KNO_3 与 KI 的浓度。你能解释为什么 KI 的曲线高于 KNO_3 的曲线吗？

(3) 解释在距离很小时曲线的弯曲现象。当层间距离在 0~5 nm 时，可以得到 V_t 的半对数曲线 (图中所示曲线) 吗？

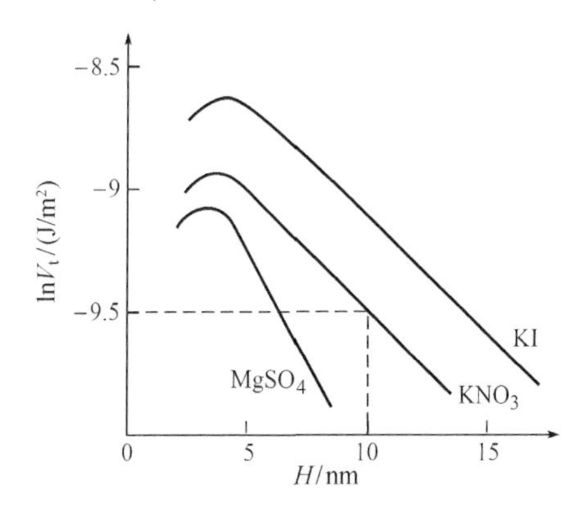

(4) 写出两层间的渗透压 Π 与 V_t。计算在 KNO_3 溶液中，$H = 10$ nm 时的渗透压。

习题 13.33 硫溶胶可通过在稀溶液中酸化过硫酸根离子，使单质硫缓慢沉淀得到：

$$S_2O_3^{2-} + H^+ \longrightarrow S + HSO_3^-$$

假设反应速度恒定，在室温下用光谱成像方法测量分子硫的浓度对时间的函数。结果示于下图。

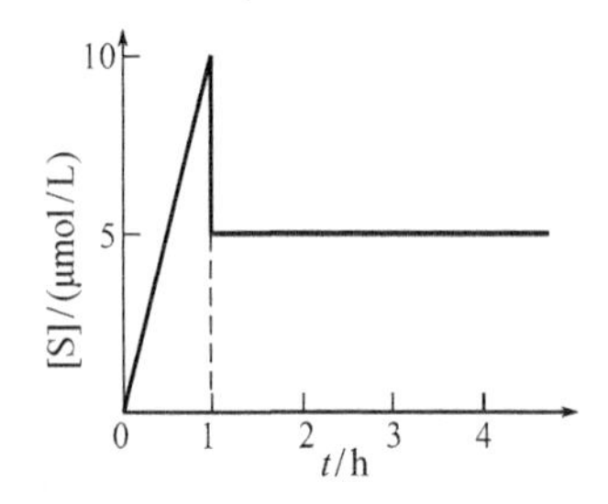

(1) 解释曲线的形状。最初形成的硫溶胶是否为单分散？一定时间以后分散度会发生变化吗？

(2) $t = 2$ h 时，用激光多普勒方法测得扩散系数 $D = 2.12\times10^{-12}$ m^2/s。计算粒子半径。$t = 12.5$ h 时，粒子的半径将是多大？

(3) 在 0~2 h 时间范围内测量了溶液的消光度 E。在使用的波长下，消光完全是由粒子的散射引起的 (没有吸收)，因此可以应用 Rayleigh 公式。证明消光度正比于 $(t_1 - t_2)^2$。t_1 有多大？t 在什么范围内这种正比关系成立？尽可能准确地画出当 $0 < t < 2h$ 时的 $E(t)$ 图。

习题 13.34 球形二氧化硅颗粒可通过在水–乙醇中水解四乙氧基硅烷 (TES) 来制备。总的反应机制是

$$Si(OC_2H_5)_4 + 2H_2O \longrightarrow SiO_2 + 4C_2H_5OH$$

实验发现，在 TES 和水的量给定时，在较高温度下得到的 SiO_2 粒子较小。

(1) 你能解释这一结果吗？

(2) 溶胶 A 是通过将 0.2 mol TES 与 1 mol 水混合，用乙醇稀释成 1L 溶液，直到所有的 TES 反应完全。溶胶 B 是将 500 mL 溶胶 A 与 250 mL TES 的乙醇溶液、250 mL 水混合而得。为了保证不产生新的校核，最后的两个组分逐滴交替加入到溶胶 A 中。当所有的 TES 反应完全时，溶胶 B 中的粒子大小为溶胶 A 中的两倍。你认为溶胶 B 中粒子的分散度如何？250 mL TES 的乙醇溶液中含有多少 TES？

(3) 写出下列物理量在溶胶 A 与 B 中的比例：

① 粒子的数量浓度；

② 比表面积；

③ 在 90° 时的散射光强；

④ 在超离心机里的沉降速度；

⑤ 比浓黏度

同时，写出每一项求解的思路。

13.11 缔 合 胶 体

习题 13.35 25°C 时染料橙 OT(摩尔质量为 0.25 kg/mol) 在水中的溶解度仅为 0.002 kg/m^3，而在 0.5 mol/L 十二烷基氯化铵 (DAC) 水溶液中却达 1.6 kg/m^3。DAC 的 CMC 为 0.05 mol/L。

(1) 解释为什么染料在 DAC 中的溶解度大大提高。

(2) 假设每个胶束中只有一个染料分子，计算每个胶束中 DAC 分子的数目。

(3) 如果胶束不是单分散的，计算得到的每个胶束中 DAC 分子的数目是一个平均值。这是哪种平均？

(4) CMC 受染料影响吗？如果是，为什么？如何影响？如果不是，为什么？

习题 13.36 一种测量十六烷基溴化三甲铵 (CTAB) 在水中的 CMC 的方法是基于测量 CTAB 溶液中参比电极与 Ag/AgBr 电极的电势差 E。由 E 与 [CTAB] 之间的函数关系即可得到 CMC。

(1) 写出这一特定情况的 Nernst 方程。

(2) 画出 E 与 lg[CTAB] 之间的函数图像。对曲线进行解释并指出哪里是 CMC。

(3) 当存在过量 KNO_3 时这一方法还适用吗？简要讨论 (2) 中曲线的变化以及此法测量 CMC 的准确度。KNO_3 影响 CMC 的位置吗？

习题 13.37 一个阴离子型表面活性剂 (摩尔质量 0.25 kg/mol) 溶于 0.1 mol/L NaCl 中。在 397 nm 下测量了不同浓度的表面活性剂溶液的折射率，结果如下：

$C/(kg/m^3)$	0	2	4	6
n	1.3420	1.3422	1.3424	1.3426

0.1 mol/L NaCl 中的 CMC 为 2 kg/m^3。当 $C = 4\ kg/m^3$ 时，浊度为 $0.018m^{-1}$，溶液表现出理想行为。

(1) 在更精确的测量中 (比如有效数字为 6 位)，能否在整个浓度范围内得到线性的 n? 如何由上述数据得到光学常数 H? (不必计算 H，只需说明理论上如何实

现)

(2) 由上述数据可以推导出 $H = 4\times10^{-4}\ \mathrm{m^2/(kg^2\cdot mol)}$。假设 CMC 之前浊度可忽略，计算每个胶束中表面活性剂分子数目。

(3) 当表面活性剂溶于水中而不是 0.1 mol/L NaCl 中时，溶液表现出非理想行为。解释为什么？以哪两个量作图才能得到胶束的聚集数和第二维里系数？第二维里系数的符号将是什么？定性画出此图。

(4) 你认为在水中的 CMC 及聚集数与在 0.1 mol/L NaCl 中会有不同吗？简要解释你的答案。

第14章　参考答案

第 1 章

1. 原则上，一种分散剂只有在形成真正的热力学稳定的溶液 (比如亲液胶体) 时才能被称为溶剂。

2. 在表面活性剂形成的胶束中，表面活性剂分子通过弱的物理力靠在一起，表面活性剂单体分子与胶束之间存在一个动态平衡 (分子离开胶束和进入胶束之间的平衡)。对聚合物胶束来说，单体通过共价键的形式连接在一起形成高分子。

3. 表的右下角是气体的混合物，气体之间的混合是分子尺度的，因此没有胶体形成。

4. 最小的气泡也仍然是 mm 尺度的。严格意义上讲，它们是在胶体领域外的。但是，气泡的液体膜非常薄，属于分子尺度，因此，可以认为气泡是属于胶体科学领域的。

5. 乳状液粒子具有可流动的内部，因此粒子的形状是可调的。对于给定的粒子体积，油水界面存在的界面张力会使粒子的表面积最小化。这种情况下，球形是最好的选择。

6. 聚苯乙烯不溶于水，但溶于苯。在水中，聚苯乙烯形成的是憎液胶体，而在苯中，形成的是亲液胶体 (后者为真溶液)。

7. 1) 在连续相中加入着色剂，会使整个体系呈现着色剂的颜色。而在分散相中加入着色剂，就不会出现这样的现象。

2) 乳状液的电导率测的是连续相的。在 O/W 乳状液中，水是连续相，测得的电导率会很高。反之，在 W/O 乳状液中，电导率很低。

第 2 章

2. 一个多分散体系 (多相分散) 由几个组分组成。假设组分 i 的质量与 M_n 的关系式为：$M_i = M_\mathrm{n} + \delta_i$，这里，$\delta_i$ 是一个可正可负的量。

由 $M_\mathrm{n} = \dfrac{\sum n_i M_i}{\sum n_i} = \dfrac{\sum n_i (M_\mathrm{n} + \delta_i)}{\sum n_i} = M_\mathrm{n} + \dfrac{\sum n_i \delta_i}{\sum n_i}$ 推导可知，$\sum n_i \delta_i = 0$

所以，$M_w \times M_n = \dfrac{\sum n_i M_i^2}{\sum n_i} = \dfrac{\sum n_i (M_n + \delta_i)^2}{\sum n_i} = M_n^2 + 2M_n \dfrac{\sum n_i \delta_i}{\sum n_i} + \dfrac{\sum n_i \delta_i^2}{\sum n_i} = M_n^2 + \dfrac{\sum n_i \delta_i^2}{\sum n_i}$ 即 $\dfrac{M_w}{M_n} = 1 + \dfrac{\sum n_i \delta_i^2}{M_n^2 \sum n_i}$，右边第二项当 $\delta_i \neq 0$ 时恒为正，因此 $\dfrac{M_w}{M_n} > 1$。当 $\delta_i = 0$ 时，$\dfrac{M_w}{M_n} = 1$。我们可以看到，随着 δ_i 的增加 (分布宽度)，M_w/M_n 也随之增加。因此，M_w/M_n 可以用来衡量多分散度。

第 3 章

1. 约 1Pa 的渗透压是可测量的，但是更小的渗透压很难测量。而憎液胶体的粒子质量经常很大，从而导致理想渗透压太小而无法测量。

2. 图 3.2(b) 中的线均为直线，因为在这个浓度范围内，B_3 小到可以忽略。但如果 B_3 不能被忽略，那么图中的直线将会变为曲线。而图 3.2(a) 中的曲线为抛物线，一个不为 0 的 B_3 意味着曲率将会增加，从而导致与图中抛物线偏离。

3. 关于此部分的内容可以参见式 (3.3) 和图 3.4。对于硬球模型，B_2 是正值，弱的吸引力可以使这个值变小，但是只要吸引力不是特别强，B_2 仍然为正值。

4. 利用 $n/Q = c$，范德华方程可以写为：$p + ac^2 = RTc\left(\dfrac{1}{1-bc}\right)$，利用题目中所给的式子，得 $p = RTc(1 + bc + \cdots) - ac^2 = RTc\left(1 + bc - \dfrac{a}{RT}c\cdots\right)$。

5. 渗透压是溶液的一个性质，因此，从严格意义上来讲，它不受膜的影响。当然，这个膜必须具有半透膜性质，即可以让溶剂分子透过，而溶质分子不能透过。如果使用的膜不具备这样的性质，那么测量得到的渗透压就不是真实的渗透压。

6. 一个拉长的粒子通过孔时对传导的影响程度不仅仅取决于粒子的尺寸，还与通过时粒子的取向有关。因此，得到的结果不能只用粒子的尺寸来解释。

7. 沉降速度表达式见式 (3.11)。代入所给的数据：$Q = 0.89 \times 10^{-9}$m/s 或 0.537mm 每周。

8. 原则上，式 (3.11) 仍然适用，但由于浮力大于重力，因此粒子上浮，这被称为乳状液分层。

9. 表观质量 m' 是真实质量减去阿基米德浮力：$m' = m - V\rho_0$，V 为粒子的体积。而体积与质量的关系式为：$V = m/\rho$。由上两式可得结果。

10. 此题利用式 (3.14)。有 $M/(RT) = m/(kT)$，再代入题中所给的 $c_1/c_2 = 0.9$，可以计算得到粒子的质量为 0.42×10^{-18}kg，体积为 $0.21 \times 10^{-21}\text{m}^3$。半径为 $\left(0.21 \times 3/4 \times (1/\pi) \times 10^{-21}\right)^{1/3}\text{m} = 3.7 \times 10^{-8}$m，即 37nm。

11. 离心力是向外的，随着 x 的增加而增加。因此，势能 U 随着 x 的增加而减小，所以式 (3.19) 右边含有负号。

12. 对于沉降样品来说，重力加速度 g 是一个常数，但是离心加速度 w^2x 取决于在沉降室中所处的位置 x。因此用积分计算势能 U 时，必须考虑 x 的影响。

13. 如果粒子分布较宽，图 3.9(b) 中的曲线为随着 x 的增加而逐渐增加的曲线，而图 3.9(c) 中将会出现一个宽峰。

14. 粒子在沉降室中沉降的距离均为 h。因此，图中折线的端点 t_1、t_2 等与沉降速度成反比，根据式 (3.11) 可知，t_1、t_2 等与 $R/m \sim R^{-2}$ 成正比。因此粒子的半径比为 $(1)^{1/2} : (1/3)^{1/2} : (1/4)^{1/2} = 2 : [2(1/3)^{1/2}] : 1$。沉降的粒子质量可以由初始斜率与沉降时间的乘积得到。因此，$w_1 : w_2 : w_3 = (8 \times 1) : (4 \times 3) : (1 \times 4) = 2 : 3 : 1$。粒子数目 $N_i = w_i/m_i \sim w_i/R_i^3$。因此不同质量的粒子数目比为 $(2/1) : [3/(1/3)^{3/2}] : \left[1/(1/4)^{3/2}\right] = 2 : 9(3)^{1/2} : 8$。

15. 沉降平衡测量的是各个组分的质量之和，这与式 (2.5) 中定义的累积分布的意义是一样的。如何从测量得到的曲线中获得累积分布参见附录 3.A。

16. 超显微镜也是显微镜，分辨率的规则同样适用于超显微镜。因此在普通显微镜下不能区分的两个粒子，超显微镜也不能区分。超显微镜最大的优势在于背景是黑的，因此看小粒子比较容易。

17. 利用式 (3.9) 计算可得：$\lambda = 1.2 \times 10^{-11}$m，即 0.012 nm。

18. 根据式 (3.7) ($n = 1$) 计算可得 $\alpha = \arcsin 0.005 = 0.28° \approx 17'$。分辨率 d 约为 0.01/0.01 nm = 1 nm。

19. 浸式显微镜利用液体 (折射率为 1.5~2) 取代空气 (折射率约为 1) 从而放大光圈。

20. 溶剂的散射光是一个常数，因此：$\tau = \tau_0 + k_e C$。

21. 蓝光 (短波长) 与长波长的光相比，散射较强。因此，散射光中蓝光的含量要比入射光中高。

22. 计数得到的是数均摩尔质量。通过研究粒子的布朗运动得到的也是数均粒径。

23. (1) 根据式 (3.31)，i_θ 包含两项，一项为常量 (来自垂直偏振)，一项随着 $\cos^2\theta$ 变化而变化，$\theta = 90°$ 时，达到最小值。

(2) 起初 $n_d^2 - n_m^2$ 为正值，随着 n_m 的增大，$n_d^2 - n_m^2$ 逐渐减小，但只要 $n_d > n_m$，$n_d^2 - n_m^2$ 仍然为正值。随着 n_m 的进一步增大，$n_d^2 - n_m^2$ 先变为 0，然后变为负值。散射振幅的变化趋势与之一样，因此，散射光强先减小后消失，再增加。最小值出现在 $n_d = n_m$ 处。

24. 根据式 (3.29) 和式 (3.35) 可知，$k = HM$。当体系浓度较大时，由于相互作用不能被忽略，因此情况会复杂很多；根据式 (3.29) 和式 (3.40) 可知 $k = HM/(1 + 2B_2C)$。

25. 众所周知，尘埃粒子要比胶体粒子或者高分子大很多。因此在小角度下，散射光主要来源于像尘埃这样的大粒子。

26. 内干涉存在时，体系会具有角度依赖性，这是不能通过稀释样品的方法消除的；而外干涉存在时，体系虽然也表现出 Q 依赖性，但可以通过稀释加以消除。通过测量散射光强随角度 (Q) 和浓度的变化，可以区分这两者。

27. 膨胀只改变线团的形状，而不改变它的质量。因此，当膨胀后的线团仍然小于 $\lambda/10$ 时，形状因子 $P(Q)$ 保持数值为 1，散射光强不随水化程度的增加而改变。当线团尺寸大于 $\lambda/10$ 时，出现内干涉现象导致散射光强度下降。

28. 从图 3.19 可以看到，形状因子 $P(Q)$ 在 $QR = 4.49$ 时有最小值。当粒子的半径增加时，这个最小值会发生变化。波长固定时，Q 在 180° 时具有最大值 $4\pi n_{\mathrm{m}}/\lambda_0$，$P(Q)$ 最小值最先出现在 180°，对应的粒子半径为 $4.49\lambda_0/\pi n_{\mathrm{m}}$。对于更大的粒子，最小值出现在较小的角度。

第 4 章

1. 当盐 (如 NaCl) 溶于水时，固体逐渐分解释放出游离的离子。这个过程导致体系的熵增加，这一项类似于式 (4.2) 给出的。同时，离子–离子和水–水的连接被破坏，形成水–离子的连接，此部分能量贡献如式 (4.3) 所示。这两部分的能量平衡结果可正可负。对于明胶，式 (4.2) 的第一项很小。

2. 感胶离子系列 (Li、Na、K、Rb、Cs) 的正一价金属离子半径逐渐增加，离子周围的电场强度随半径增加而减小，因此与水的连接减弱。因此，锂盐与钠盐等与其他几种盐相比，是更强的盐析剂。

3. 这样一个亲水胶体 (水溶性高分子) 粒子含有大量水，致使其与水的对比度较低。因此，看不到单个分子的散射。通过加入乙醇使溶剂的溶解性变差，从而产生相分离：富集了高分子的液滴出现从而使散射大大增强。

4. 侧基的尺寸按苄基 → 甲基 → 羟基的顺序逐渐减小，因此，围绕 C—C 键的旋转空阻减小，从而链的柔顺性增加：l_{eff} 沿着这个顺序减小。

5. 有效键长部分取决于围绕 C—C 键旋转的难易程度。旋转中，能量是旋转角度的函数，随角度变化而变化，中间会经过几个极大值 (旋转障碍)。温度较高时，能量不利的角度出现频率会增加，使链段表现出更好的柔顺性；即链段的有效键长减小。

6. 在 4.5 节中，我们讨论了理想 (高斯) 线团的密度分布。中心 ($r = 0$) 密度的表达式为 N/R_{g}^3，由于 R_{g} 本身与 $N^{1/2}$ 成正比，因此中心密度与 $N^{-1/2}$ 成正比。

7. 对于聚电解质来说，因为带电基团之间有相互作用，因此使其带电的难度要远大于一价弱电解质，特别是在外加盐较少以及带电基团距离较近时。在低解离程度时，最先解离的那些基团受影响很小，但是随着电荷密度的增加，质子化 (去质子化) 过程变得越来越难。这可以认为是由于表观 pK 值随电荷密度的增加而增加所致。

8. 对于简单的一元弱酸 (或弱碱)，体系 pH = pK 时，解离度为 0.5；当 pH = p$K \pm 1$ 时，解离度分别为 0.11 或 0.89，pH = p$K \pm 2$ 时，解离度变为 0.01 或 0.99。如答案 7 中所述，由于电荷间的相互作用，对于聚电解质来说，解离度要小一些。

9. 两性聚电解质的电荷不必在零电点 (PZC) 对称。电荷和 pH 之间的关系主要取决于聚电解质的化学组成 (酸碱基团的数量)。

10. 复合凝聚过程中 Gibbs 自由能变化中很重要的一项就是形成复合物过程中反离子的释放导致的熵的增加。对于一价离子，这一项尤其大；如果释放的是二价离子，熵增加的量与一价离子相比要小，因为同样的电荷量，二价离子只需要一价离子数的一半。因此，在二价离子的存在下，形成复合物的趋势会减弱，这代表二价离子可以更有效地抑制复合凝聚过程。所以，NaCl 是效果最差的，其次是 Na_2SO_4 和 $BaCl_2$，而 $MgSO_4$ 由于阴阳离子均为二价，所以效果最好。

11. 有效排除体积和第二维里系数的关系如式 (3.4) 所示。良溶剂中，由于两个线团之间的排斥作用，有效排除体积是线团体积的 4 倍，因此，$b_{\text{eff}} = 4V = B_2M/N_{\text{A}}$。作 Π/C-C 图，可知 M 和 B_2，由此可估计 b_{eff} 的大小。

12. 三条线均为直线，截距为 $1/M$；有最大 M 值的截距最小。直线的斜率为 B_2/M^2，正比于线团体积 $/M^2$。良溶剂中的线团体积与 $\left(M^{3/5}\right)^3 = M^{9/5}$ 成正比，因此斜率与 $M^{-1/5}$ 成正比。

第 5 章

1. 理论上所有种类的离子都可能决定体系的电荷。若要成为电荷决定离子，氧化铁表面必须满足能斯特定律，即必须有大量的表面基团参与离子平衡。只有 H^+ 和 OH^- 符合这个条件。

2. 面积 A 和 B 一起代表扩散反电荷的离子总量 (mol/m^2)。乘以法拉第常数得到 σ_0。但是注意面积 B 为负值，因为同离子在表面被排除。

3. 根据能斯特定律，当 I^- 浓度增加 10 倍时，表面电势应该正好减小 RT/F 伏特 (约 59 mV)。σ_0 的变化幅度依赖于盐浓度，可以从图 5.5 中读出。在接近电荷零点和低离子强度时的 σ_0 大致等于 $\varepsilon\kappa\phi_0$。

4. 式 (5.13) 中，盐浓度表示为每立方米中离子的数目，式 (5.15) 中表示为 mol/L。因此，$n^b = 10^3cN_{\text{A}}$。用另一组数据表示为 $\kappa^2 = 10 \times 10^{18}cz^2[m^{-2}]$，转化成 nm^{-1} 就得到了式 (5.13)。

5. 用国际单位制，$e\varphi/(kT) = 1.6 \times 10^{-19} \times 0.025/(4 \times 10^{-21}) = 1$。

6. κ 的计算应该包含在内，Pb^{2+} 也不例外。

7. 式 (5.17) 中负号表示扩散电荷的符号和扩散电位的符号相反。这是因为扩散层是反电荷的累积。

8. ρ 的单位是 C/m^{-3}，e 包含在 C 中，n 包含在 m^3 内。

9. 这是一道难题。温度依赖性表现在式 (5.13) 的系数 εkT 中。介电常数随温度的增加而降低。《物理化学手册》(55th ed. Robert C, Weast E-61) 中的数据显示，εk 的乘积随着温度的升高表现出非常微弱的增加 (在室温和沸点之间大概每升高 1°C，εk 的乘积增加 0.14%)。因此，εkT 的乘积在此范围内减少约 11.4%。这说明 κ 有微弱的增加，双电层厚度 $(1/\kappa)$ 略微变小。

10. 表面电势 φ_0 对 κ 没有任何影响。

11. 对于真空中的带电平板，其电势随着距离的增加相应减小，电场线平行排列。对于真空中带电的球形粒子，电势随 $1/r$ 递减，电场线是发散的。在电解质溶液中，还存在屏蔽效应。当粒子半径比较大时，这些效应是主要的。但是当粒子半径比双层厚度 $(\kappa R < 1)$ 小得多的时候，曲率效应变得很重要，导致球形粒子的电势急剧减小。

12. 理论上可以接受的离子浓度的上限在 1 到数摩尔每升范围内。在此数值范围内，仍然存在足够的水使离子发生水合作用。

13. 离子发生特定的吸附时，通常它们的部分水化层变得松散。如果发生了上述现象，离子可以更加接近与其有强烈作用的表面。

14. 根据泊松方程，当 $\rho = 0$ 时，电势的二阶导数也是 0。一阶导数 (场强) 是常数。

15. 整体的双电层一定是电中性的。如果电荷仅存在于表面和双层的扩散部分，电中性原则要求 $\sigma_0 + \sigma_d = 0$。

16. 对于表面含有磺酸基的乳液体系，H^+ 是一种电荷决定离子，可以吸附在磺酸基上，但是 H^+ 不是电势决定离子，因为磺酸基的密度相对来说比较小，同时存在强烈解离。因此，H^+ 的吸附不能主要由电势来控制。鉴于上述原因，在本题中 H^+ 不是一个电势决定离子。

17. 如果银和碘的吸附强度相同，当二者浓度相等时，即在 pI = 8 时，表面电势应该为零。但是，实际结果是需要更多的银来达到电荷零点：$pI^0 = 10.5$，$pAg^0 = 5.5$；二者浓度的比值为 10^5。显然，碘比银吸附能力更强。

18. 如果把 Al_2O_3 或者 CaO 加入到玻璃 (SiO_2 和金属氧化物的混合物) 中，混合氧化物中硅含量逐渐变少。表面基团留住质子的能力增强。零电点移向高 pH。

19. 在能斯特方程中，应该严格界定电荷决定离子的活度。离子活度随盐浓度增加而降低，导致表面电势降低。

20. 铝离子的吸附能力很强。当 pI 值低于 10.5 时，不含 Al^{3+} 的溶胶粒子带负电。加入 Al^{3+} 后，φ_d 逐渐向正的方向变化，最后改变符号至完全变为正值。在电荷反转之后，NO_3^- 成为扩散双层中重要的反离子。如果 $Al(NO_3)_3$ 浓度继续升高，φ_d 又会增加。变化曲线与图 7.9(c) 相似。这种情况下，pI 值高于 10.5，表面带正电。Al^{3+} 浓度很低时，φ_d 变化较小。

21. (1) 由已知得，$z = 10$，$c = 10^{-4}$mol/L，所以 $zc = 10^{-3}$mol/L。在实验开始时，II 中只有 NaCl。基于物料平衡原则，可以推断出 $c_I + c_{II} = 10^{-3}$mol/L。我们应用式 (5.24)，同时引用无量纲浓度：$c_I/zc = x$ 和 $c_{II}/zc = y$。这样可以将式 (5.24) 转化为：$x^2 + x - y^2 = 0$，物料平衡可以写成 $x + y = 1$。约掉 y 可以得到 $x = 1/3$，$y = 2/3$。因此，$c_I = 1/3$ mmol/L, $c_{II} = 2/3$ mmol/L。

(2) I 和 II 的浓度差 Δc: $(1.1 + 2/3)\times10^{-3}$ mol/L = 1.766 mol/L。$RT = 2500$ J/mol。因此，渗透压为 4417 Pa(约 44mbar)。

22. 悬浮效应：只有微量的盐时，电荷决定离子也被胶体粒子排斥。当溶胶带负电时，I^- 将被排出。反之，Ag^+ 被排出。沉降发生前后 pI 值发生改变。

23. 根据能斯特定律用 Ag/AgCl 电极测量氯离子浓度。电位越高，氯离子浓度越低。以甘汞电极为参比电极，区域 I 的电位值为 +157 mV。同等条件 (相同电极，相同参比电极) 下的标准电位值 ($c = 1$ mol/L) 为 −23 mV。所以，$c_I = 10^{-3}\times1$ mol/L $= 10^{-3}$ mol/L。区域 II 的电位要低 30 mV，即 $c_{II} = 10^{1/2}\times10^{-3}$ mol/L $= 3.16\times10^{-3}$ mol/L。

根据式 (5.24)，有 $zc = (c_{II}^2/c_I) - c_I = (3.16 \times 3.16 - 1) \times 10^{-3}$ mol/L $= 9\times10^{-3}$ mol/L。胶体浓度 c 等于 $10/10^5 = 10^{-4}$ mol/L，由此得出 $z = 90$。

利用式 (5.25) 计算胶体溶液的渗透压。结果 Δc 为 (9.1+4.32)=13.42 mol/m^3，进而得出 $\Pi = 13.422\,500$=335 50 Pa(约 336 mbar)。

第 6 章

1. 在永久交联的聚合物凝胶中，链无法离开凝胶网络，因此，由形变引起的压力无法释放。而不存在永久交联的凝胶中，则可能发生弛豫。较短时间内，两种凝胶都表现为弹性。但在较长的时间维度上，非永久交联凝胶的黏性就会表现出来。

2. 对弹簧而言，形变可以突然增加到一个值，在移除外力之后形变会马上回复。因此，示意图呈现出“块状”。

对黏壶而言，长度会立刻开始匀速改变，示意图是一条过原点的直线。移除外力之后，形变保持不变 (x 是常数)。

对麦克斯韦元，形变首先达到一个数值；然后随着时间线性增加。移除外力之后，形变会立刻减小到一个有限的数值并保持不变。

3. 正丁醇分子可以形成分子间氢键。在剪切力的作用下，氢键断裂或发生形变。在此过程中，相当一部分能量被耗散掉，导致了黏度的升高。乙醚分子不能形成氢键，所以黏度较低。

4. 当液体因压力降流过一个管子时，速度沿径向管心方向增加；最高的速度出现在轴心部分。当管子的半径增加时，速度可以达到更高的数值，轴心的最大流速也会更高。流量是所有体积单元流速的总和。一个更宽的管子有更多的体积单元，也有更高的流速。所以，相对于最大流速，管子直径的增加引起的流量增加更为剧烈。

5. 根据泊肃叶公式 [式 (6.2)] 理论上可以得到绝对黏度值 η，前提是将公式中其他的参量都测量出来 (管子的直径和长度、压降)。其中压力降可以简单地根据液体密度及进出口平面的高度差得到。

6. 毛细管黏度计可以定性估计是否为非牛顿流体，即液体流过黏度计的时间与压力降的变化不成正比，即为非牛顿流体。

7. 毛细管中最大剪切力的位置在其内壁上，从壁上开始剪切力沿径向线性减小 $(-r)$。对 Bingham 流体，张力一直为零，直到 $\tau > \tau_B$。因此，在管轴周围一定有一个剪切力为零的区域，速度才能保持不变。因此，当半径大于 r^* 时，必然存在一特定张力。在 r^* 到管壁之间，液体被剪切且速度从零 (壁上) 变到最大值 (半径 r^* 处)。

8. 非聚沉 (胶体稳定性) 体系不能表现出塑性行为，因为在粒子之间存在吸引力时才有屈服应力出现。I 是一个稳定的系统，粒子之间是排斥的。

9. 当加入盐时，针形的 V_2O_5 粒子彼此之间互相吸引，继而得到了具有高黏度的网络状结构。剪切力作用下，网络状结构可能发生变化，交联点变少同时黏度降低。因为粒子的自由移动受限，这种网络状结构的恢复是困难的。这也是体系恢复时间很长及具有触变性的原因。一个稳定的溶胶体系具有很短的恢复时间，表现出假塑性行为。

10. 轻触有助于粒子越过能垒，更快地重新排列成最有利的布局。所以，网络结构可以更快地恢复。

11. 对于触变性体系，剪切力的增加会加速结构的破坏。所以，剪切速度增加导致黏度降低。因为触变性体系恢复很慢，降低剪切力时的黏度值会比增加剪切力过程中的黏度更低，剪切速率因此更高。

12. 稀的乳状液严格符合爱因斯坦定律，因为这条定律就是应用在球形粒子的稀释体系中的。

13. 对 “裸露的” 均相粒子，体积分数为 C/ρ_d(参考第 10 题)。在这个数值附近，粒子尺寸不会影响黏度。如果有聚合物包裹在粒子周围，粒子体积表示为

$4/3\pi(R+\delta)^3 = 4/3\pi R^3(1+\delta/R)^3$，粒子质量为 $4/3\pi R^3\rho_d$，其中聚合物层对于粒子表观质量没有贡献。因此，依赖于 R 的系数 $(1+\delta/R)^3$ 使体积分数大于 C/ρ_d。

14. ϕ: 无量纲; C 和 ρ_d: kg/m^3。

15. 比浓黏度 η_{sp}/C 取决于粒子相互作用 (分散在其他物质中，参照 6.7 节)。大量小粒子存在时，相应的粒子相互作用要远大于只有少数大粒子存在的情况。

16. 从式 (6.10) 可以得到，$[\eta] = kV = kVN_A/M$，其中 V 是高分子线团的体积。体积 $V = 4/3\pi R_g^3$，其中 $R_g^2 = h_m^2/6$。代入上述表达式，与式 (6.13) 相比可以得到 $\Phi = 4/3\pi k(6)^{-3/2}N_A = 4.28\times10^{23}\text{mol}^{-1}$。

17. 看起来式 (6.10) 中没有 M 依赖性。对于憎液型胶体粒子的确如此，因为 ρ_d 是常数。但是，对于高分子线团，ρ_d 是 M 的函数，因为 ρ_d 是单位体积聚合物链段的质量。随着链长 (及总链长) 的增加，聚合物链段逐渐稀释，ρ_d 变小 (参照 4.5 节)。

18. 膨胀系数 α 指在 Θ 条件下膨胀高分子线团的半径大于理想值的系数。这样，体积增加的系数为 α^3。$[\eta]/[\eta]_\Theta$ 的比值与体积分数的比值完全相同，因此对于线团体积而言，这个比值恰好等于 α^3。

19. 式 (6.17) 中的指数 α 随着溶剂溶解能力的增加而增加。溶剂溶解能力对温度的依赖性情况比较复杂。随温度的增加，溶剂溶解能力有时增加有时减小。K 值部分取决于链段的刚性；温度增加，K 减小。

20. $\alpha < 0.5$ 时线团发生坍塌，链段之间相互吸引。在这种情况下，整条链段之间也会相互吸引，可能导致相分离。黏度的测量要求体系是稀的均相溶液，本题的情况下不可行。

21. 在 Θ 溶剂中，η_{sp}/C 不随 C 变化。本题中的示意图是一条水平直线。良溶剂中，应为一条斜率为正的直线。

22. 聚电解质具有大的 Kuhn 长度，电荷间的斥力使得链段变硬。因此，Mark-Howink 指数会大于 0.8，硬度很大时甚至可以达到 2。

23. 毋庸置疑，分子间相互作用依赖于粒子或聚合物分子的浓度。因此，为了区别分子内和分子间相互作用，应该在其他条件不变时测量浓度改变引起的变化，比如保持介质 (盐浓度、pH) 条件不变。

24. 负的第二维里系数表示粒子之间强烈吸引，超过了排除体积引起的排斥效应 (参照 3.1.3 节)。对很多氨基酸来说，这可能是由于水是不良溶剂造成的。当这些氨基酸处于蛋白的外侧时，表面不存在产生斥力的电荷，于是发生相互吸引。

第 7 章

1. 多数情况下，剪切平面和 Stern 平面不重合，此时 ζ 和 φ_d 不相等。尤其是当平面壁附近的静电势能梯度比较大的时候，二者相差很大。水溶液中，因为介电常数相对较小，Stern 层中电势降比较大。另外，电解质的存在使得表面电荷很多，并最终使电势梯度比较大 (导致 Stern 电势数值较小)。因此，一般情况下 ζ 和 φ_d 的差别都比较大。

   离子在非极性溶剂中的低溶解度导致双层厚度很大，以致表面附近电势梯度较低。因此，通常 ζ 和 φ_d 的差别就很小。
2. v_{eo} 和 v_{ef} 由带电粒子受到的电场力和其在液体中运动引起的摩擦力之间的平衡来控制。因为电场力与场强 E 及 ζ 成正比，摩擦力与速率及黏度 η 成正比，结果得到的公式中速率与 E 及 ζ 成正比，而与黏度 η 成反比。
3. 对流体来说，利用式 (7.3)，仅仅根据塞子处的流量测定无法得到 ζ，还需要测量塞子的电导率，同时可以得到 O 值。
4. 式 (7.10) 适用于大粒子 ($\kappa R \gg 1$)，因为电泳阻滞占主要地位。对于导电性粒子，比如溶胀的类凝胶粒子，部分导电电流要通过粒子自身。因此，电场 “短路”，场强比硬粒子体系中的数值偏小。
5. 松弛效应很明显，尤其是当双层很厚时 ($\kappa R \ll 1$)。因此极化效应很重要。
6. 松弛效应的数量级还和双层中的电荷数量有关，即与 ζ 有关。
7. 电泳速度与离子强度的关系有以下几种。首先，因为盐会屏蔽电荷，所以 ζ 依赖于离子强度。其次，校正系数 $f(\kappa R)$ 是 κ 的函数，因此也是盐浓度的函数。最后，电压保持不变时盐会影响电场强度：$E = il/O\kappa_{sp}$，其中 κ_{sp} 与离子强度近似成正比。
8. 图 7.8(c) 阴影部分代表流体通过微电泳装置对流量的贡献。这两个贡献大小相等，符号相反，因为封闭池内的整体流量一定为零。图中表面积不严格一致，因为我们将三维情形投影为二维来表示。
9. 在开放的池子内，可以达到平衡状态，总体流量为零。但是，这需要很长时间，因为逆向的流体首先需要产生流体静力学差，这就需要大量的流体。在封闭的池子内，几乎不需要流体移动，因此可以很快达到平衡状态。
10. 两侧的测量速度值不会一直相等。二者的差值主要来源于沉降 (界面下降一侧的速度增加，界面上升的一次速度减小) 或者多分散性。小粒子运动较慢，留在后面，使得界面展宽。这可以通过速度的差别来解释。
11. 流动电流的测量不需要通过毛细管的传导电流，因此与溶液的导电性不相关。测量流动电势时情况则不一样。测量流动电势时，不能存在电流，产生的流动电流必须由传导电流来补偿，并且二者大小相等方向相反。

12. 当离子强度增加时，ζ 降低。同时，电导增加。这些变化都导致了 V_s 的降低。因此 V_s 的降低比 ζ 更剧烈。

13. 逆电流与中性的体相溶液和双电层均有关。双层中的离子浓度一般都很高。在窄小的毛细管内，双层的厚度相当重要，因为相比于表面相，体相的电导率很小 [参见式 (7.8)]。因此，对于给定的 ΔP，较细的毛细管中的 V_s 会更小。

14. 在等电点，所有的 ζ 均为 0，不存在流动电流。同时，导电性不起作用。表面导电性不会影响等电点，也不会干扰等电点的测定。

第 8 章

1. 分子 1 和 2 的吸引能为偶极矩的乘积：$\mu_1\mu_2$。每个偶极子的偶极矩与极化率成正比，因此吸引能正比于 $\alpha_1\alpha_2$。对于同种分子，即为 α^2。

2. 两个无限大的平板之间的吸引能与表面面积成正比。

3. 根据式 (8.2)，距离为 1 nm 时，吸引势能 V_A(单位是 kT/nm^2) 等于 $10/12\pi = 0.265$。这与从图 8.1 读出的数值一致。

4. 对平坦的平面，吸引能用单位面积的数值表示：J/m^2。这种表示方法有利于对比不同面积的平板。对球体，表示为每个粒子的能量值，即单位为 J。在式 (8.2) 和式 (8.4) 中，吸引能一般用热能单位 kT 表示。

5. 平板和球体的区别在于一个系数 $\pi R\kappa^{-1}$，这与距离 H 是没有关系的。二者曲线的形状是一样的，即平板的两条曲线互相交叉，对球体也同样。

6. 距离 $H = 0$ 时，球体的相互作用能与 n^b/κ^2 成正比，对平板是 n^b/κ。因为 κ^2 本身与 n^b 成正比，可以发现球体粒子 $V_R(0)$ 与盐浓度无关，对平板则不是。在图 8.6 中，三种盐浓度下 $V_R(0)$ 等大。因此，此图适用于球体粒子。另外，κ^{-1} 系数为 1 时图 8.6b 中 V_{tot} 的最大值可以从 V_R 曲线估计得出，$2\kappa^{-1}$ 时则不可。这也是球体粒子体系的一个特征。

7. 理论上，势能曲线上第一极小值是很低的，凝聚后粒子无法挣脱出来，因此絮凝不可逆。第二极小值则高了许多，当势阱深是 kT 数量级的时候，聚集态和非聚集态之间达到平衡。絮凝发生逆转。

8. 为了找出相互作用力，应意识到 $f = -\dfrac{\partial V_{tot}}{\partial H}$，所以应取 V_{tot} 的负导数。

9. 当表面电势及盐浓度给定时，作用能依然依赖于 Hamaker 常数，同时也与 Stern 电势随 H 的变化有关。如果表面是类 Nernst 型表面，如 AgI 体系，Stern 电势保持不变 (不是 H 的函数，不随 H 的变化而改变)，因为电势受本体溶液的平衡控制，所以为一固定值。对于带有强烈带电基团的表面 (如乳胶)，在逐渐靠近粒子时，这些电荷不会发生变化。因此，Stern 电势随着距离 H 的减小而增加。当 Hamaker 常数相等时，表面电荷恒定的粒子会比表面电荷可调节的粒子更稳定。

10. 假设条件是无效的，因为即使在絮凝浓度，V_{tot} 依然是距离 H 的函数。

11. 球形粒子的 V_A、V_R 均依赖于半径 R。事实上，V_{tot} 的每一项都与 R 成正比。在给定的盐浓度下，V_{max} 与 R 变化成正比；特定的溶液随尺寸的增加变得更加稳定。但是，当存在一个次极小值时，随着尺寸增加这个值变得更低。因此，大粒子在第二极小值附近发生絮凝。

12. 大粒子才可以在第二极小值附近有一个足够负的 V_{tot}。

13. 关键的想法是特异性吸附是一个与温度有关的平衡，所以升高温度可以改变吸附情况。多数情况下，吸附随着温度升高而降低。吸附引起了 φ_d 的减小。所以，随着温度的升高，φ_d 的减小程度降低 (特异性吸附不强时，Stern 电势在一定程度上高些)。结果就是絮凝值变高。

14. 因为电势值较低，利用适用于平板的式 (8.17) 计算。$A/(kT) = 2\times10^{-21}/(4\times10^{-21}) = 0.5$，$\varphi_d = 0.025\text{V}$，所以 $c_{vl} = 0.071\text{mol/L}$。

15. V_t 展现出的依赖性被称为 “黏性球体” 行为，只有在接触 ($H = 0$) 时才产生强烈结合。考虑到布朗运动限制条件下的絮凝，粒子只有相互接触时才会发生作用。这与 “黏性球体” 行为一致。实际上，当粒子之间尚有一定距离时，相互作用就已发生，但由此引起的加速絮凝效应很小。

16. 絮凝速率的测量使用的是动力学方法，当所有的碰撞均导致絮凝时，絮凝速率最大。在使用经典的絮凝管子进行絮凝测试时，仅当过了一段时间，在管子中发现絮体时，才能判断出絮凝的发生。即使当絮凝速率不在最大值时，等待一段时间后也可以发现絮状物。盐浓度越低，等待的时间越长。等待一段时间，观察到絮凝物时才定义絮凝浓度，等待时间越长絮凝浓度越低。据此得出的絮凝浓度会比由动力学方法得到的结果低。

17. 在絮凝浓度以上稳定因子 W 趋近常数，因为在没有明确的排斥作用存在时，所有的碰撞都同等有效，并只对盐浓度有很弱的依赖性。在絮凝浓度以下，双电层的重叠贡献的斥力会影响到絮凝速度。事实上，絮凝速度与势垒高度成指数关系。增加盐浓度时势垒高度减小，所以絮凝速度会随盐浓度剧烈地增加。换句话说，W 随着 c_s 的减小剧烈增加。

18. 共絮凝是反电荷粒子之间的聚集过程。在此过程中，不存在斥力的贡献，所以 W 与盐浓度无关。

19. 在盐浓度 c_{vl} 以上，V_R 随盐浓度增加而降低。高 c_s 时，V_{tot} 随着 H 的减小单调递减。结果，对于给定距离的两个粒子之间，吸引作用占主导，粒子发生聚集。这会加速絮凝过程，絮凝速度会增加。因此，此时由于吸引作用，距离较近的粒子不是滑过彼此而是吸引到一起形成絮状物。在 $V_{tot} = 0$ 的边界条件下时不会发生上述情况。

20. 根据理论，当 φ_{d} 足够低时，絮凝时的盐浓度 c_{vl} 遵循与 z^{-2} 成正比的关系。经常可以发现高指数依赖性，比如 z^{-6}，表明还存在一个高指数的因素对 φ_{d} 有影响。因为高价态的离子特异性吸附更明显，且 z 依赖性也更为强烈。

21. 在非水溶液中，盐浓度一般都比较低，Debye 长度 κ^{-1} 比粒子之间的平均距离要大很多。V_{tot} 则对距离 H 表现出比较弱的依赖性，换言之，V_{tot} 随着距离 H 的减少有微弱的增加。但是，V_{A} 对距离的依赖性仍然很大。所以，V_{tot} 通常没有一个明确的最大值，在非水溶剂中，盐对胶体稳定性的影响很小。

22. $N(t)$ 的导数：$\mathrm{d}N(t)/\mathrm{d}t = \dfrac{KN_0^2}{(1+KN_0)^2} = KN^2$。

23. t=0 时粒子的数量浓度为 $N_0 = C/m$，其中，粒子的质量 $m = 4/3\pi R^3\rho_{\mathrm{d}}$。由此得 $N_0 = 1.61\times10^{17}\mathrm{m}^{-3}$。半衰期 $t_{1/2}$ 由 $1/(KN_0)$ 给出，其中 $K = 4kT/(3\eta) = \dfrac{16}{3}\times10^{-18}\mathrm{m}^3/\mathrm{s}$，可得 $t_{1/2} = 1.17$ s。$N/N_0 = 0.1$ 时絮凝发生，需要时间 $t = 9t_{1/2} = 10.5$ s。

24. 不规则形碎片状物体的一个特征是在不同长度范围内的自相似结构，即在多个长度尺度内看起来很相似。聚合物链即是如此：Gaussian 链的片段也是 Gaussian 的。聚合物分子的大小取决于质量大小，依据是下式：$R_{\mathrm{g}}\sim M^p$，其中 $p = 0.5$ (Θ 溶剂) 及 $p = 3/5$(良溶剂)。因此，质量与线团的大小有关：$M = R_{\mathrm{g}}^{1/p}$，其中 $1/p$ 是聚合物的碎片维度。对于 Θ 溶剂，碎片维度是 2，对良溶剂是 5/3。

第 9 章

1. 排除体积相当于 $V_{\mathrm{ov}} = \dfrac{kT}{\Pi_{\mathrm{pol}}}$。其中，$\Pi_{\mathrm{pol}}$ 是渗透压，对良溶剂是 $\Pi_{\mathrm{pol}} = RTC\left(\dfrac{1}{\Pi}+\dfrac{N_{\mathrm{A}}}{M^2}b_{\mathrm{eff}}C\right)$，排除体积 b_{eff} 与线团体积同数量级：$b_{\mathrm{eff}} = \dfrac{4}{3}\Pi R_{\mathrm{g}}^3 = \dfrac{4}{3}\Pi\left(\dfrac{Ll_p}{6}\right)^{3/2}$。代入数据得到 $V_{\mathrm{ov}} = 5.5\mathrm{nm}^3$。

2. 随着 M 的增加，排空区的厚度增加，排空体积也随之增加，渗透压会降低。

3. 在 $0<\mu<1$ 的范围内，V_{st} 由两项组成，其中一项使 V_{st} 降低 (第二项)；另一项使 V_{st} 数值微弱增加 (第一项)。很明显，此时第二项占主导。当 $\mu = 1$ 时，V_{st} 有最小值；当 $\mu > 1$ 时，根据式 (9.3)，V_{st} 随 μ 的增加而增加 (注意，$\mu > 1$ 时的数据之间无物理相关性)。

4. 在低覆盖率时，表面有足够的吸附位点可以吸附现存的分子，这些分子会像毛毯一样平铺在表面上。在高覆盖率时，会存在对吸附位点的竞争。所以，吸附层形成典型的环形及尾状物，层厚接近高分子线团的尺寸。

5. 当溶剂溶解能力变差时，每部分之间会排列得更紧，使得吸附量升高。

6. 良溶剂会增加渗透效应，不利于聚合物的聚合。长链使得在较远距离时也有微弱斥力，有利于提高高分子的保护作用。但这些长链也有环形结构并可以成桥，此时削弱了保护作用。
7. 根据式 (8.4)，当 $H < (R/12)\cdot(A/kT)$ 时，深度 V_A 会低于 $-kT$。当 $A/(kT) = 12$ 时，$H < R = 50$ nm，同理，当 $A/(kT) = 2$，$H < R/6 = 8.3$ nm。
8. $V_{\min}$ 是第二极小值。在 $V_{\min}$ 和 $H = \infty$ 之间不存在势垒。
9. 高分子对溶胶的保护作用主要体现在 V_A 很大的溶胶体系中，这种保护作用使溶胶粒子彼此不能靠近，从而克服了 V_A 很大引起的絮凝。因此，不能通过屏蔽双电层来促使溶胶絮凝。对高分子来说，溶剂溶解能力是一个可调的参量。当聚合物的溶剂溶解能力因加盐而降低，达到 Θ 条件时，絮凝再次发生。
10. 敏化过程中，加入的盐量很少，低于絮凝浓度，即可使粒子之间的距离减小 (减小静电斥力)，所以桥的形成成为可能。
11. 当加入未被高分子保护的溶胶时，被保护的粒子表面的高分子与新加入的粒子的裸露表面结合，使粒子连在一起。取决于总的高分子浓度，特别是当最终的覆盖度低于饱和时，可以发现絮凝现象。
12. 当高分子浓度较高时，所有的表面位点很快被聚合物包裹，所以只存在空间斥力。在较低浓度时，可能发生桥连，导致絮凝。
13. 带负电的聚电解质可以看成是一个大的离子。即使在很低的浓度，它在粒子表面也会发生强烈吸附，使其表面电荷反转，在电荷中和点附近发生絮凝。

第 10 章

1. a) $HAu^{4+} + 3e^- \longrightarrow Au(s) + H^+$
   还原剂产生电子，如
   $P + 4H_2O \longrightarrow PO_4^{3-} + 5e^- + 8H^+$
   b) $Ag_2O + 2e^- + 2H^+ \longrightarrow 2Ag(s) + H_2O$
   $H_2 \longrightarrow 2H^+ + 2e^-$
   c) $4Fe^{3+} + 6OH^- \longrightarrow 2Fe_2O_3 + 6H^+$
   $2H^+ + CO_3^{2-} \longrightarrow H_2O + CO_2$
   d) $SeO_2 + 4H^+ + 4e^- \longrightarrow Se + 2H_2O$
   $SO_2 + 2H_2O \longrightarrow SO_4^{2-} + 2e^- + 4H^+$
   e) $SO_2 + 4H^+ + 4e^- \longrightarrow S + 2H_2O$
   $H_2S \longrightarrow S + 2H^+ + 2e^-$
   f) $As_2O_3 + 6H^+ \longrightarrow 2As^{3+} + 3H_2O$
   $H_2S \longrightarrow S^{2-} + 2H^+$
   $2As^{3+} + 3S^{2-} \longrightarrow As_2S_3$

g) $Ag^+ + I^- \longrightarrow AgI$

h) 自由基 + 苯乙烯 $\longrightarrow$ 苯乙烯基自由基 (引发)

苯乙烯基自由基 + 苯乙烯 $\longrightarrow$ 聚苯乙烯自由基 (增长)

2. 每三个 S 原子中，一个来自于 SO_2，两个来自于 H_2S。

3. 在第一种方法中，过量的 I^- 加入 Ag^+ 中。在所有的 I^- 被消耗前，体系中的 I^- 和 Ag^+ 已经达到等当量比 (零电点)。因此溶胶发生絮凝现象。而在第二种方法中，少量 Ag^+ 加入到过量的 I^- 中，在这种情况下，体系不能到达零电点，因此溶胶仍然是稳定的。

4. 见第 5 章。AgI 粒子的表面可以吸附 Ag^+，也可以吸附 I^-；吸附离子后，粒子表面电荷会发生变化，但是粒子的组成仍然是 AgI。因为粒子表面决定电荷的离子 (Ag^+ 和 I^-) 密度经常很高，因此需要从溶液中吸附这两种离子来降低表面电荷密度。所以，溶液中的这两种离子的浓度也会决定表面电势 (Nernst 定律)。所以，这两种离子都是决定电势的离子。

5. 该体系的稳定性取决于 pH, 因为 H^+ 和 OH^- 是电荷决定 (和电势决定) 离子。粒子的零电点出现在 pH=9 时。在酸性条件下，粒子带正电，体系处于稳定状态；在弱碱性条件下 (pH 在 9 附近)，粒子几乎不带电，因此体系是不稳定的。

6. 为了获得所谓的核溶胶，必须有很多晶核存在，这样以后晶核才可能几乎不生长。快速的成核过程需要快速的反应，因此需要强的还原剂。溶液浓度很低时，晶核的生长会受到抑制。

7. 若所有晶核生长的时间相同，所有粒子质量的增加是相同的。此时，粒子的半径和质量取决于这一增量，而与初始的晶核大小关系不大，即初始的晶核质量可以忽略不计。(例如：当最后生成粒子的半径是初始晶核的 3 倍时，晶核的质量是粒子质量的 $\frac{1}{27}$，即约 3.7%。 因此，晶核的多分散性对最后样品的多分散性影响很小)

8. 晶核的数目决定了粒子的数目。前后两个体系得到的粒子数量之比为 2:1，因为 $r \sim m^{1/3}$，因此这两个体系的半径比为 $2^{1/3} = 1.26$。

9. 当反应速率固定时，生成的 S 的量随时间是线性增加的 [图 10.5(a)]。当达到成核低限时，开始出现晶核；存在于粒子中的 S 的总量 (底部的线) 低于生成的 S 的总量的原因在于 S 具有一定的可溶性。

在图 10.5(b) 中列出了图 10.5(a) 两条线的差异；图中的水平线 (虚线) 是成核低限。

新的、额外的粒子 (图 10.5c) 只在成核开始的很短时间内形成。在成核过程中，S 的浓度会下降到低于成核低限，之后只存在晶核的生长过程。粒子的数目在体系中 S 的浓度达到成核低限时急剧增加，之后粒子的数目不再发生变化。

10. 经过长时间的反应，体系中的硫代硫酸根浓度下降，反应速率 (与此浓度成正比) 随之下降。

11. 当溶胶中的离子 (也是电荷决定离子) 被全部去除时，表面电荷下降使得溶胶无法稳定存在。

12. 电渗析是普通透析的加速形式。普通透析的驱动力来自无方向性的扩散运动，而电渗析中引入了电场力，外力的驱动使得透析的速度加快。

13. 老化的速度很大程度上取决于 (受限于) 形成该粒子的物质的溶解度。溶解度越高，每秒从小粒子到大粒子 (通过扩散的方式) 的分子数越多。由于溶解度往往随着温度的升高而增加，因此老化的速度也会随温度的升高而增加。

第 11 章

1. 拉普拉斯压强由式 (11.1) 给出。半径 $R=10^{-7}$ m，界面张力 $\gamma=0.072$ N/m，计算得到的压强值为 14.4×10^5 N/m^2(Pa)。1bar $=10^5$ Pa，因此，拉普拉斯压强为 14.4 bar。

2. 由式 (11.2) 可知，气泡半径随时间变小的函数关系式为 $R(t)=(A-Bt)^{1/2}$。当 $t=A/B$ 时，曲线有最大的斜率，此时半径消失，即 $R=0$。而负的 R 值是不存在的。

3. 通过保持低的界面张力或者降低界面张力可以减缓歧化 (奥斯瓦尔德熟化)。强烈吸附的化合物在这方面很有用。降低气体/油的扩散系数也是一种有效的方法。非极性或者微溶于水的化合物会阻止奥斯瓦尔德熟化，因此聚合物的乳状液歧化趋势非常小。最后，我们也可以在体系中加入选择性溶解的化合物 (可溶于分散相，不溶于连续相)。

4. 由式 (8.8) 可知，排斥能 $V_\mathrm{R}=2\varepsilon\kappa\varphi_\mathrm{d}^2\mathrm{e}^{-\kappa H}\mathrm{J/m^2}$。假设 $V_\mathrm{tot}\approx V_\mathrm{R}=\dfrac{kT}{nm^2}=\dfrac{4\times10^{-21}}{10^{-10}}=4\times10^{-3}\ \mathrm{J/m^2}$，$H=-\dfrac{1}{\kappa}\ln\dfrac{4\times10^{-3}}{2\varepsilon\kappa\varphi_\mathrm{d}^2}=32\times(-\ln 0.45)\mathrm{nm}=$ 2.55nm。

5. 球形粒子间的相互作用力 (包括 V_A 和 V_R) 与粒子的半径 R 成正比。这意味着小的球形粒子间的相互作用力比较弱。这个理论同样适用于球形粒子和平板间的相互作用力。尖锐的边缘具有大的曲率半径，因此每个突起的相互作用力不是非常大。当用外力推动尖锐的针 (突起) 向平面移动时，只需要很小的力就可以穿透到液膜表面 (穿孔)。

第 12 章

1. 严格来说，术语“单体”是指可以通过共价作用连接在一起的物质，如形成高分子的单体。我们用单体来指代形成胶束的表面活性剂分子是单体这个词的延伸意义。

2. 硬水中存在的大量 Ca^{2+} 会与脂肪酸根形成不溶的复合物。这些不溶的复合物无法到达界面，因此不具有表面活性。

3. 离子表面活性剂形成的多为球形胶束。胶束越大，每个分子占有的面积越小，相邻分子的头基间的距离也越小，这就意味着头基间的斥力增加。因此，小胶束是最有可能的聚集状态。

4. 半径为 R 的胶束核的体积为 $\dfrac{4}{3}\pi R^3$。根据题中假设，胶束体积完全由 CH_2 基团决定，因此有：$\dfrac{4}{3}\pi R^3 = nNV$。胶束表面积为 $4\pi R^2$，有 $4\pi R^2 = nO$。消去以上两式的 R，得：$[nNV/(4/3\pi)]^{2/3} = nO/4\pi$，即 $n = \left(36\pi V^2/O^3\right) N^2$，计算得 $n = 45$。

5. DTAC 头基中有三个甲基，头基比 DAC 要大很多。因此，DTAC 形成的胶束有大的曲率，即形成的胶束较小。而且，只有在更高浓度下，DTAC 分子的体积贡献才足以导致胶束的形成，因此 CMC 较大。

6. 当 [Z]/CMC 比值从 1.00 上升至 1.01 时，根据质量守恒定律式 (12.2)，$[Z_n]$ 变为原来的 $1.01^{50} = 1.64$ 倍，即胶束中分子的数目增加了 64%。

7. 非离子表面活性剂分子间不存在头基的静电排斥力，因此与有相同组成的离子表面活性剂相比，CMC 要低一些。

8. 电荷密度为 $(1/0.4)\times 1.6\times 10^{-19}\times 10^{18}\ \mathrm{C/m^2} = 0.4\ \mathrm{C/m^2}$，是 AgI 表面电荷密度最大值的 10 倍。

9. 由范特霍夫定律可知，理想溶液的渗透压 Π 与 C 成正比。如果认为肥皂分子形成的是理想溶液，那么图 12.13 中的第一部分应该是水平线。

10. 对于非离子表面活性剂，胶束间的相互作用对第二维里系数贡献很小。当浓度仅仅稍大于 CMC 时，c/τ 对 c 近似为一条水平线。对于离子表面活性剂来说，对 B_2 有一个静电的贡献，使得第二维里系数为正。因此，c/τ 随 c 的增加而增加。在低于 CMC 的浓度时，浊度非常小，使得 c/τ 值非常大。

11. 在低于 CMC 的浓度时，溶液中的表面活性剂离子和它们的反离子自由分散在溶液中。表面活性剂分子要比反离子大很多，因此移动较慢，所以电导率较低。

12. 根据定义，$\Lambda = \kappa_{sp}/C$。$\kappa_{sp}(C)$ 曲线由两条直线组成，其中第一条直线经过原点。在这个浓度范围内，κ_{sp}/C 是不变的，大小等于直线的斜率。当浓度在 CMC 以上时，$\kappa_{sp}(C)$ 仍然为直线，但是斜率发生变化 (在这个浓度范围，$\kappa_{sp} = A + B/C$)。因此 $\Lambda = \kappa_{sp}/C = A/C + B$，即 Λ 随 C 的增加逐渐减小，当 C 非

常大时，A 达到极限值 B。

13. 当浓度在 CMC 以上时，虽然自由的表面活性剂分子浓度差别不大，但是也不是完全不变的。这个从质量守恒定律式 (12.2) 和本章思考题第 6 题中看到。因此，界面张力不是完全不变的。

14. 胶束的形成并不取决于界面存在与否。一般情况下，在浓度到达 CMC 以前，界面已经完全被分子覆盖，因为肥皂分子容易吸附在界面处。浓度在 CMC 附近时，吸附于界面处的肥皂分子占总分子数的分数可以由下式得到：$\varGamma A/(\varGamma A+V\text{CMC})$。一般，$\varGamma$ 的数量级为 10^{-6} mol/m^2，A/V 的比值近似为 100 m^{-1}，CMC $\approx 10^{-1}$ mol/m^3，计算可知，界面处分子的分数 $\approx 10^{-3}$，这是一个非常小的值。

15. 加入离子表面活性剂时，不仅仅是加入了表面活性剂离子 Z，也加入了金属离子 M^+。可用的 M^+ 越多，越容易形成胶束。因此，[Z] 会下降。

16. γ-ln$\,c$ 曲线的斜率为 $-(49.9-44.8)/(8-7.75)=-20.4\text{mN/m}=-pRT\varGamma$ [根据 Gibbs 方程式 (12.6)，$p=2$]。因此，$\varGamma=4.1\times10^{-6}\text{mol/m}^2$。每个分子的占有面积 $A=1/(N_\text{A}\times\varGamma)=\left(6\times10^{23}\times4.1\times10^{-6}\right)^{-1}\text{m}^2=0.41\times10^{-18}\text{m}^2=0.41\text{nm}^2$。

17. 十二醇 (DOH) 具有表面活性，因此表面张力会有一个突然的下降。当十二烷基磺酸钠 (SDS) 形成胶束后，表面张力会增加是因为此时原来位于界面处的十二醇分子进入了胶束。

18. 胶束增溶的染料分子的物质的量浓度为 $(1.6-0.002)/250=6.4$ mmol/L。形成胶束的肥皂分子的物质的量浓度为 $500-20=480$ mmol/L。因此每个胶束含有的分子数目为 $480/6.4=75$。这个值是在预期范围内的。

第 13 章

习题 13.1 $M_\text{w}=\dfrac{\sum C_iM_i}{\sum C_i}=\dfrac{C\times50+C\times100+C\times200}{C+C+C}=\dfrac{350}{3}$ kg/mol

习题 13.2 总质量已知。总体积由实验求得：$V_\text{tot}=V_1+V_2=\dfrac{w_1}{\rho_1}+\dfrac{w_2}{\rho_2}$，$W=W_1+W_2$，这样，$V_\text{tot}=\dfrac{w_1}{\rho_1}+\dfrac{w-w_1}{\rho_2}=\dfrac{w}{\rho_2}+\dfrac{\rho_2-\rho_1}{\rho_1\rho_2}w_1$

所以，$W_1=\left(V_\text{tot}-\dfrac{w}{\rho_2}\right)\dfrac{\rho_1\rho_2}{\rho_2-\rho_1}$。在 W 给定时即可得 V_tot。

习题 13.3 (1)

$$\frac{M_\text{w}}{M_\text{n}}=\frac{(n_1M_1^2+n_2M_2^2)(n_1+n_2)}{(n_1M_1+n_2M_2)^2}=\frac{(n_1M_1)^2+(n_2M_2)^2+n_1n_2(M_1^2+M_2^2)}{(n_1M_1)^2+(n_2M_2)^2+2n_1n_2M_1M_2}$$

$$=\frac{[(n_1M_1)^2+(n_2M_2)^2+2n_1n_2M_1M_2]+n_1n_2[(M_1^2+M_2^2)-2M_1M_2]}{(n_1M_1)^2+(n_2M_2)^2+2n_1n_2M_1M_2}$$

$$=1+\frac{n_1n_2(M_1-M_2)^2}{(n_1M_1)^2+(n_2M_2)^2+2n_1n_2M_1M_2}$$

第二项恒为正，所以 $\dfrac{M_w}{M_n}-1\geqslant 0$。

(2)　$M_i=M_n+\delta_i$

1) $M_n=\dfrac{\sum n_iM_i}{\sum n_i}=\dfrac{\sum n_i(M_n+\delta_i)}{\sum n_i}=M_n+\dfrac{\sum n_i\delta_i}{\sum n_i}$，所以 $\sum n_i\delta_i=0$

2) $M_wM_n=\dfrac{\sum n_iM_i^2}{\sum n_i}=\dfrac{\sum n_i(M_n+\delta_i)^2}{\sum n_i}=M_n^2+2M_n\dfrac{\sum n_i\delta_i}{\sum n_i}+\dfrac{\sum n_i\delta_i^2}{\sum n_i}$

所以，$M_wM_n=M_n^2+\dfrac{\sum n_i\delta_i^2}{\sum n_i}$

$$M_wM_n-M_n^2=\frac{\sum n_i\delta_i^2}{\sum n_i}\geqslant 0$$

$M_n^2\left(\dfrac{M_w}{M_n}-1\right)=\dfrac{\sum n_i\delta_i^2}{\sum n_i}\geqslant 0$，所以，$\dfrac{M_w}{M_n}\geqslant 1$。$\delta_i$ 越大，$\dfrac{M_w}{M_n}$ 的比值越大；只有当 $\sum n_i\delta_i^2=0$ 时，$M_w=M_n$，所以 $\delta_i=0$。

习题 13.4　(1) $n(M)=Ae^{-\lambda M}$(归一化：$A=\lambda$)

$w(M)=Mn(M)=AMe^{-\lambda M}$ (归一化：$A=\lambda^2$)

(2) $M_n\equiv\dfrac{\int Mn(M)}{\int n(M)}=\dfrac{A\int_0^\infty Me^{-\lambda M}dM}{A\int_0^\infty e^{-\lambda M}dM}$

使用：$\int xe^{-x}=-(x+1)e^{-x}$

$$M_n=\frac{-\dfrac{\lambda M+1}{\lambda^2}e^{-\lambda M}\Big|_0^\infty}{-\dfrac{1}{\lambda}e^{-\lambda M}\Big|_0^\infty}=Me^{-\lambda M}\Big|_0^\infty+\frac{1}{\lambda}e^{-\lambda M}\Big|_0^\infty=0+\frac{1}{\lambda}=\frac{1}{\lambda}$$

$$M_w \equiv \frac{\int M^2 n(M)\mathrm{d}M}{\int Mn(M)\mathrm{d}M} = \frac{A\int_0^\infty M^2 \mathrm{e}^{-\lambda M}\mathrm{d}M}{A\int_0^\infty M\mathrm{e}^{-\lambda M}\mathrm{d}M}$$

使用：$\int x^2\mathrm{e}^{-x} = -(x^2+2x+2)\mathrm{e}^{-x}$

$$M_w = \frac{-\frac{(\lambda M)^2+2\lambda M+2}{\lambda^3}\mathrm{e}^{-\lambda M}\Big|_0^\infty}{-\frac{\lambda M+1}{\lambda^2}\mathrm{e}^{-\lambda M}\Big|_0^\infty} = \frac{\lambda M^2}{\lambda(\lambda M+1)}\mathrm{e}^{-\lambda M}\Big|_0^\infty + \frac{2}{\lambda}\mathrm{e}^{-\lambda M}\Big|_0^\infty =$$

$$0+\frac{2}{\lambda}=\frac{2}{\lambda}$$

所以，$\dfrac{M_w}{M_n} = \dfrac{\frac{2}{\lambda}}{\frac{1}{\lambda}} = 2$。

$\dfrac{n(M)}{\int n(M)}$　1　M_n　$\dfrac{1}{e}$　λ^{-1}　M

(a)

$\dfrac{w(M)}{\int w(M)}$　M

(b)

习题 13.5　(1) Π 不与 C 成正比，而是增加得更快：非理想情况。

(2) 由渗透压得出 M_n。

(3) $\dfrac{\Pi}{c}$ 随 C 增加而增大；$B_2>0$，溶剂为良溶剂。

(4) 结果见下表：

$\dfrac{\Pi}{RTC}$/(mol/kg)	0.03	0.04	0.05
C/(kg/m^3)	10	20	30

当 $C\to 0$ 时，式 $\dfrac{\Pi}{RTC}$ 的极限为 $\dfrac{1}{M}=0.02$ mol/kg。由此得到 $M=50$ kg/mol。

$\dfrac{B_2}{M^2}=\dfrac{0.05-0.02}{30}$ mol·m^3/kg^2 $=10^{-3}$ mol·m^3/kg^2，所以 $B_2=10^{-3}\times 50^2=2.5$ m^3/mol。

习题 13.6　如果膜仅对溶剂完全通透，膜的类型不影响渗透压 Π。

习题 13.7　(1) 理想气体：$\dfrac{\Pi}{C}=RT$，$c_A=\dfrac{10}{50}=0.2$ mol/m^3，1 Pa $=10^{-2}$ cm 液柱高度。$\Pi_A=500$ Pa。由此可得：$\dfrac{\Pi}{C}=RT=\dfrac{500}{0.2}=2500$ J/mol。

(2) $\dfrac{\varPi_\mathrm{A}}{\varPi_\mathrm{B}}=\dfrac{C_\mathrm{A}}{M_\mathrm{A}}\times\dfrac{M_\mathrm{B}}{C_\mathrm{B}}\Rightarrow\varPi_\mathrm{B}=\varPi_\mathrm{A}\times\dfrac{50}{10}\times\dfrac{20}{120}=4.16\ (\mathrm{cm})$

$\varPi_{混合}=\dfrac{\varPi_\mathrm{A}+\varPi_\mathrm{B}}{2}=4.58\ (\mathrm{cm})$

习题 13.8 $v_\mathrm{sed}=\dfrac{m'g}{6\pi\eta R}\times m'=\dfrac{4}{3}\pi R^3\rho\left(1-\dfrac{\rho_0}{\rho}\right)$

因为 $R=10^{-8}$ m，$\rho=5\times10^3\ \mathrm{kg/m^3}$，$\rho_0=10^3\ \mathrm{kg/m^3}$，$\eta=10^{-3}\mathrm{Pa{\cdot}s}$，所以，

$$\begin{aligned}v_\mathrm{sed}&=\frac{2R^2(1-0.2)\times5\times10^3}{9\times10^{-3}}=\frac{2\times10^{-16}\times4\times10^3}{9\times10^{-3}}=\frac{8}{9}\times10^{-10}(\mathrm{m/s})\\&=\frac{8\times3600}{9}\times10^{-7}(\mathrm{mm/h})\\&=3.2\times10^{-4}(\mathrm{mm/h})\end{aligned}$$

习题 13.9 $\dfrac{C_1}{C_2}=\mathrm{e}^{-gm'(h_1-h_2)/(RT)}$，$C_1\equiv$ 高度为 15 cm 处的浓度。

$C_2\equiv$ 高度为 5 cm 处的浓度

$\dfrac{C_1}{C_2}=0.9=\mathrm{e}^{-0.1gm'/(kT)}$，$kT=4\times10^{-21}$ J

$m'g=(-\ln 0.9)\times10\times4\times10^{-21}=1.05\times4\times10^{-21}(\mathrm{N})$

$m'=\dfrac{4\pi}{3}R^3\rho\left(1-\dfrac{\rho_0}{\rho}\right)=4.2\times10^{-22}$ kg

$\rho=2\times10^3\ \mathrm{kg/m^3}$

$\rho_0=10^3\ \mathrm{kg/m^3}$

$R^3=\dfrac{(4.2\times10^{-22})^3}{10^3\times4\pi}\ \mathrm{m^3}\approx10^{-25}\ \mathrm{m^3}$

$R=4.6\times10^{-9}\ \mathrm{m}=4.6\ \mathrm{nm}$

习题 13.10 $v_\mathrm{sed}=\dfrac{m'g}{6\pi\eta R}$。

两种粒子的表观质量 m' 相同，因为密度为 ρ_0 的吸附层对 m' 无贡献，所以 $\dfrac{v_\mathrm{sed,A}}{v_\mathrm{sed,B}}=\dfrac{R_\mathrm{B}}{R_\mathrm{A}}=\dfrac{R+\delta}{R}=1.1$。所以，粒子 B 的运动速度将降低 10%不正确。

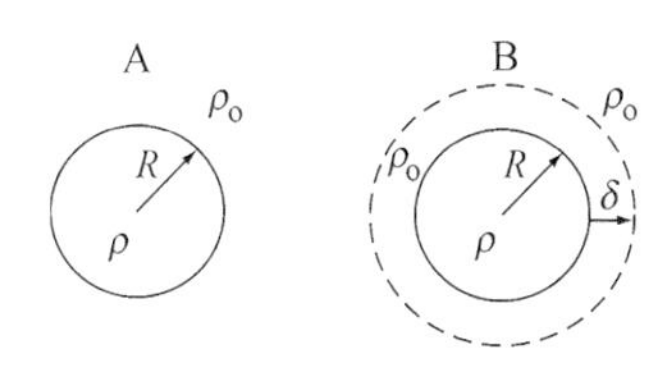

习题 13.11 (1) $m' = \delta j \times 4\pi R^2(\rho_l - \rho_w)$，因为 $R \gg \delta j$，代入得

$$s = \frac{m'}{6\pi\eta R} = \frac{2}{3}(\rho_l - \rho_w)R\frac{\delta}{\eta}$$

(2) 浓度分布图如下：

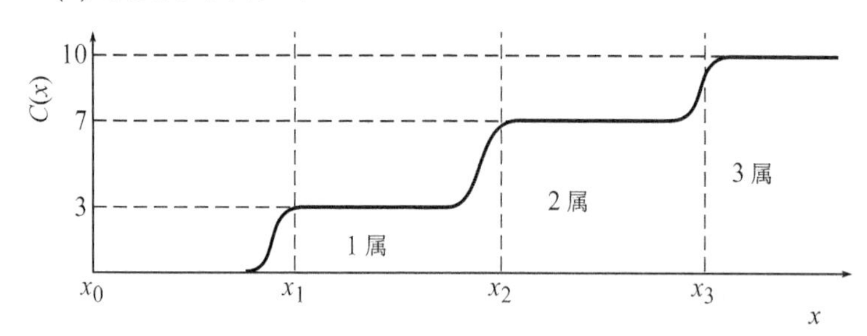

(3) 当每一层的半径 R 相同时，差异仅由质量 m' 的差别引起。显然，1、2、3 层囊泡的浓度比为 3:4:3(质量浓度)。

习题 13.12 (1) $\dfrac{KC}{R_{90}} = \dfrac{1}{M} + 2B_2C/M^2$ [式 (3.39)]

$C/(\text{kg/m}^3)$	2.5	5	10
$\dfrac{KC}{R_{90}}/(\times 10^{-4}\text{mol/kg})$	1.5	2	3

将浓度 C 外推至 $C \to 0$，得到 $\dfrac{1}{M} = 10^{-4}$ mol/kg。$M = 10^4$kg/mol，$\dfrac{2B_2}{M^2} = \dfrac{2 \times 10^{-5} \times 10^8}{2} = 10^3$ m^3/mol。

(2) 强的排斥力：B_2 增加，R_{90} 变小。

习题 13.13 当然，质量不是角度的函数。但为了从光散射实验中得到准确质量，我们必须考虑角度依赖性。对于非偏振的光，R_θ 与角度 θ 无关。式 (3.32) 不适用于这一情况。此式中所有的物理量都与 θ 无关。当浓度增加或粒子尺寸增大时，一定有 θ 依赖性，参见式 (3.37)。

习题 13.14 (1) 式 (3.26) $l\tau_{\text{green}} = -\ln\dfrac{I}{I_0} = -\ln 0.1 = 2.303$

所以，$\tau_{\text{green}} = \dfrac{2.303}{50}\text{m}^{-1} = 0.046\text{m}^{-1}$

(2) 雾中的水滴非常大；它们应该比波长 λ 小很多。由于内部干涉，τ 变小。Rayleigh 公式过高地估计了 τ，所以过低地估计了雾中的可视距离。

(3) ① $\dfrac{\tau_{\text{red}}}{\tau_{\text{green}}} = \left(\dfrac{500}{800}\right)^4 = 0.153$

$\tau_{\text{red}} = 0.153 \times 0.046 = 7 \times 10^{-3}(\text{m}^{-1})$

所以，红光在雾中的可视距离为 $\dfrac{50}{0.153} = 327(\text{m})$。

② τ 正比于粒子数 v^2，因此正比于 R^6。当 R 降低为原来的 1/2 时，τ 将降低为 $2^{-6} = 1/64$，所以雾中的可视距离将增加到 64 倍，即变为 3200 m。

③ τ 正比于粒子数 N，距离则反比于 N，即随 N^{-1} 增加。当 N 减小为原来的 1/10 时，雾中的可视距离将增大 10 倍，即 500 m。

(4) 若 Rayleigh 公式不成立，即粒子内部发生干涉，则 τ 变小，这意味着可视距离 l 将增加。所以 (3) 中所有的可视距离均变大。

习题 13.15　(1) $s = \dfrac{m'}{6\pi\eta R}m' = m\left(1 - \dfrac{\rho_0}{\rho}\right)$；$m = \dfrac{M}{N_{\text{A}}}$

$$R \approx h_{\text{m}} = \alpha h_{\text{m},0} = \alpha(l_{\text{eff}}^2 N)^{1/2}$$

$$N = \frac{M}{M_0}$$

Θ 溶剂：$\alpha = 1$；$s \sim \dfrac{M}{N^{1/2}} \sim \dfrac{M}{M^{1/2}} = M^{1/2}$

良溶剂：$\alpha \sim N^{1/10}$；$s \sim \dfrac{M}{N^{1/10}N^{1/5}} \sim \dfrac{M}{M^{3/5}} = M^{2/5}$。

(2) $s = \dfrac{m \times 0.1}{6\pi\eta b l_{\text{eff}} N^{1/2}} m = M/(N_{\text{A}}/N) = M/M_0$。因为 $N_{\text{A}} = 6 \times 10^{23}\ \text{mol}^{-1}$，$\eta = 10^{-3}\ \text{Pa}\cdot\text{s}$，$l_{\text{eff}} = 10^{-8}\ \text{m}$，$M_0 = 0.1\ \text{kg/mol}$，$M = 100\ \text{kg/mol}$，所以

$$s = \frac{100 \times 0.1}{6 \times 10^{23} \times 6\pi \times 10^{-3} \times 10^{-8}(1000)^{1/2}} = 28 \times 10^{-15}(\text{s}^{-1})$$

(3) $v_{\text{sed}} = s\omega^2 x$

$x = 0.1\ \text{m}$

$\omega^2 = \dfrac{v_{\text{sed}}}{sx} = \dfrac{10^{-3}}{3600 \times 2.8 \times 10^{-14} \times 0.1} \approx 10^7\ (\text{s}^{-2})$

$\omega \approx 3.14 \times 10^4\ \text{s}^{-1}$

需要的离心速度为 $\dfrac{60\omega}{2\pi} = 3 \times 10^5$rpm! 实际上不可能将这些分子离心下来。

习题 13.16　(1) 高分子在线团中的密度 $\rho(0) = \dfrac{N}{R_{\text{g}}^3}$。

链段的体积为 l^3，所以体积分数为 $\phi = \dfrac{Nl^3}{R_{\text{g}}^3} = \dfrac{Nl^3}{h_{\text{m},0}^3 \times 6^{3/2}} = \dfrac{1}{N^{1/2} \times 6^{3/2}}$。

假设 $N = 10^3$，$\phi = \dfrac{1}{N^{1/2} \times 6^{3/2}} = 0.002$。因此，线团内部链段的浓度

是非常稀的 (每单位体积仅有几个链段)。

(2) 当链段的总浓度等于线团内部的浓度时，线团开始彼此接触。

在 Θ 溶剂中：$\varphi_{\text{overlap}} \sim \dfrac{N}{N^{3/2}} = \dfrac{1}{\sqrt{N}}$

在良溶剂中：$\varphi_{\text{overlap}} \sim \dfrac{N}{\alpha^3 N^{3/2}} \sim \dfrac{N}{N^{3/10}N^{3/2}} = N^{-4/5}$

(一般地，当 $h_{\text{m}} \sim N^q$ 时，重叠浓度 $\varphi_{\text{overlap}} \sim N^{1-3q}$)

(3) 当 $\varphi > \varphi_{\text{overlap}}$ 时，斥力非常重要，$\dfrac{\Pi}{C}$ 增加得更快。

习题 13.17 $\kappa = \left(\dfrac{2n^{\text{b}}z^2e^2}{\varepsilon kT}\right)$

将以下数据代入：$n^{\text{b}} = 10^3 N_{\text{A}} \times C(\text{m}^{-3})$($C$ 的单位为 mol/L)；

$\varepsilon = \varepsilon_0\varepsilon_{\text{r}}$，$\varepsilon_0 = 8.84 \times 10^{-12}\ \text{C/(V·m)}$；$\varepsilon_{\text{r}} = 80$；

$kT = 4 \times 10^{-21}$ J/mol。

得

$\kappa = (10^{19}cz^2)^{1/2}\ \text{m}^{-1} = (10 \times 10^{18}cz^2)^{1/2}\ \text{m}^{-1} = (10cz^2)^{1/2}\ \text{nm}^{-1}$

习题 13.18 在较高温度时 (盐浓度等保持不变)，εkT 的变化如下：ε 随温度升高而降低 (分子的极化度降低)。在较低温度下，静电作用主导；ε 变化很小，εkT 近似恒定。在高温时，介电常数 ε 急剧降低，所以 κ 增加；双电层扩散程度降低。

习题 13.19 $\varphi_0 = 58(\text{pI} - \text{pI}^0)$ [mV]

[I^-]扩大 10 倍时，pI 降低 1 个单位，φ_0 的负值减少 58 mV。

习题 13.20 (1) 式 (13.1) 是 Boltzmann 定律。能量包含“化学的”部分 $\Delta\varepsilon$ 与“电的”部分 $ze\varphi$。当发生正吸附时 (离子被推向表面)，与 $\Delta\varepsilon < 0$。$\Delta\varphi$ 相对应的是 φ_0。

(2) 在固相中 Ag^+ 与 I^- 的浓度几乎相等；在等电点，它们的量正好相等。

将式 (13.1) 取对数，得

A：$\ln[\text{Ag}^+] = \ln c_{\text{v}}(\text{Ag}^+) + \dfrac{\Delta\varepsilon_{\text{Ag}^+}}{kT} + \dfrac{ze\varphi_0}{kT}$

在 PZC：

B：$\ln[\text{Ag}^+]^0 = \ln c_{\text{v}}(\text{Ag}^+) + \dfrac{\Delta\varepsilon_{\text{Ag}^+}}{kT} + 0$；

A–B：$\ln[\text{Ag}^+] - \ln[\text{Ag}^+]^0 = \dfrac{ze\varphi_0}{kT}$；

由此可得 $\varphi_0 = 58(\text{pAg}^0 - \text{pAg})$。

与 I^- 比较：

A: $\ln[\mathrm{Ag}^+] = \ln c_\mathrm{v}(\mathrm{Ag}^+) + \dfrac{\Delta\varepsilon_{\mathrm{Ag}^+}}{kT} + \dfrac{ze\varphi_0}{kT}$

B: $\ln[\mathrm{I}^-] = \ln c_\mathrm{v}(\mathrm{I}^-) + \dfrac{\Delta\varepsilon \mathrm{I}^-}{kT} + \dfrac{ze\varphi_0}{kT}$

A−B: $2.3(\mathrm{pI} - \mathrm{pAg}) = (\Delta\varepsilon_{\mathrm{Ag}^+} - \Delta\varepsilon_{\mathrm{I}^-})/(kT) - 2ze\varphi_0/(kT)$

由此得 $\varphi_0 = 58\left(\dfrac{\Delta\varepsilon_{\mathrm{Ag}^+} + \Delta\varepsilon_{\mathrm{I}^-}}{2\times 2.3kT} + \dfrac{\mathrm{pI}-\mathrm{pAg}}{2}\right)$

$$\mathrm{pI} + \mathrm{pAg} = \mathrm{p}K_\mathrm{sp}$$

$$\varphi_0 = 58\left(\underbrace{\frac{\Delta\varepsilon_{\mathrm{Ag}^+} - \Delta\varepsilon_{\mathrm{I}^-}}{2\times 2.3kT} + \frac{\mathrm{p}K_\mathrm{sp}}{2}}_{\mathrm{pAg}^0=\mathrm{p}K_\mathrm{sp}-\mathrm{pI}^0} - \mathrm{pAg}\right)$$

(3) 在 PZC($\mathrm{pI}^0 = 10.5$)，吸附量相同；但在溶液中 $[\mathrm{I}^-] \ll [\mathrm{Ag}^+]$。这样，$[\mathrm{I}^-]$ 吸附得更强。$\Delta\varepsilon_{\mathrm{Ag}^+} - \Delta\varepsilon_{\mathrm{I}^-} = 11.5kT > 0$。

习题 13.21　(1) "中和" 10^{-6} mol/L KI 需要 1 μmol $\mathrm{AgNO_3}$。若达到 $\mathrm{pAg} = 5.5$，需额外加入 3.2μmol $\mathrm{AgNO_3}$。留在表面上的量为：6.2−1−3.2 = 2.0(μmol)。所以，表面电荷密度为 $F \times \dfrac{2.0\times 10^{-6}}{3.6} = 55(\mathrm{mC/m^2})$。

(2) 需要的品红的量也是 2 μmol。这些分子吸附到面积为 3.6 m^2 的表面上，每个分子可能占据的面积为 $\dfrac{3.6\times 10^{20}}{2\times 10^{-6}\times 6\times 10^{23}} = 300(\text{Å}^2)$.

习题 13.22　(1) 每平方米消耗了 2 当量 OH^-。σ_0 的变化为 $-2\times 10^{-6}\times 10^5\ \mathrm{C/m^2} = -0.2\ \mathrm{C/m^2}$。由于 OH^- 的缘故，表面的负电性更强。

(2) 由于盐的加入，σ_0 将增大。这将消耗溶液中的 OH^-，因此 pH 降低。由此我们推断表面带有负电。在高溶胶浓度下，表面电荷 σ_0 升高使得 pH 变化很大；在低溶胶浓度下，pH 变化很小，但 σ_0 变化很大。

(3) 在曲线的交点处表面电荷密度 σ_0 不随盐的加入而变化。换句话说，$\sigma_0 = 0$(PZC)。在低 pH 下，表面消耗 H^+ 而带正电，因此 pH 将升高。

(4) pH = 7 时，$\sigma_0 = 0.1\ \mathrm{C/m^2}$；pH = 8.5 时，$\sigma_0 = 0$；pH = 10 时，$\sigma_0 = -0.1\ \mathrm{C/m^2}$。

习题 13.23　(1) $\varphi_0 = 58\times(8-5) = 174$ mV；φ_d 要小得多，假定为 50 mV。在本题中，$\kappa^{-1} = \dfrac{1}{\sqrt{10cZ^2}} = 10$ nm；假设 δ 的一个合理数值为 0.5 nm。

当 $x = \kappa^{-1}$ 时，$\varphi = \varphi_\mathrm{d}/\mathrm{e} \approx 18$ mV。据此得到下图：

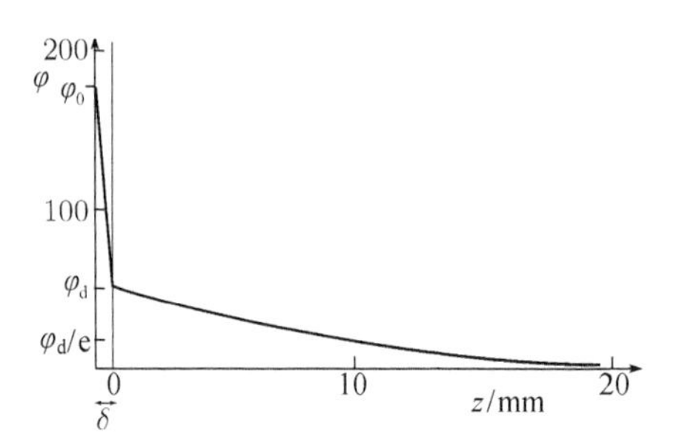

(2) 加入盐时，屏蔽长度 κ^{-1} 发生变化 (变为 1 nm)，φ_0 将变小 (表面电荷密度 σ_0 增大)。

$$\frac{\varphi_0-\varphi_\mathrm{d}}{\delta}=\frac{\sigma_0}{\varepsilon_\mathrm{s}}$$

(3) 在 pH = 11 时，电荷的符号是相反的，其他与 (1) 相同。

(4) 这里我们看到了吸附与电荷反转。κ^{-1} 仍为 10 nm。(如果 F^- 慢慢加入，可以观察到絮凝)

习题 13.24 (1) 当 Na^+ 进入 II 时，OH^- 也进入 II。$[Na^+]_{II}[OH^-]_{II}=[Na^+]_{I}[OH^-]_{I}$。

(2) 此时在 II 中既有 Na^+，又有 R^-。Na^+ 将回到 I 中。当 $[OH^-]_{II}=[OH^-]_{I}$ 时，也有 $[Na^+]_{II}=[Na^+]_{I}$。这意味着 $zc_\mathrm{p}=c_\mathrm{r}$。

(3) $\mathit{\Pi}=RT\Delta c=RT(c_\mathrm{p}-c_\mathrm{R})$。小离子无贡献 (左右浓度相等)。$c_\mathrm{r}\gg c_\mathrm{p}(c_\mathrm{r}=zc_\mathrm{p})$，所以 $\mathit{\Pi}_\mathrm{II}>\mathit{\Pi}_\mathrm{I}$。

(4) $\dfrac{\Delta\mathit{\Pi}}{RT}=\dfrac{225}{2500}=0.09\ (\mathrm{mol/m})^3=c_\mathrm{r}-c_\mathrm{p}=(z-1)c_\mathrm{p}$

$c_\mathrm{r}=\dfrac{c}{M}=\dfrac{1}{10}=0.1\ (\mathrm{mol/m})^3$

$c_\mathrm{p}=0.10-0.09=0.01\ (\mathrm{mol/m})^3$

$z=\dfrac{c_\mathrm{r}}{c_\mathrm{p}}=10$

$M=\dfrac{c_\mathrm{p}}{c_\mathrm{r}}=\dfrac{0.1}{0.01}=10\ (\mathrm{kg/mol})$

习题 13.25 (1) 由式 (6.2) 可知 $v(\delta)$；由式 (6.3) 知流量 J 与 v_m 有如下关系：$v_\mathrm{m}=\dfrac{J}{\pi R^2}$，这里 $r=R-\delta$。将其代入即得到所给的方程。

当 $\delta=0$(在管壁处) 时，$v(\delta)=0$；而当 $\delta=R$ 时 (在管中心)，$v=2v_\mathrm{m}$。

(2) 因为 $\delta\ll R$，$\dfrac{\delta}{2R}$ 可以忽略。

(3) 粒子靠近流动较慢的管壁，所以流出时间 $t(\delta)$ 大于液体的流出时间 t_m：$v(\delta)=\dfrac{l}{t(\delta)}$。最小的粒子流动最慢，所以 t_1 属于大粒子，t_2 属于小粒子。当 $\delta=a$ 时，$\dfrac{a_2}{a_1}=\dfrac{t_2}{t_1}=2$(如图)。小粒子的峰很宽 (多分

散)，大粒子的峰较窄 (单分散)。a_2(小粒子) 将慢至 1/2，所以尺寸将缩小到原来的 1/2：1.3 μm。宽峰的起始范围决定了 a_2 的边界，即分别为 1.04 μm 与 1.73 μm。

(4) a_1 (大粒子) $= \dfrac{R}{4}\dfrac{t_{\rm m}}{t_1}; t_{\rm m} = \dfrac{l}{v_{\rm m}} = \dfrac{50}{4}{\rm s} = \dfrac{5}{24}\,{\rm min}; t_1 = 2\,{\rm min}$; 这样，

$$a_1 = \frac{100}{4} \times \frac{5/24}{2}\ \mu{\rm m} = 2.6\ \mu{\rm m}$$

习题 13.26 (1) $\eta_2 = 1.40$；$\eta_{\rm sp}/c = 0.4\ {\rm m^3/kg}$，高浓度 c(I)

$\eta_{\rm r} = 1.15$；$\eta_{\rm sp}/c = 0.3\ {\rm m^3/kg}$，低浓度 c(II)。低浓度时数值低了 25%。电荷 (pH) 与屏蔽 (c_z) 相同。因此，II 中的比浓黏度将变小，因为斥力降低。所以 B_2 的正值变小。

外推：$[\eta] = 0.2\ {\rm m^3/kg}$，所以 $\rho_{\rm d} = 12.5\ {\rm kg/m^3}$。此为固体密度 $\rho_{\rm d}$ 的 1%，所以 $\varphi = 0.01$。

(2) 将缓冲液用水稀释：pH 不变，c_z 降低为原来的 1/2：屏蔽降低，更加溶胀，η 变大。

(3) NaCl 与缓冲液的 $\eta_{\rm sp}$ 相同。所以，在此浓度下，pH 又为 4.5。

$$\frac{\eta_{\rm sp}}{c} = \frac{\eta_{\rm sp}}{0.5} = 0.4\ {\rm m^3/kg} \Rightarrow \eta_{\rm sp} = 0.2\eta_{\rm r} = 1.2; t = 1.2 \times 100\ {\rm s} = 120\ {\rm s}$$

低浓度下，分子间相互作用的降低将被高 pH 造成的较高分子内相互作用所补偿。

(4) 不仅 c_z 降低，pH 也将升高。两者都使 η 与 $\eta_{\rm sp}/c$ 升高。

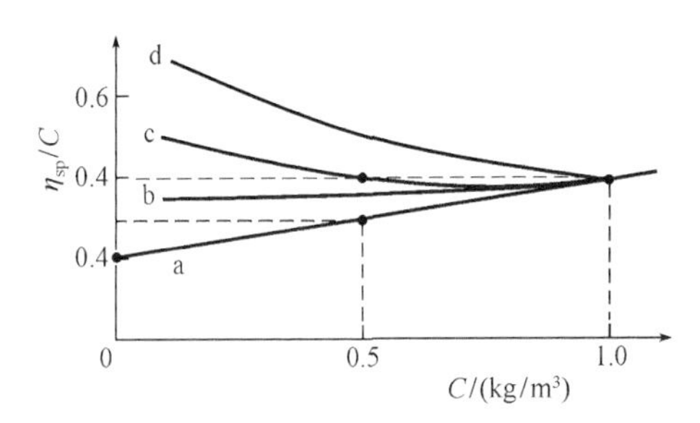

习题 13.27 (1) 式 (13.4) 与式 (13.5) 都是 Mark-Houwink 方程：$[\eta] = KM^a$。在 Θ 溶剂中，$a = 0.5$。K 取决于粒子的形状：$K_{椭球} > K_{圆球}$。

(2) $\dot{\gamma}' = \dfrac{9000}{900} = 10{\rm s}^{-1}$

$\dot{\gamma} < \dot{\gamma}'$：$\eta_{\rm sp} = 0.02 \times \dfrac{1}{3} \times 30 = 0.2; \eta = 1.2\eta_0$

$\dot{\gamma} > \dot{\gamma}'$：$\eta_{\rm sp} = 0.4; \eta = 1.4\eta_0$

$\tau = \eta\dot{\gamma}$：$\dot{\gamma} < \dot{\gamma}'; \tau = 1.2\eta_0\dot{\gamma}$

$\tau=\eta\dot{\gamma}$: $\dot{\gamma}>\dot{\gamma}'$; $\tau=1.4\eta_0\dot{\gamma}$

(3) 每个组分的密度与质量对 η_{sp} 有贡献。对于在 P 与 $P+\mathrm{d}P$ 之间的分子，其对质量的贡献为 $Cw(P)\mathrm{d}P$。只要 $P<(A/\dot{\gamma})$，我们得到球形粒子，此后为椭球形。方程 (13.4) 由以 $Cw(P)\mathrm{d}P$ 代替 C 对方程 (13.2) 积分而来。

(4) $\dot{\gamma}\to 0$: $\eta_{\mathrm{sp}}=\eta_{\mathrm{sp,0}}, \eta=(1+\eta_{\mathrm{sp,0}})\eta_0, \tau=(1+\eta_{\mathrm{sp,0}})\eta_0\dot{\gamma}$

$\dot{\gamma}\to\infty$: $\eta_{\mathrm{sp}}=2\eta_{\mathrm{sp,0}}, \eta=(1+2\eta_{\mathrm{sp,0}})\eta_0, \tau=(1+2\eta_{\mathrm{sp,0}})\eta_0\dot{\gamma}$

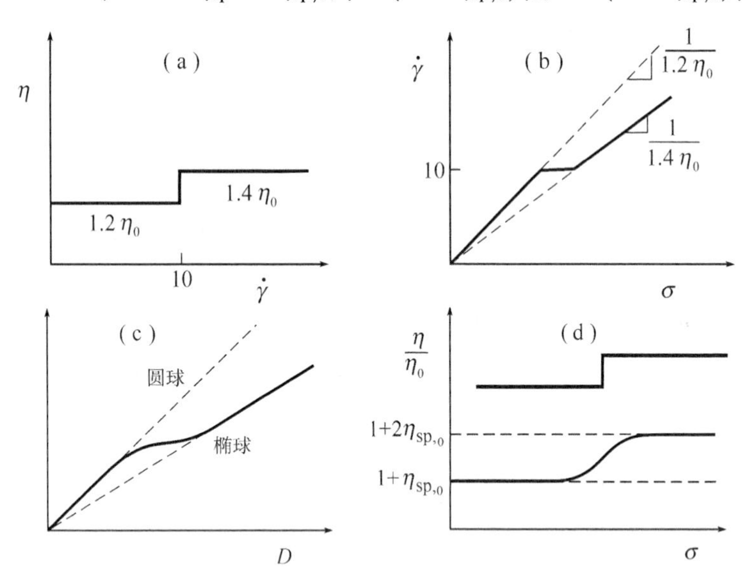

习题 13.28 (1) 流动电流起源于溶剂拖动 (反) 离子。因此外电路几乎没有电阻。当在外电路引入较大的电阻时，总电流一定变得非常小 (接近于 0)。此时流动电流与“反”电流相等。

(2) 当 c_z 较高时，Debye 屏蔽长度 κ^{-1} 变小，ζ 电势降低。

(3) $i_{\mathrm{s}}=\mathrm{const}_1\zeta_s$; $V_{\mathrm{s}}=\mathrm{const}_2\dfrac{\zeta_{\mathrm{p}}}{\kappa_{\mathrm{sp}}}$，其中 κ_{sp} 与 c_z 相关。

c_z/(mol/L)	10^{-4}	10^{-3}	10^{-2}	10^{-1}
i_s/(mol/l)	1.4	1.2	0.8	0.2
V_s/mV	700	104	7.8	0.2

i_{s} 的变化趋势与 ζ_{s} 相同。由于 κ^{-1} 因子的存在，$\mathrm{V_s}$ 比 i_{s} 降低得快。

(4) 当 c_z 很大时，所有反向电流都将通过体相的假设是正确的。然而，当 c_z 很低时，部分电流将沿着管壁反向流动：表面电导。所以电导率变大而 V_{s} 变小。当这种效应没有被考虑在内时，ζ_{p} 值将被低估 (此例中将低估 1 倍，因为体相电导率仅为总电导率的一半)。

习题 13.29 (1) 玻璃表面带负电。双电层的扩散部分带有过量正电荷。此时发生的现象称为电渗。带正电的流体将向负极移动 (左)。$v_{\mathrm{m}} = v_{\mathrm{eo}} = \dfrac{\varepsilon E\zeta}{\eta}$

$\varepsilon = 80 \times 8.84 \times 10^{-12}\ \mathrm{C/(Vm)}$

$E = 10^3\ \mathrm{V/m}$

$\zeta = 50\ \mathrm{mV}$

$v_{\mathrm{eo}} = 35 \times 10^{-6}\ \mathrm{m/s}$

(2) 由于电渗累积的静水压将驱动 Poiseuille 流动。

当 $t = 0$ 时，没有静水压：$v_{\mathrm{m}} = v_{\mathrm{eo}}$。当 $t \to \infty$ 时，$v_{\mathrm{m}} = -v_{\mathrm{eo}}$：电渗流量 $(nR^2 v_{\mathrm{eo}})$ 正好等于 Poiseuille 流动的流量。

$v_{\mathrm{m}} = 0$

$\mathrm{e}^{-bt} = \dfrac{1}{2} \to t = \dfrac{0.7}{b} = 2.8\dfrac{A^2\eta l}{R^4\rho g}$

所以，$t = \dfrac{2.8 \times (10^{-2} \times 10^{-3} \times 10^{-1})}{10^{-12} \times 10^3 \times 10} = 280\ \mathrm{s}$

(3) 乳液粒子以速度 $v_{\mathrm{ef}} = \dfrac{\varepsilon E\zeta}{\eta}[\kappa R > 300 \to f(\kappa R) = 1]$ 向右移动。

$$v_{\mathrm{ef}} = \frac{60}{50} v_{\mathrm{eo}} = 1.2 v_{\mathrm{eo}}$$

相对于玻璃管壁的速度为 $v_{\mathrm{ef}} - v_{\mathrm{eo}}$。

开始时：$v_{\mathrm{m}} = v_{\mathrm{eo}} \to v_{\mathrm{ef}} - v_{\mathrm{m}} = 0.2 v_{\mathrm{eo}} = 7 \times 10^{-6}\ \mathrm{m/s}$。当 v_{m} 降低时，$v_{\mathrm{ef}} - v_{\mathrm{m}}$ 变大。

结束时：$v_{\mathrm{ef}} - v_{\mathrm{m}} = 1.2 v_{\mathrm{eo}} + v_{\mathrm{eo}} = 2.2 v_{\mathrm{eo}} = 77 \times 10^{-6}\ \mathrm{m/s}$。

习题 13.30 (1) 当电势为零时，界面以 $0.054\ \mathrm{mm/min} = 9 \times 10^{-7}\ \mathrm{m/s}$ 的速度下降，这是由沉降造成的。当电场存在时，界面以 $0.066\ \mathrm{mm/min} = 1.1 \times 10^{-6}$ m/s 的速度上升；这是 $v_{\mathrm{ef}} - v_{\mathrm{s}}$(二者之差)。所以，$v_{\mathrm{ef}} = (0.9 + 1.1) \times 10^{-6} = 2 \times 10^{-6}\ \mathrm{m/s}$。

(2) 粒子半径可由沉降速度得到：$v_{\mathrm{s}} = \dfrac{m'g}{6\pi\eta R} = \dfrac{2R^2 g\rho\left(1 - \dfrac{\rho_0}{\rho}\right)}{9\eta}$

$\rho = 5500\ \mathrm{kg/m^3}$；$\rho_0 = 1000\ \mathrm{kg/m^3}$；$\eta = 10^{-3}\ \mathrm{Pa{\cdot}s}$；$g = 10\ \mathrm{m/s^2}$；

$v_{\mathrm{s}} = 9 \times 10^{-7}\ \mathrm{m/s}$；$R = 3 \times 10^{-7}\ \mathrm{m} = 300\ \mathrm{nm}$。

由 $c_{\mathrm{z}} = 10^{-3}\ \mathrm{mol/L}\ \mathrm{KNO_3}$ 得到 $\kappa = 0.1\ \mathrm{nm^{-1}}$。所以，$\kappa R = 0.1 \times 300 = 30$。

(3) $\zeta = \dfrac{\eta v_{\rm ef}}{f(\kappa R)\varepsilon E} = \dfrac{6}{5} \times \dfrac{10^{-3} \times 2 \times 10^{-6}}{80 \times 8.84 \times 10^{-12} \times 10^2} = 0.034\text{V} = 34\ \text{mV}$，负的。

习题 13.31 (1) 由于吸附 I^-，表面电荷为负。如果不发生吸附，溶液中 $[I^-]$ 为 $\dfrac{0.02}{2} \times 10^{-3}$ mol/L $= 10^{-5}$ mol/L。所以，pI = 5。

$\varphi_0 = 58 \times (5 - 10.5) = -319$ mV。

$\kappa = \sqrt{10cz^2} = 0.316\ \text{nm}^{-1} \rightarrow \kappa^{-1} = 3.16$ nm。

(2) 过剩电荷 $= A\sigma_0 = 0.5$ C；这些电荷需要 $\dfrac{0.5}{F} = 5\times10^{-6}$ mol I^- 离子。这是过量 I^- 离子的一半。因此溶液中恢复到 $10^{-5} - 5\times10^{-6} = 5\times10^{-6}$ mol/L，所以 pI = 5.3，$\varphi_0 = -302$ mV。

(3) 利用式 (8.16)；$z = 1$，$\gamma_{\rm d} = 1$(高 $\varphi_{\rm d}$)。因此有：$\left(\dfrac{A}{kT}\right)^2 = 1860$；$A = 43kT$。不可以：当溶胶凝结时，$\varphi_{\rm d}$ 很低。因为 $\gamma_{\rm d}$ 被高估了，所以 Hamaker 常数 A 也被高估了。

(4) 当浓度很低时：高价阳离子 (Al^{3+}) 导致絮凝。特性吸附使絮凝浓度降得更低。

在较高浓度下，由于电荷反转，絮凝的胶体再度被分散。此时反离子为 NO_3^-。

当浓度为 10~100 mmol/L 时，由于 NO_3^- 离子浓度很高，体系再度发生絮凝。

习题 13.32 (1) $V_{\rm total} = V_{\rm t} = V_{\rm R} + V_{\rm A}$

$V_{\rm R}$ 随距离呈指数降低，$V_{\rm A}$ 随 H^{-2} 变化。直线一定是由 $V_{\rm R}$ 引起的。$V_{\rm A}$ 很小，在图中看不到。所以 $V_{\rm t} \approx V_{\rm R} = C{\rm e}^{-aH}$。式 (8.6)：$a = \kappa$；$C = 64n_0\kappa^{-1}\gamma_{\rm d}^2$。相应地，$C$ 依赖于 $c_{\rm z}$，z，以及 $\varphi_{\rm d}$(通过 $\gamma_{\rm d}^2$)。

(2) KNO_3，KI：$\kappa = \sqrt{10cz^2} = 0.1\ \text{nm}^{-1} \rightarrow c = 10^{-3}$ mol/L

$MgSO_4$：$\kappa = \sqrt{10cz^2} = 0.2\ \text{nm}^{-1} \rightarrow c = 10^{-3}$ mol/L

KI 的 $V_{\rm R}$ 较高；这应是源于 $\gamma_{\rm d}$。所以，由于 I^- 的特异性吸附，$\varphi_{\rm d}$ 也较高。在距离很小时的降低则是由于 $V_{\rm A}$ 随距离的减小急剧增加 (幂律) 的缘故。注意，当 $V_{\rm t} < 0$ 时，半对数坐标不适用于 $V_{\rm t} < 0$ 的情况，所以不能画出半对数坐标下的能量曲线。

(3) 力 $F = -\dfrac{{\rm d}U}{{\rm d}H}$[式 (5.31)]，所以压强为 $-\dfrac{{\rm d}V_{\rm t}}{{\rm d}H}$，因为 $V_{\rm t}$ 为单位面积的量。相应地，$\varPi = aC{\rm e}^{-aH} = \kappa V_{\rm t}$。

代入 $H = 10 \rightarrow V_{\rm t} = {\rm e}^{-9.5}, \kappa = 10^8\ \text{m}^{-1}$，得到 $\varPi = 10^8{\rm e}^{-9.5} = 7500$

Pa·s。

习题 13.33 (1) 到 1 h 时尚未达到成核阈值；只有溶解的硫。一旦达到饱和浓度 10 μmol/L，粒子开始形成。溶液中硫的浓度降至饱和值 (5 μmol/L)。因为 1 小时后没有新核形成，体系中只发生粒子生长。粒子尺寸的相对差异随时间降低。

(2) $D = \dfrac{kT}{6\pi\eta R} = 2.12 \times 10^{-12}\ \mathrm{m^2/s}$。

代入 $kT = 4.0 \times 10^{-21}$ J，$\eta = 10^{-3}$ Pa·s；所以，$R = 100$ nm。

达到饱和浓度 (5 μmol/L) 需 0.5 h。2 h 后，所有过量的硫都在粒子中：(2−0.5)×5 μmol/L。12.5 h 后，粒子的生长时间为 12 h。这是 1.5 h 后粒子生长时间的 8 倍。所以，粒子的质量将升至 8 倍，而半径则变为 2 倍大 (即从 100 nm 到 200 nm)。

(3) Rayleigh：$E \sim Nv^2$；N 为常数。体积的增加与生长时间成正比 (= 总时间–达饱和所需的时间)。所以，$E \sim \left(t - \dfrac{1}{2}\right)^2$：双曲线。

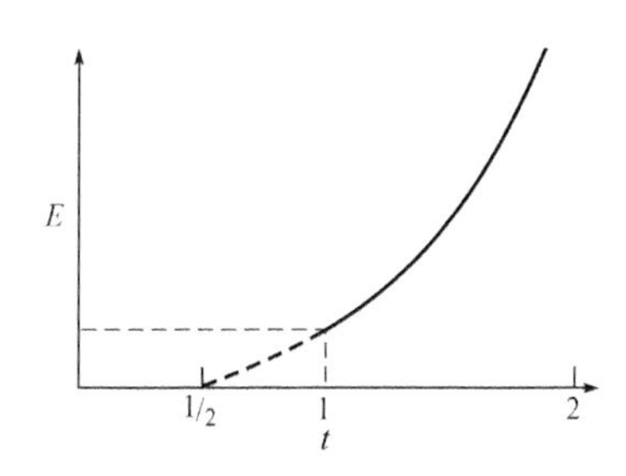

当 $t = 1$ 时，因为在过饱和溶液中突然生成粒子，E 发生突跃。在此之前，$E = 0$。

习题 13.34 (1) 在高温下反应进行得更快。在这些条件下形成数目更多的核。同样多的 SiO_2 将分配在更多及更小的粒子上。

(2) 在溶胶 B 中没有形成新核。所有核的质量增加相同。因此 B 中粒子尺寸的相比变化较小。

A 每升含有 0.2 mol SiO_2(0.1 mol 在 500 mL 中)。

B 中的 SiO_2 为 A 的 8 倍 (0.8 mol)。由 A 得到 0.1 mol，所以，最低 TES 溶液含有 0.7 mol TES(于 250 mL 溶液中)。

(3) 由于稀释 $\dfrac{c_B}{c_A} = \dfrac{1}{2}$；没有新粒子。

$S = \dfrac{3}{\rho R}$，所以 $\dfrac{S_B}{S_A} = \dfrac{R_A}{R_B} = \dfrac{1}{2}$。

(4) $i_{\rm g} \sim Nv^2$，所以 $\dfrac{i_{\rm B}}{i_{\rm A}} = \dfrac{\eta_{\rm B}^2}{\eta_{\rm A}^2} = \dfrac{1}{2} \times 2^6 = 32$。

$S = \dfrac{m'g}{6\pi\eta R} \sim a^2$，所以，$\dfrac{S_{\rm A}}{S_{\rm B}} = \dfrac{a_{\rm B}^2}{a_{\rm A}^2} = 4$。

$\eta_{\rm sp} = k\varphi \sim kNv$，所以，$\dfrac{\eta_{\rm sp,B}}{\eta_{\rm sp,A}} = \dfrac{\varphi_{\rm B}}{\varphi_{\rm A}} = \dfrac{\eta_{\rm B}}{\eta_{\rm A}}\dfrac{v_{\rm B}}{v_{\rm A}} = \dfrac{1}{2} \times 8 = 4$。

习题 13.35 (1) 橙 OT 是非极性物质，能够增溶于胶束中。

(2) 胶束中表面活性剂分子的数量是 $c - {\rm CMC} = 0.45\ {\rm mol/L}$。增溶的橙 OT 分子数目为 $\dfrac{1.6 - 0.0002}{0.25}\ {\rm mol/m^3} = 6.4{\rm mol/m^3} = 0.0064\ {\rm mol/L}$，这也是胶束的物质的量浓度。所以胶束的聚集数为 $\dfrac{0.45}{0.000\ 64} = 70$。

(3) 所有的胶束同等计数：意味着数量平均。

(4) 由于染料分子的存在，胶束更加容易生成，因为表面活性剂分子与染料分子发生缔合。

习题 13.36 (1) $E = E^0 - 58\lg[{\rm Br^-}]$(Nernst 型)。

(2) 在 CMC 以下，$c_{表面活性剂} = [{\rm Br^-}]$。$E/\lg[{\rm CTAB}]$ 图的斜率为 58 mV。在 CMC 以上，部分 Br^- 留在胶束的双电层中，所以溶液中 $[{\rm Br^-}]$ 浓度降低，斜率也下降。转折点对应着 CMC。在 CMC 以下，KNO_3 对曲线几乎没有影响。但是，在 CMC 以上，NO_3^- 在双电层中起到反离子的作用。转折点不再清晰，甚至有可能消失。CMC 的测定不很准确。在过量 KNO_3 存在时，CMC 将变小，因为胶束在形成时不再需要克服头基之间的静电斥力。

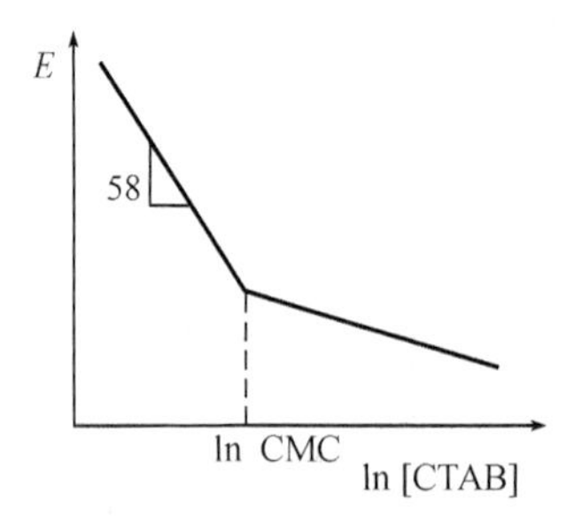

习题 13.37 (1) 原则上，CMC 附近折射率也应该表现出不连续性。但是，这种 (由分子极化引起的) 效应非常小。

$\dfrac{{\rm d}n}{{\rm d}c} = \dfrac{2 \times 10^{-4}}{2} = 10^{-4}\ {\rm m^3/kg}$。代入得 $H = 4 \times 10^{-4}\ {\rm m^2/(kg^{-2} \cdot mol)}$。

(2) $M = \dfrac{\tau}{H(C - {\rm CMC})}$；自由表面活性剂分子没有贡献。

代入得 $M = \dfrac{0.016}{4 \times 10^{-4} \times 2} = 20\ (\mathrm{kg/mol})$。

单体浓度：$\dfrac{M}{M_{\mathrm{monomer}}} = \dfrac{20}{0.25} = 80$。

(3) 水中胶束–胶束间存在斥力。

$$\frac{HC_{\mathrm{micelles}}}{\tau} = \frac{H(C - \mathrm{CMC})}{\tau} = \frac{1}{M} + 2B_2(C - \mathrm{CMC})$$

(4) CMC 将增加 (由于排斥力增强)，胶束将变小。

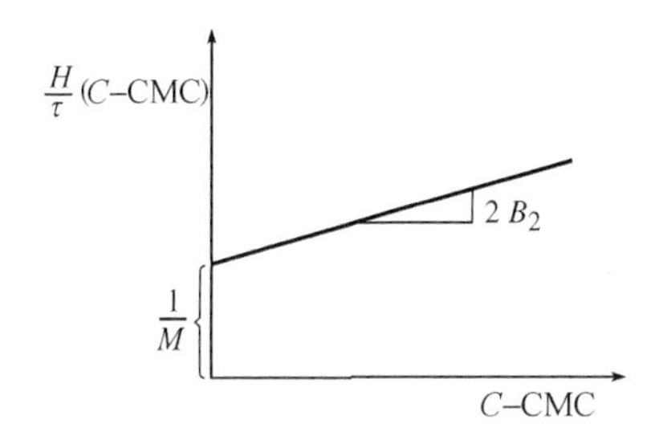

参考书目

对于希望深入学习胶体科学的读者来说，本书的入门性介绍显然不足以满足需要。因此，我们给出如下的参考书目，便于读者从中深入学习相关的内容。

(一) 关于胶体科学的通读书目

1. H. R. Kruyt. *Colloid Science.* Elsevier，1949. 全书分为两卷，对胶体科学进行了全面的经典回顾。

2. J. Lyklema. *Fundamentals of Interface and Colloid Science.* Academic Press. 全书分为五卷。第一卷 (1999 年出版) 全面介绍了基本概念：(统计) 热力学理论、分子间作用力、传质理论、电化学以及光学；第二卷 (1995 年出版) 主要内容介绍自溶液和蒸汽中的吸附、双电层、电动学；第三卷 (2000 年出版) 阐述液体和流体的界面、界面张力、单分子层、润湿作用；第四卷和第五卷 (均为 2004 年出版) 主要内容为胶体粒子。

3. H. Wennerstrom, D. F. Evans. *The Colloidal Domain.* VCH Publ，1994. 书中论述了胶体科学的基本原理、单分子层、双电层、高分子溶胶、缔合胶体体系的深入分析，以及相平衡等。

4. P. C. Hiemenz. *Principles of Colloid and Surface Science.* Dekker，1977. 一本非常好的入门性胶体科学著作。

5. W. B. Russell, D. A. Saville, W. R. Schowalter, *Colloidal Dispersions.* Cambridge University Press，1989. 此书侧重于数学处理方法，非常详细地介绍了流变学、布朗运动、双电层、范德华力、电动学，以及双电层和高分子对胶体稳定性的影响。

(二) 高分子

6. P. G. de Gennes. *Scaling Concepts in Polymer Physics.* Oxford University Press，1979. 本书主要阐述现代高分子物理的一些概念，如溶液、混合物、流动、熔化等。

(三) 流变学

7. H. A. Barnes, J. F. Hutton, K. Walters. Principles and Applications of Reheology. Elsevier，1964. 一本关于流变学的介绍性读物。

8. Th. G. M. van de Ven. Colloidal Hydrodynamics，1989. 一本深入处理胶体粒子周围的流动及分散体系流变学的现代读物。

(四) 电动学

9. R. J. Hunter. *Zeta Potential in Colloid Science.* Academic Press，1981. 一本标准著作，内容包括处理原理、方法以及应用。

(五) 界面上的高分子

10. G. J. Fleer, M.A. Cohen Stuart, J. M. H. Scheutjens, T. Cosgrove, B. Vincent. *Polymers at Interfaces.* Chapman & hall，1993. 一本深入介绍有关原理、理论以及应用的著作。

(六) 泡沫与乳状液

11. P. Becher. *Emulsions, Theory, and Practice.* Reinhold Publ. Corp.，1957. 介绍性读本。

12. J. J. Bikerman. *Physical Surfaces.* Academic Press. 1970. 书中有几章关于乳状液与泡沫的内容。

(七) 缔合胶体

13. C. Tanford. *The Hydrophobic Effect.* J. Wiley & Sons. 1973. 一本非常经典的且非常精彩的关于胶束与生物磷脂膜的读物。